21世纪高等学校规划教材│计算机应用

U0291707

SQL Server 2014
数据库技术实用教程

胡伏湘 肖玉朝 主编

清华大学出版社
北京

内 容 简 介

SQL Server 2014 是微软公司推出的最新数据库管理系统,安装容易,功能强大,操作方便,界面友好,比以往的任何一个版本都要好用。本书编写团队在多年教学与软件项目开发的基础上,根据程序员和数据库管理员的岗位要求以及高职院校特点组织教材内容,按照"设计数据库、建立数据库、管理数据库、应用数据库"的逻辑顺序,以图书借阅管理系统和成绩管理系统为教学主线,系统介绍了运用 SQL Server 2014 进行数据库管理的各种操作以及软件开发所需的各种知识和技能,主要内容包括:数据库技术导论,数据库操作,表操作,数据查询,视图操作,索引操作,存储过程,触发器,T-SQL 编程,数据库备份与恢复,数据库安全操作,VS 2010＋SQL Server 2014 数据库应用软件开发。

本书可以作为高职和应用型本科计算机类、软件类、电子商务类各专业的教学用书,也可以作为各类培训、DBA 认证、数据库管理爱好者的辅助教材和软件开发人员的参考资料。

本书提供配套的电子教案和全部脚本,登录清华大学出版社网站(www. tup. tsinghua. edu. cn)可以免费下载。

图书在版编目(CIP)数据

SQL Server 2014 数据库技术实用教程/胡伏湘,肖玉朝主编. —北京:清华大学出版社,2017(2023.2重印)
(21 世纪高等学校规划教材·计算机应用)
ISBN 978-7-302-46712-0

Ⅰ. ①S… Ⅱ. ①胡… ②肖… Ⅲ. ①关系数据库系统－高等学校－教材 Ⅳ. ①TP311.138

中国版本图书馆 CIP 数据核字(2017)第 038682 号

责任编辑:闫红梅 薛 阳
封面设计:傅瑞学
责任校对:时翠兰
责任印制:曹婉颖

出版发行:清华大学出版社
   网 址:http://www. tup. com. cn, http://www. wqbook. com
   地 址:北京清华大学学研大厦 A 座   邮 编:100084
   社 总 机:010-83470000   邮 购:010-62786544
   投稿与读者服务:010-62776969, c-service@tup. tsinghua. edu. cn
   质量反馈:010-62772015, zhiliang@tup. tsinghua. edu. cn
   课件下载:http://www. tup. com. cn,010-62795954
印 装 者:天津鑫丰华印务有限公司
经 销:全国新华书店
开 本:185mm×260mm 印 张:16.75   字 数:408 千字
版 次:2017 年 7 月第 1 版   印 次:2023 年 2 月第 5 次印刷
印 数:6001～6300
定 价:49.00元

产品编号:071519-02

作 者 简 介

胡伏湘,男,湖南省沅江市人,博士,三级教授,研究员,长沙商贸旅游职业技术学院教师,中南林业科技大学硕士生导师,中国计算机学会会员,湖南省普通高校优秀青年骨干教师,湖南省专业带头人,湖南省精品专业带头人,湖南省高级职称评审专家,湖南省教育科学规划课题评审专家,湖南省职业技能鉴定委员会专家、软件企业兼职技术总监。先后获得国家教学成果奖1项,湖南省教学成果奖3项,国家精品课程1门,湖南省精品课程2门,完成国家及湖南省自然科学基金等省级以上项目15项,公开发表论文70多篇,主编教材14部,其中"十二五"国家级规划教材1部。

出 版 说 明

　　随着我国改革开放的进一步深化,高等教育也得到了快速发展,各地高校紧密结合地方经济建设发展需要,科学运用市场调节机制,加大了使用信息科学等现代科学技术提升、改造传统学科专业的投入力度,通过教育改革合理调整和配置了教育资源,优化了传统学科专业,积极为地方经济建设输送人才,为我国经济社会的快速、健康和可持续发展以及高等教育自身的改革发展做出了巨大贡献。但是,高等教育质量还需要进一步提高以适应经济社会发展的需要,不少高校的专业设置和结构不尽合理,教师队伍整体素质亟待提高,人才培养模式、教学内容和方法需要进一步转变,学生的实践能力和创新精神亟待加强。

　　教育部一直十分重视高等教育质量工作。2007 年 1 月,教育部下发了《关于实施高等学校本科教学质量与教学改革工程的意见》,计划实施"高等学校本科教学质量与教学改革工程(简称'质量工程')",通过专业结构调整、课程教材建设、实践教学改革、教学团队建设等多项内容,进一步深化高等学校教学改革,提高人才培养的能力和水平,更好地满足经济社会发展对高素质人才的需要。在贯彻和落实教育部"质量工程"的过程中,各地高校发挥师资力量强、办学经验丰富、教学资源充裕等优势,对其特色专业及特色课程(群)加以规划、整理和总结,更新教学内容、改革课程体系,建设了一大批内容新、体系新、方法新、手段新的特色课程。在此基础上,经教育部相关教学指导委员会专家的指导和建议,清华大学出版社在多个领域精选各高校的特色课程,分别规划出版系列教材,以配合"质量工程"的实施,满足各高校教学质量和教学改革的需要。

　　为了深入贯彻落实教育部《关于加强高等学校本科教学工作,提高教学质量的若干意见》精神,紧密配合教育部已经启动的"高等学校教学质量与教学改革工程精品课程建设工作",在有关专家、教授的倡议和有关部门的大力支持下,我们组织并成立了"清华大学出版社教材编审委员会"(以下简称"编委会"),旨在配合教育部制定精品课程教材的出版规划,讨论并实施精品课程教材的编写与出版工作。"编委会"成员皆来自全国各类高等学校教学与科研第一线的骨干教师,其中许多教师为各校相关院、系主管教学的院长或系主任。

　　按照教育部的要求,"编委会"一致认为,精品课程的建设工作从开始就要坚持高标准、严要求,处于一个比较高的起点上;精品课程教材应该能够反映各高校教学改革与课程建设的需要,要有特色风格、有创新性(新体系、新内容、新手段、新思路,教材的内容体系有较高的科学创新、技术创新和理念创新的含量)、先进性(对原有的学科体系有实质性的改革和发展,顺应并符合 21 世纪教学发展的规律,代表并引领课程发展的趋势和方向)、示范性(教材所体现的课程体系具有较广泛的辐射性和示范性)和一定的前瞻性。教材由个人申报或各校推荐(通过所在高校的"编委会"成员推荐),经"编委会"认真评审,最后由清华大学出版社审定出版。

目前,针对计算机类和电子信息类相关专业成立了两个"编委会",即"清华大学出版社计算机教材编审委员会"和"清华大学出版社电子信息教材编审委员会"。推出的特色精品教材包括:

(1) 21世纪高等学校规划教材·计算机应用——高等学校各类专业,特别是非计算机专业的计算机应用类教材。

(2) 21世纪高等学校规划教材·计算机科学与技术——高等学校计算机相关专业的教材。

(3) 21世纪高等学校规划教材·电子信息——高等学校电子信息相关专业的教材。

(4) 21世纪高等学校规划教材·软件工程——高等学校软件工程相关专业的教材。

(5) 21世纪高等学校规划教材·信息管理与信息系统。

(6) 21世纪高等学校规划教材·财经管理与应用。

(7) 21世纪高等学校规划教材·电子商务。

(8) 21世纪高等学校规划教材·物联网。

清华大学出版社经过三十多年的努力,在教材尤其是计算机和电子信息类专业教材出版方面树立了权威品牌,为我国的高等教育事业做出了重要贡献。清华版教材形成了技术准确、内容严谨的独特风格,这种风格将延续并反映在特色精品教材的建设中。

清华大学出版社教材编审委员会

联系人:魏江江

E-mail:weijj@tup.tsinghua.edu.cn

前　言

　　如何由入门者快速达到职业岗位要求,是每一个老师也是每一个学生梦寐以求的事情,以精辟的语言教育人、以精巧的例题引导人、以精彩的项目启发人,正是作者长期追求的目标。本书编写团队融长期的教学经验与多年的软件开发经验于一体,以行业最新数据库管理系统 SQL Server 2014 为例,根据数据库管理员(DBA)的岗位要求以及高职院校的特点,按照"设计数据库、建立数据库、管理数据库、应用数据库"的顺序,以图书借阅管理系统和成绩管理系统为教学主线,系统介绍了数据库应用技术及数据库软件开发的知识和技能,是理论、实践、应用开发三者完美结合的一体化教材。

　　全书从逻辑上可以分为 4 个部分:数据库基础理论、SQL Server 2014 数据库应用、技能训练、数据库应用软件开发,其中技能训练穿插在每一个章节中,可以在每一次理论讲授后,马上进行技能训练。内容包括 12 章:第 1 章是数据库技术导论,第 2 章是建立数据库,第 3 章是建立表,第 4 章是数据查询,第 5 章是建立视图,第 6 章是建立索引,第 7 章是存储过程,第 8 章是触发器,第 9 章是 T-SQL 编程,第 10 章是数据库备份与恢复,第 11 章是数据库安全管理,第 12 章是 VS 2010＋SQL Server 2014 数据库应用软件开发,包括教学管理系统和图书信息管理系统两个项目的分析与实现。

　　本教材的主要特点是:

　　(1) 面向数据库管理员(DBA)和程序员职业岗位,以图书馆管理系统项目为教学主线,以成绩管理系统项目为技能训练主线,贯穿每一章节,并在最后一章实现了这两个项目,好教好学。

　　(2) 本书共 12 章教学内容,15 个技能训练,34 课时操作内容,实现了理论与实践的课时比例 1∶1,从理论到实践融会贯通。

　　(3) 将知识讲解、技术应用、技能训练、项目开发集成于一体,是数据库管理员和程序员工作任务的缩影。

　　(4) 根据内容多少及难易程度的不同,每一章均安排了一两次技能训练,最后是教学项目与实践项目的开发过程,从新手到高手不再是难事。

　　(5) 语言通俗易懂,讲解深入浅出,让读者迅速上手,逐步建立数据库管理的思想,完美实现由学习者到职业人的本质提升。

　　本教材由长沙商贸旅游职业技术学院的胡伏湘教授和肖玉朝副教授任主编,最后由胡伏湘统稿。在编写过程中,得到了湖南工程职业技术学院的徐刚强教授、湖南科技职业学院的成奋华教授、湖南外贸职业学院的高述涛教授、湖南安全职业技术学院的夏旭副教授、湖南信息职业技术学院的余国清副教授、清华大学出版社卢先和副社长和闫红梅老师的大力支持,并参考了大量的文献资料,书中未能详尽罗列,在此表示真心感谢!

　　本教材所有的例题和命令及程序均在 SQL Server 2014 中文版环境中运行通过,所有案例的脚本同样适用于 SQL Server 2008 版和 SQL Server 2016 版。本书提供配套教学资源,包括电子教案、命令脚本及相应素材。

　　由于编者水平有限,书中不足之处在所难免,恳求读者和各位老师指正,作者不胜感激。

编者(hfx_888@163.com)

2017 年 3 月于长沙

目 录

第1章

数据库技术导论

✎ 主要知识点

- 数据库管理员(DBA)职业岗位的技能需求;
- 主要的数据模型;
- 关系数据库的特点;
- 数据库、表、记录、字段的含义和相互关系;
- SQL Server 2014 数据库的界面组成和简单用法。

📖 学习目标

了解数据库管理员(DBA)职业岗位的技能需求,掌握数据模型的分类及区别,掌握关系数据库的特点,能够运用 SQL Server 2014 建立数据库和表,并输入记录,初步掌握数据库和表的修改方法。

1.1 数据库职业岗位技能需求分析

数据库课程直接对应的职业技能岗位是数据库管理员(Database Administrator, DBA),在机关和事业单位以及非软件开发类的企业,通常设置有信息部门,DBA 是其中的一个岗位,其工作任务比较单纯,主要是数据库管理与维护。但在中小型软件企业,数据管理工作通常由程序员或者软件工程师担任,他们必须熟练掌握一种编程语言(如 Java)和一种软件开发平台(如 MyEclipse),还能够根据用户需求设计和调用数据库,是开发软件和网站的必备技能,规模较大的软件企业设置有数据库工程师的岗位。

在智联招聘、前程无忧、中华英才网、58 同城等专业人才招聘网站上,搜索数据库管理员、软件开发工程师、数据库应用系统开发、网站开发岗位,基本能对数据库相关岗位的工作任务和技能要求有一定的了解,下面是软件企业一些具有代表性的招聘信息。

1. 数据库管理员的招聘信息

招聘职位：数据库管理员（DBA）	招聘单位：网络股份有限公司
岗位职责： (1) 负责数据库系统的管理工作，保证其安全、可靠、高效运行； (2) 负责项目数据库服务器的管理工作，做好服务器的运行、修改记录，服务器出现故障时，能够准确、快速解决； (3) 负责数据库系统的建设，做好服务器的维护、数据库软件的安装、数据库的建立工作，定期对数据进行备份； (4) 负责数据库服务器的安全防范管理工作； (5) 负责运维自动化工具开发； (6) 数据库开发支持，设计评审以及 SQL 代码的上线审核； (7) 协助软件开发人员完成数据库软件开发所需的各类数据库的信息	任职要求： (1) 两年以上工作经验，至少一年以上数据库生产环境管理维护经验，数据库监控、故障诊断/排除的实际经验； (2) 理解运维自动化； (3) 精通 SQL 语言，熟悉 MySQL、Oracle、SQL Server、DB2 数据库基本原理； (4) 熟悉 MySQL、Oracle、SQL Server、DB2 高可用性，了解 No-SQL 技术（如 MongoDB，Mecached）； (5) 熟悉 Linux 基本管理，熟练使用 Shell，Perl，PHP，Python，Ruby 中至少一种语言； (6) 精通数据库设计，有一定 SQL 开发经验； (7) 有系统、网络、存储、系统或硬件等方面经验者优先
公司简介：2014 年成立，注册资金 3 亿元，是一家集互联网、移动互联网、物联网、云计算、大数据等技术于一体的高新技术企业。主要产品有"子贵空间"（网络学习空间人人通应用平台）、"子贵校园"（校园管理信息化系统）、"子贵教育"（区域教育管理信息化平台），目前签约用户 50 万人以上	

2. 数据库开发工程师的招聘信息

招聘职位：数据库开发工程师	招聘单位：深圳市软件开发有限公司
岗位职责： (1) 参与和协助研发完成业务系统的数据库设计、规划和调优； (2) 负责系统数据库集群的日常维护、安装、升级、建设规划、性能监控、健康性检查及故障诊断排除； (3) 维护线上业务核心数据库的 7 天×24 小时安全、稳定运行； (4) 负责定期数据库巡检、数据库日志检查、结合应用架构及系统特性运行状态分析、优化运行瓶颈，并提供改进方案以支持系统高效运行	任职要求： (1) 大专以上学历，计算机相关专业； (2) 1 年以上专职大型数据库构建和管理经验； (3) 熟悉 SQL Server 在 Windows 下的安装配置、备份及数据恢复，掌握数据库安全管理等技术； (4) 具有丰富的 SQL Server 管理和调优经验，熟悉各种调优方法和工具，能够对数据库整体环境进行性能监控； (5) 精通 SQL，能进行 SQL 和存储过程的优化； (6) 精通数据库设计，能为开发人员开发高性能系统提供配合和指导，能编写数据库设计文档； (7) 有良好的沟通能力和团队协作精神，工作认真负责、踏实、勤奋、有责任心
公司简介：成立于 2000 年，国家双软认证物流软件企业，主营业务有：国际快递、国内快递物流系统、跨境电商管理系统、海关通关管理系统、空运管理系统、仓储系统、电子商务配送系统、干线运输系统、OA 办公自动化系统、国际多语言版本快递系统	

3. Java 软件开发工程师的招聘信息

招聘职位：Java 软件开发工程师	招聘单位：北京网络科技有限公司
任职要求： (1) 两年以上 Java Web 工作经验； (2) 熟悉 SQL Server、Oracle、MySQL 至少一种，熟悉视图编写、存储过程开发，熟悉事务，熟悉 SQL 编程以及 SQL 调优，具有数据建模能力； (3) 深入理解 Java 核心，多线程以及异步编程。掌握至少两种以上软件设计模式； (4) 掌握 Ajax、JavaScript、jQuery、EasyUI、HTML、DIV＋CSS、XML、Web Services 等； (5) 熟悉 Linux、Tomcat、SVN 的使用和配置； (6) 具有很强的学习能力，思路清晰，良好的沟通和团队合作能力，积极、乐观、愿意沟通	岗位职责： (1) 精通 Java，CSS3，HTML5，Bootstrap，jQuery 等前端开发技术，能进行响应式页面开发； (2) 配合技术人员完成 HTML5 基础技术框架开发； (3) 配合后台工程师一起研讨技术实现方案，进行应用及系统整合； (4) 优化前端体验和页面响应速度，保证兼容和执行效率
公司简介：公司定位为一家综合性的互联网金融服务平台，通过优秀的互联网技术及金融资源配置能力，致力于成为名列行业前茅的互联网金融创新公司，打造新时代的互联网金融平台，公司主要业务集中在大型财经门户网站构建、电商、手机 APP 开发、大数据处理等服务	

通过对企业招聘信息的分析可以发现，数据库相关职业岗位主要包括数据库管理员、程序员、软件开发工程师、网站设计工程师、信息系统管理员等。其从业人员在数据库方面的技能要求是：

(1) 精通一种主流数据库软件，如 SQL Server、Oracle、MySQL、DB2，如果从事大数据、APP 软件开发，还需要了解一种非结构化数据库，如 MongoDB、Mecached。

(2) 能够熟练地操作数据库、表、视图、记录、索引。

(3) 能够熟练地运用 SQL 命令进行数据查询。

(4) 能够根据业务处理的要求编写存储过程和触发器。

(5) 了解数据库理论及开发技术和建模方法，熟悉常用数据库建模工具。

(6) 熟悉数据库备份恢复和优化方法。

还应具备以下基本素质和工作态度：

(1) 积极乐观的工作态度和强烈的责任心，良好的沟通和学习能力。

(2) 具有主观能动性、团队合作精神和强烈的事业心。

(3) 较强的敬业精神，开拓创新意识及自我规范能力。

(4) 强烈的客户服务意识、较强的理解能力。

(5) 有较好的抗压能力和进取心。

对职业岗位的技能需求分析为课程学习内容的组织提供了依据。

1.2 案例数据库说明

教材共安排了两个案例数据库，一个是高校图书馆图书资料借阅管理系统 libsys，是图书馆工作人员对新购图书分类、入库登记、办理和发放读者借书证、图书借阅进行管理的软件,主要用于上课教学;另外一个是学生成绩管理系统 scoresys,用于知识拓展和实习实训,其功能是学生基本信息登记、课程信息登录、任课教师信息登录和成绩管理,其使用人员主要是任课教师和教务管理人员。

1.2.1 图书馆管理系统教学案例

图书馆图书资料借阅管理系统(以下简称图书馆管理系统)包括前台借阅和归还管理功能以及后台登记入库管理功能,采购人员购进图书后,编目人员首先根据图书的类别进行分类整理,放进不同位置的书架上。

每本书在出版时都会获得一个书号,以 ISBN 开头,如 ISBN978-7-302-34691-3,简写为9787302346913,同一本书可以印刷几千甚至上万册,它们的 ISBN 书号都完全相同,因此在图书馆购进此书时,如果同时买进多本,可以通过条形码来区分。为简单起见,本教材仍是书号作为主键,但设置购进数(BuyCount)字段和可借数(AbleCount)字段,对于同一本书,通常图书馆保留两本存档,不外借,以避免库存为空的情况,假设保留 1 本存档,则BuyCount 和 AbleCount 之间的关系是:BuyCount=AbleCount+1,当 AbleCount≤0 时,表示此书不可以再外借了。

1. 数据表的构成

图书馆管理系统 libsys 主要包括三个表:图书信息表 bookInfo、读者信息表 readerInfo、借阅信息表 borrowInfo,如表 1-1 所示。

表 1-1　数据库 libsys 中的表

表名	功　能	主 要 栏 目	说　明
bookInfo	存储图书的基本信息	ISBN 书号、书名、出版社、主编	要求在 borrowInfo 表之前建立
readerInfo	存储读者的基本信息	借书证号、读者姓名	要求在 borrowInfo 表之前建立
borrowInfo	存储图书借阅和归还情况	书号、借书证号、借书日期、归还日期	书号和借书证号分别来源于 bookInfo 和 readerInfo 表

2. bookInfo 表(图书信息表)

图书信息表结构的详细信息如表 1-2 所示。

表 1-2　bookInfo 表结构

序号	属 性 名	含　义	数 据 类 型	长度	是否可为空	约束
1	BookID	ISBN 书号	char	20	不可(not null)	主键
2	BookName	书名	varchar	40	不可(not null)	
3	BookType	类型	varchar	20	不可(not null)	
4	Writer	主编	varchar	8	不可(not null)	
5	Publish	出版社	varchar	30	不可(not null)	
6	PublishDate	出版日期	datetime	默认	可以(null)	
7	Price	价格	decimal	6,2	可以(null)	
8	BuyDate	购进日期	date	默认	可以(null)	
9	BuyCount	购进数	int	默认	不可(not null)	
10	AbleCount	可借数	int	默认	不可(not null)	
11	Remark	备注	varchar	100	可以(null)	

图书信息表中包括 10 本书的记录,如表 1-3 所示,其中 NULL 表示为空,输入 NULL (大小写均可以),也可以空置。

表 1-3　bookInfo 表的记录

序号	BookID	BookName	BookType	Writer	Publish
1	9787302395775	计算机网络技术教程	计算机	胡伏湘	清华大学出版社
2	9787121270000	计算机网络技术实用教程	计算机	胡伏湘	电子工业出版社
3	9787302346913	Java 程序设计实用教程	计算机	胡伏湘	清华大学出版社
4	9787561188064	Java 程序设计基础	计算机	胡伏湘	大连理工大学出版社
5	9787322656678	数据库应用技术	计算机	刘小华	电子工业出版社
6	9787220976553	大数据分析与应用	计算机	张安平	清华大学出版社
7	9787431546652	电子商务基础与实务	经济管理	刘红梅	电子工业出版社
8	9787442768891	移动商务技术设计	经济管理	胡海龙	中国经济出版社
9	9787322109877	商务网页设计与艺术	艺术设计	张海	高等教育出版社
10	9787603658891	3D 动画设计	艺术设计	刘东	电子工业出版社

序号	PublishDate	Price	BuyDate	BuyCount	AbleCount	Remark
1	2015-08-01	39	2015-12-30	30	29	出版社优秀教材
2	2015-09-01	36	2015-10-30	20	19	NULL
3	2014-02-01	39	2014-09-20	30	29	出版社优秀教材
4	2014-11-30	42	2015-03-10	50	49	"十二五"国家级规划教材
5	2016-04-01	35	2016-09-20	30	29	NULL
6	2015-08-20	82	2015-12-01	25	24	精品课程配套教材
7	2013-11-10	40	2014-01-22	25	24	国家级规划教材
8	2016-05-30	38	2016-08-20	28	27	NULL
9	2014-09-01	55	2016-08-20	15	14	专业资源库配套教材
10	2012-10-10	42	2014-12-20	18	17	NULL

3. ReaderInfo 表(读者信息表)

读者信息表(ReaderInfo)结构的详细信息如表 1-4 所示。

表 1-4　ReaderInfo 表的结构

序号	属 性 名	含　义	数据类型	长度	是否可为空	约　束
1	ReaderID	借书证号	char	10	不可(not null)	主键
2	ReaderName	姓名	char	10	不可(not null)	
3	ReaderSex	类型	char	2	不可(not null)	
4	ReaderAge	年龄	int	8	可以(null)	
5	Department	所在部门	varchar	30	不可(not null)	
6	ReaderType	读者类型	char	10	不可(not null)	教师、学生、临时
7	StartDate	办证日期	date	默认	不可(not null)	默认系统日期
8	Mobile	电话	varchar	12	可以(null)	
9	Email	邮箱	varchar	40	可以(null)	必须包含@符号
10	Memory	备注	varchar	50	可以(null)	

读者信息表中包括 10 名读者的记录,如表 1-5 所示。

表 1-5   ReaderInfo 表的记录

序号	ReaderID	ReaderName	ReaderSex	ReaderAge	Department
1	T01010055	李飞军	男	35	软件学院
2	T01011203	刘小丽	女	40	商学院
3	T03020093	张红军	男	55	财务处
4	T03010182	李天好	男	30	图书馆
5	T12085566	Smith	男	39	商学院
6	S02028217	周依依	女	23	商学院会计 1205 班
7	S02018786	李朝晖	女	24	软件学院软件 1301 班
8	S20390022	杨朝阳	男	24	软件学院研 1302 班
9	M01039546	胡大龙	男	34	国际学院
10	M12090025	张飞霞	女	28	软件学院

序号	ReaderType	StartDate	Mobile	Email	Memory
1	教师	2009-12-20	18977663322	lfj3322@163.com	NULL
2	教师	2014-04-08	13033220789	20455543@qq.com	NULL
3	教师	2010-09-10	13809997788	zhanghongjun@sina.com	NULL
4	教师	2014-12-20	17108084567	lth2013030@sina.com	NULL
5	教师	2014-09-15	073183833388	Smith0908@gmail.com	外教
6	学生	2013-09-20	15907778879	320244538@qq.com	NULL
7	学生	2013-10-30	13100759054	103499447@qq.com	NULL
8	学生	2015-11-10	15533555678	sunny667788@126.com	NULL
9	临时人员	2014-05-29	18834567890	590033352@qq.com	培训班学员
10	临时人员	2014-05-29	13498873425	zhangfeixia0111@qq.com	访问学者

4. BorrowInfo 表(借阅情况表)

借阅情况表(BorrowInfo)反映的是读者借阅图书的基本情况,这个表结构的详细信息如表 1-6 所示。

表 1-6   BorrowInfo 表的结构

序号	属性名	含义	数据类型	长度	是否可为空	约束
1	ReaderID	借书证号	char	10	不可(not null)	主键,外键,来源于 ReaderInfo
2	BookID	书号	char	20	不可(not null)	主键,外键,来源于 BookInfo
3	BorrowDate	借书日期	date	默认	不可(not null)	主键
4	Deadline	应归还日期	date	默认	不可(not null)	
5	ReturnDate	实际归还日期	date	默认	可以(null)	

在 BorrowInfo 这个表中,应归还日期(Deadline)是根据图书馆管理制度规定的最后应归还期限,及时归还以促进书籍的流通,比如学生和临时人员最多借阅 3 个月,教师最多借阅 1 年,如果到期没有归还,则每超过一天按照 0.1 元的标准予以罚款,并继续催还,如果图书已经丢失,则按照原价的 3 倍赔偿。

图书借阅后,在没有归还之前的实际归还日期字段(ReturnDate)为空,归还时,这个字段填写当天的日期,正常归还或者赔偿后,这个字段不再为空。

借阅信息表中包括 12 条借阅信息,如表 1-7 所示。

表 1-7　BorrowInfo 表的记录

序号	ReaderID	BookID	BorrowDate	Deadline	ReturnDate
1	T01010055	9787302395775	2016-03-03	2016-09-02	2016-04-12
2	T01011203	9787121270000	2015-11-11	2016-05-10	2016-01-25
3	T03020093	9787302346913	2014-10-30	2015-04-29	2014-11-20
4	T03010182	9787561188064	2015-10-10	2016-04-09	2016-01-04
5	T12085566	9787322656678	2016-09-12	2017-03-11	NULL
6	S02028217	9787220976553	2016-04-06	2016-07-05	NULL
7	S02018786	9787431546652	2014-02-28	2014-05-27	2014-04-29
8	M01039546	9787322109877	2015-01-24	2015-04-23	2015-03-23
9	T01010055	9787302346913	2014-10-30	2015-04-29	2014-11-20
10	T03020093	9787322656678	2016-09-12	2017-03-11	NULL
11	S02028217	9787322656678	2016-09-12	2017-12-11	NULL
12	T03020093	9787322656678	2016-06-20	2016-12-19	NULL

通过图书馆管理系统数据库中三个表的建立,可以发现设计表和建表时要遵守以下原则:

(1) 基础表要先建立,有外键的表后建立。

(2) 如果有外键,则必须找到这个字段来源于什么表的什么字段,两者的字段名、数据类型、长度要兼容,最好是完全相同。

(3) NULL 是个常量(大小写均可),表示空,也就是没有值,它与数值 0 和空格完全不同。

(4) 设计表时,必须区别字符型数据和数值型数据的区别,方法是能不能进行加减乘除等数据运算,有些字段看起来是数字,事实上是字符,例如电话号码、身份证号码、学号、职工号都只能是字符型数据。

1.2.2　学生成绩管理系统 scoresys 数据库说明

学生成绩管理系统是学校信息化系统中教务管理系统的一个重要内容,用于存储课程信息、学生信息、学生课程成绩信息、老师任课信息等相关资料,是教师输入所教课程成绩并进行统计分析,以及学生查询自己各科成绩的入口,涉及教师、学生、成绩等各种对象,功能强大的学生成绩管理系统包括数十张表,但保存最基本信息的表只有三张。

1. 数据表的构成

学生成绩管理系统 scoresys 包括 3 张表,即课程信息表 course、学生信息表 student、成绩信息表 score,如表 1-8 所示。

表 1-8　数据库 scoresys 中的表

表名	功　　能	主要栏目	说　　明
course	存储课程的相关信息	课程号、课程名、任课老师、学分	要求在 score 表之前建立
student	存储学生的基本信息	学号、学生姓名、班级	要求在 score 表之前建立
score	存储课程成绩	课程号、学号、成绩	课程号和学号分别来源于 course 表和 student 表

2. course 表（课程信息表）

课程信息表结构的详细信息如表 1-9 所示。

表 1-9　course 表结构

序号	属　性　名	含　　义	数据类型	长度	是否可为空	约束
1	CourseID	课程号	char	10	不可(not null)	主键
2	CourseName	课程名	varchar	40	不可(not null)	
3	CourseType	课程类型	varchar	20	可以(null)	
4	Owner	所属部门	varchar	20	可以(null)	
5	Period	学时	int	默认	不可(not null)	
6	Credit	学分	decimal	(3,1)	不可(not null)	
7	Teacher	任课教师	char	8	可以(null)	
8	Term	开课学期	char	1	可以(null)	

这个表中，CourseID 课程编号字段由教务处根据一定的编码规则确定，Term 字段表示第几个学期开课，其值是 1~8，虽然是数字，但并不具备数学运算的功能，仅仅是个顺序编号，因此用数值类型并不合适，反而用字符型(如 char)会更好。

课程信息表中包括 10 门课程的记录，如表 1-10 所示。

表 1-10　Course 表的记录

序号	CourseID	CourseName	CourseType	Owner	Period	Credit	Teacher	Term
1	1001001	计算机应用基础	公共基础	软件学院	48	3	张军军	1
2	1001002	高等数学一	公共基础	公共课部	72	4.5	李小强	1
3	1001004	大学语文	公共基础	公共课部	64	4	刘江	1
4	2100012	英语二	公共基础	公共课部	48	3	杨阳	2
5	2100015	C++程序设计	专业基础	软件学院	80	5	张军军	2
6	3301009	Java 程序设计	专业核心	软件学院	64	4	刘大会	3
7	3208911	数据库应用技术	专业核心	软件学院	64	4	张军军	3
8	4011033	商务网站设计	专业核心	软件学院	72	4.5	洪国良	4
9	4213008	大数据应用	专业方向	软件学院	48	3	张强	5
10	4333010	网络营销	专业方向	商学院	48	3	徐小东	5

3. student 表（学生信息表）

学生信息表结构的详细信息如表 1-11 所示。

表 1-11　student 表结构

序号	属性名	含　义	数 据 类 型	长度	是否可为空	约束
1	SID	学号	char	12	不可(not null)	主键
2	SName	姓名	varchar	40	不可(not null)	
3	Dept	所在院系	varchar	20	不可(not null)	
4	Class	班级	varchar	16	不可(not null)	
5	Sex	性别	char	2	可以(null)	
6	Birthdate	出生日期	date	默认	可以(null)	
7	Mobile	手机	char	13	可以(null)	
8	Home	籍贯	varchar	20	可以(null)	

在设计表格时,关于栏目的长度,应该考虑的因素是:

(1) 当前栏目所有可能的取值有哪些,最大值是多少个字符,长度不能小于最大值。比如 Home,通常是"XX 省 XX 市"这样的值,但要考虑类似于"新疆维吾尔族自治区乌鲁木齐市"特别长的值,因此这个字段的长度不能低于 10 个汉字,即 20 字符。

(2) 在 SQL Server 中,一个汉字可以设置为一个字符的长度,也可以设置为两个字符的长度,因此考虑到其兼容性,一个汉字的长度设为 2 更加合理,比如 Sex 字段,值可以是"男""女"以及 NULL,长度应设为 2。NULL 是一个常量,表示没有输入,即为空,长度为 0。

(3) Mobile 字段不能设置为数值型,因为没有数学方面的意义,且数据型字段不支持首位的 0 以及"-"这样的字符,例如某人的手机是个移动座机,号码为 0731-82345678,因此必须用字符型。

学生信息表中包括 10 个学生的记录,如表 1-12 所示。

表 1-12　student 表的记录

序号	SID	SName	Dept	Class	Sex	Birthdate	Mobile	Home
1	20130205011	李学才	软件学院	软件 1305	男	1995-05-05	15807310888	湖南长沙
2	20130204009	刘明明	软件学院	软件 1303	女	1996-12-12	15573223322	湖南株洲
3	20130101122	张东	商学院	会计 1302	男	1995-08-01	15273117899	湖南长沙
4	20140107123	许小放	商学院	电商 1402	女	1996-09-10	18942513351	湖南长沙
5	20140303007	杨阳	旅游学院	旅游 1401	女	1995-10-19	18802014355	广州从化
6	20140205223	胡小军	软件学院	软件 1505	男	1997-09-22	17733555678	广州番禺
7	20130205020	杨志强	软件学院	软件 1305	男	1994-12-30	0731-23238899	湖南株洲
8	20140303088	杨阳	旅游学院	旅游 1502	男	1998-01-09	13902716544	湖北武汉
9	20140106065	周到	商学院	会计 1403	女	1996-07-01	1570213377	上海市
10	20140208161	徐华山	软件学院	物联网 1401	男	1996-07-20	18904513451	黑龙江哈尔滨

4. score 表(成绩表)

成绩信息表结构的详细信息如表 1-13 所示。

表 1-13 score 表结构

序号	属性名	含义	数据类型	长度	是否可为空	约束
1	SID	学号	char	12	不可(not null)	主键,外键
2	CourseID	课程号	char	10	不可(not null)	主键,外键
3	ExamTime	考试时间	datetime	默认	不可(not null)	主键
4	Mark	成绩	decimal	(4,1)	可以(null)	
5	ExamPlace	考试地点	varchar	20	可以(null)	
6	Memory	备注	varchar	20	可以(null)	

说明:

(1) score 表记录的是课程成绩,SID 字段来源于 student 表,各属性均必须与 student 表中的 SID 字段的属性完全一样。同理,CourseID 字段来源于 course 表,其属性必须与 course 表中的 CourseID 字段的属性完全相同。

(2) 考虑到课程成绩,可以有 1 位小数,且最大值为 100,因此 Mark 字段的数据类型采用 Decimal(4,1)比较合适,表示一共是 4 位数,其中 1 位小数、3 位整数。

(3) ExamTime 不能为空的原因是:可能存在这样的情况,正考没有通过,需要补考,这时正考产生一条记录,补考也产生一条记录,两条记录的 SID 和 CourseID 都一样,必须加上考试时间(ExamTime 字段)才能区别不同的记录,因此 ID+CourseID+ExamTime 才能成为主键。

(4) Memory 字段用于存储一些特殊情况,例如缺考、缓考、免考等。

成绩信息表中包括 14 条记录,如表 1-14 所示。

表 1-14 score 表的记录

序号	SID	CourseID	ExamTime	Mark	ExamPlace	Memory
1	20130205011	1001001	2014-01-05 10:00:00	85	自强楼 105	NULL
2	20130205011	1001002	2014-01-06 14:30:00	73.5	致用楼 303	NULL
3	20130204009	1001002	2014-01-06 14:30:00	100	致用楼 303	NULL
4	20130101122	1001004	2014-01-07 8:30:00	90	知行楼 501	NULL
5	20140107123	2100012	2015-06-30 8:30:00	48	自强楼 305	NULL
6	20140107123	2100015	2015-07-02 10:00:00	NULL	德业楼 109	缺考
7	20140303007	2100015	2015-07-02 10:00:00	88	德业楼 109	NULL
8	20140205223	3301009	2016-01-10 14:00:00	98.5	自强楼 505	NULL
9	20130205020	3208911	2015-01-08 14:00:00	80	知行楼 201	NULL
10	20140303088	4011033	2016-06-25 8:00:00	NULL	知行楼 201	缺考
11	20140106065	4011033	2016-06-25 8:00:00	65	知行楼 201	NULL
12	20140208161	4011033	2016-06-25 8:00:00	90	知行楼 201	NULL
13	20140106065	1001002	2015-07-02 18:00:00	NULL	敬业楼 108	缓考
14	20140208161	1001004	2015-07-02 18:00:00	90	敬业楼 108	免考

说明:在成绩表中,考生如果在考试时缺考,则成绩(Mark 字段)按空值(NULL)处理,但需要在备注栏(Memory 字段)标记"缺考"或者"缓考"。注意:空值一定不能用 0 代替,因为 0 是数值,0 和 NULL 意义完全不同,在进行数据统计时会带来完全不一样的结果。

1.3 技能训练1：了解数据库工作岗位

1.3.1 训练目的

（1）了解数据库课程对应的岗位及要求。

（2）了解常见的数据库。

（3）了解 SQL Server 数据库。

1.3.2 训练时间

1 课时。

1.3.3 训练内容

将以下内容的搜索结果保存到 Word 文件中，下课前提交给老师。

（1）打开百度或者搜狗，搜索"数据库相关岗位"，了解数据库相关的职业岗位有哪些。

（2）从 51job、zhaopin 等专业招聘网站中，搜索数据库岗位，找到 5 家公司（至少包含 2 个本地区的公司），了解相关岗位的技能要求及工作任务。

（3）搜索目前的主流数据库有哪些，各是什么公司的产品？有什么特点？

（4）搜索 SQL Server 数据库，有什么功能和特点？经历了哪些版本？

（5）搜索什么是关系模型？什么是关系数据库？有什么联系？

1.3.4 思考题

（1）你用过百度地图或者高德地图吗？地理位置是什么类型的数据库？

（2）你用过的软件中，哪些包含了数据库？你是怎么看出来的？

1.4 数据库技术概述

数据库技术是计算机技术中的一个重要的分支，数据处理技术随着计算机技术的发展经历了网状和层次数据库系统、关系数据库系统阶段，现在正向面向对象数据库系统发展，数据模型经历了网状模型、层次模型、关系模型和非结构化数据模型的演变，数据库技术推动了信息产业的快速发展。

1.4.1 数据库技术的发展历程

数据库技术是计算机软件领域的一个重要分支，产生于 20 世纪 60 年代，它的出现使计算机应用渗透到了工农业生产、商业、行政管理、科学研究、工程技术以及国防军事等各个领域。它以数据库管理系统 DBMS 为核心，以数据存储和处理为主要功能，已经发展成内容丰富、领域宽广的一门新学科，涵盖 DBMS 产品、数据挖掘、开发工具、应用系统解决方案等多个内容。数据处理是指对各种形式的数据进行组织与加工、存储与检索、安全管理、备份恢复等工作,其主要目的是从大量的、杂乱无章的甚至是难以理解的数据中抽取并推导出对某些特定的人们来说有价值、有意义的数据,为决策提供依据。

数据库技术经历了以下三代的发展过程:

第一代数据库系统为网状和层次数据库系统。1969 年 IBM 公司开发了基于层次模型的信息管理系统(Information Management System,IMS)。20 世纪 60 年代末至 20 世纪70 年代初,美国数据库系统语言协会(Conference on Data System Languages,CODASYL)下属的数据库任务组(Database Task Group,DBTG)提出了若干报告(DBTG 报告),该报告确定并建立了网状数据库系统的许多概念、方法和技术。正是基于上述报告,Cullinet Software 开发了基于网状模型的产品 IDMS(Information Data Management System)。IMS 和 IDMS 这两个产品推动了网状和层次数据库系统的发展。

第二代数据库系统为关系数据库系统(Relational DataBase System,RDBS)。1970 年IBM 公司研究员 E. F. Codd 发表的关于关系模型的论文推动了关系数据库系统的研究和开发。尤其是关系数据库标准语言——结构化查询语言 SQL 的提出,使关系数据库系统得到了广泛的应用。目前市场上的主流数据库产品包括 Oracle、DB2、Sybase、SQL Server 和FoxPro 等,这些产品都基于关系数据模型。

随着数据库系统应用的广度和深度的进一步扩大,数据库处理对象的复杂性和灵活性对数据库系统提出了越来越高的要求,如多媒体数据、CAD 数据、图形图像数据需要更好的数据模型来表达,以便存储、管理和维护。正是在这种形势下,对象-关系数据库系统(Object-Relational DataBase System,ORDBS)应运而生,除了包含第二代数据库系统的功能外,还应支持正文、图像、声音等新的数据类型,支持类、继承、函数/服务器应用的用户接口。

第三代数据库产品是非结构化数据库(non-structure DataBase)。是大数据时代的产物,其字段长度可变,并且每个字段的记录又可以由可重复或不可重复的子字段构成的数据库,用它不仅可以处理结构化数据(如数字、符号),而且更适合处理非结构化数据(全文文本、图像、声音、影视、超媒体、地理位置等)。非结构化数据库主要是针对非结构化数据而产生的,与以往的关系数据库相比,其最大区别在于它突破了关系数据库结构定义不易改变和数据定长的限制,支持重复字段、子字段以及变长字段,并实现了对变长数据和重复字段进行处理和数据项的变长存储管理,在处理连续信息(包括全文信息)、半结构化信息和非结构化信息(包括各种多媒体信息)中有着传统关系型数据库所无法比拟的优势,目前的主流NoSQL 产品有 MongoDB、HBase、SequoiaDB、Cassandra。

1.4.2　数据库系统的基本概念

数据库系统的主要概念有数据、数据库、数据库系统、数据库管理系统等。

(1) 数据(Data):是描述事物的符号记录,如文字、图形图像、声音、记录、文件,数据的形式本身并不能完全表达其内容,需要经过语义解释,数据与其语义是不可分的。

(2) 数据库(DataBase,DB):是长期存储在存储器中,按照一定的结构方式而构成的数据集合,这些数据可以多个用户共享,具有较小的冗余度和较高的独立性。

(3) 数据库管理系统(DataBase Management System,DBMS):是位于用户与操作系统软件之间的、以统一方式管理、维护数据库中数据的软件集合。DBMS 在操作系统的支持与控制下运行,按功能 DBMS 可分为三大部分:包括数据描述语言(Data Description Language,DDL)、数据操纵语言(Data Manipulation Language,DML)、数据控制语言(Data Control Language,DCL)。

DDL 用以描述数据模型,如建表、建库、输入记录,DML 是 DBMS 提供给用户的操纵数据的工具,如查询、维护、输出、运算、统计。DCL 可以对数据安全性、完整性、通信过程进行控制。

(4) 数据库系统(DataBase System,DBS):由数据库及其管理软件组成的系统。一般由数据库、数据库管理系统、开发工具、各类用户构成。

(5) 数据库管理员(DataBase Administrator,DBA):是负责数据库的建立、使用和维护的专门人员。目前 Microsoft 专业组织了 DBA 认证考试,即 MSDBA 认证,Oracle 公司也有相应的认证,由低到高分为三级,即 Oracle OCA(数据库认证专员)、OCP(认证专家)、OCM(认证大师)。

(6) 数据独立性:指存储数据的数据库与调用数据的软件之间是相互独立的,就是说,数据和软件可以由不同的人设计,也可以存储在不同的介质,修改数据库不一定要修改调用数据的程序,修改程序也不一定要修改数据库。

1.5　三种主要的数据模型

数据模型(Data Model)是数据特征的抽象,是数据库管理的教学形式框架,包括数据库数据的结构部分、操作部分和约束条件。

到目前为止,实际的数据库系统所支持的主要数据模型有层次模型(Hierachical Model)、网状模型(Network Model)和关系模型(Relational Model)三种数据模型。

层次模型和网状模型统称为非关系模型,它们是按照图论中图的观点来研究和表示的数据模型。其中用有根定向有序树来描述记录间的逻辑关系的,称为层次模型;用有向图来描述记录间的逻辑关系的,称为网状模型。在非关系模型中,实体型用记录型来表示,实体之间的联系被转换成记录型之间的两两联系。所以非关系模型的数据结构可以表示为 DS={R,L},其中 R 为记录型的集合,L 为记录型之间两两联系的集合。这样就把数据结构抽象为图,记录型对应图的结点,而记录之间的联系归结为连接两点间的弧。

1.5.1　网状模型

网状模型又叫网络模型,任意一个连通的基本层次联系的集合就是一个网状模型。与层次模型(即树结构)的区别是:
(1) 可以有一个以上的结点无双亲。
(2) 至少有一个结点有多于一个的双亲。

1.5.2　层次模型

层次模型采用树状结构表示,类似于家庭或者行政机构,有以下两个特点:
(1) 有且仅有一个结点无双亲,这个结点称为根结点。

（2）其他结点有且仅有一个双亲。

在层次模型中，同一双亲的子女结点称为兄弟结点（twin 或 siblig），没有子女的结点称为叶结点。图 1-1 是一个层次模型，R1 是根，R2 和 R3 是 R1 的子女结点，因此 R2 和 R3 是兄弟结点，R2、R4 和 R5 是叶结点。

在层次模型中，每个记录只有一个双亲结点，即从一个结点到其双亲结点的映像是唯一的，所以对于每一个记录（除根结点）只需指出它的双亲记录，就可以表示出层次模型的整体结构。如果要存取某一记录型的记录，可以从根结点起，循着层次路径逐层向下查找，查找经过的途径就是存取路径。表 1-15 显示了查找图 1-1 中的记录时所经过的存取路径。层次模型就是一棵倒着的树。

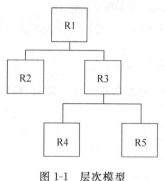

图 1-1 层次模型

表 1-15 存取路径

要存取的记录	存 取 路 径
R1	R1
R2	R1—R2
R3	R1—R3
R4	R1—R3—R4
R5	R1—R3—R5

层次模型层次清楚，各结点之间的联系简单，只要知道了每个结点（根结点除外）的双亲结点，就可描绘出整个模型的结构；缺点是不能表示两个以上实体间的复杂联系。美国 IBM 公司于 1969 年研制成功的 IMS 数据库管理系统是这种模型的典型代表。

层次模型与网状模型的不同之处主要表现在以下三点。

（1）层次模型中从子女到双亲的联系是唯一的，而网状模型则可以不唯一。因此在网状模型中就不能只用双亲是什么记录来描述记录之间的联系，而必须同时指出双亲记录和子女记录，并且给每一种联系命名，即用不同的联系名来区分。例如图 1-2(b)中的 R3 有两个双亲记录 R1 和 R2，因此把 R1 与 R3 之间的联系命名为 L1，把 R2 与 R3 之间的联系命名为 L2，如图 1-3 所示。

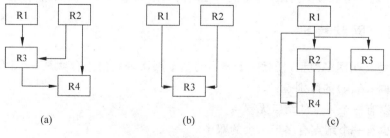

图 1-2 网状模型

（2）网状模型中允许使用复合链，即两个记录型之间可以有两种以上的联系，如图 1-4(a)所示，层次模型则不可以。图 1-4(b)是说明复合链的实例，例中，工人和设备之间有两种联系，即使用和保养。操作工人和设备之间是"使用"的关系，维修工人和设备之间是"保养"的关系。

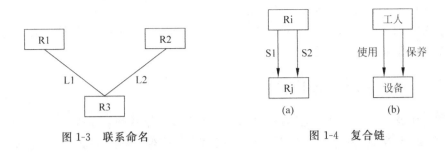

图 1-3 联系命名　　　　　　　图 1-4 复合链

（3）寻找记录时,层次模型必须从根找起,网状模型允许从任一结点找起,经过指定的关系名,就能在整个网内找到所需的记录。

1.5.3 关系模型

关系模型是一种数学化的模型,其基本组成是关系,它把记录集合定义为一张二维表,即关系。表的每一行是一个记录,表示一个实体,也称为一个元组;每一列是记录中的一个数据项,表示实体的一个属性,如图 1-5 所示,它给出了三张表:学生表、课程表和成绩表,它们分别为三个实体集合,其中,成绩表把学生表和成绩表两个实体联系起来了。

课程号	课程名	课时
2011012	高等数学	90
2023003	大学语文	72
2600899	计算机应用基础	64
3304550	C 语言程序设计	90
9050505	公共关系学	48
9800444	演讲与口才	32

学号	姓名	出生年月	性别	籍贯
20011	张三	1989-5-18	男	江西九江
20015	李四红	1992-4-24	男	湖南长沙
30104	王小军	1993-8-16	女	福建神州

(a) 学生表(关系)　　　　　　　(b) 课程表(关系)

学号	课程号	成绩	等级
20011	2011012	90	优秀
20015	2023003	100	优秀
30104	3304550	88.5	良好
20015	9050505	61	及格

(c) 成绩表(关系)

图 1-5 关系模型

图 1-5 中每一张表是一个关系,而表的格式是一个关系的定义,通常表示形式为:

关系名(属性名 1,属性名 2,…,属性名 n)。

图中的三个关系可表示为:

学生(学号,姓名,出生年月,性别,籍贯);
课程(课程号,课程名,常量);
成绩(学号,课程号,成绩,等级)。

关系数据模型采用了二维表的形式表示数据,与日常生活中的表格十分接近,是每个人都熟悉的内容,上手容易,理解容易,因此在软件行业得到了广泛的应用,绝大部分软件都是采用关系数据库来存储数据的。

1.5.4　非结构化数据模型

非结构化数据除了可以存储结构化数据外,还可以存储各种非结构数据和半结构化数据,如办公文档、文本、图片、XML、HTML、各类报表、图像、音频、视频信息、地理位置等。所谓半结构化数据,就是介于完全结构化数据(如关系型数据库、面向对象数据库中的数据)和完全无结构的数据(如声音、图像文件等)之间的数据,HTML网页文档就属于半结构化数据,它一般是自描述的,数据的结构和内容混在一起,没有明显的区分。

结构化数据是先有结构再有数据,而半结构化数据是先有数据再有结构,非结构化数据库以北京国信贝斯(IBase)软件有限公司的IBase数据库为代表。IBase数据库是一种面向最终用户的非结构化数据库,在处理非结构化信息、全文信息、多媒体信息和海量信息等领域以及Internet/Intranet应用上十分方便,是大数据时代的典型数据模型。

1.6　SQL Server 2014 数据库基础

SQL Server 2014是微软公司2014年推出的最新关系型数据库软件,它既包含以往各个版本(SQL Server 2000/2005/2008)的全部功能,还具有集成内存OLTP(联机事务处理过程)、BI(商业智能)和混合云搭建功能,能够很好地支持数据分析和数据挖掘,让用户更加容易地把原始数据变成关键性决策工具,在云计算、移动计算和大数据领域应用更加方便。

1.6.1　SQL Server 2014 的主要功能

Microsoft SQL Server 2014与以前的各个版本一样,都是用于数据管理,但功能更强大,支持的对象更丰富,更加可靠、好用、易编程。其主要功能如下。

数据库引擎(Database Engine,SSDE):用于存储、处理和保护数据的核心服务,是一个集成环境,对应的窗口是SQL Server Management Studio(SSMS),用于数据库的创建和管理,用户对数据库的操作(包括窗口操作方式和SQL命令方式)、表的处理、查询操作、编程、安全管理都在此窗口进行,是主要的工作界面。

集成服务(Integration Services,SSIS):是一个用于提取、转换和加载(ETL)操作的全面的平台,使得能够对数据仓库进行操作和与其同步,数据仓库里的数据是从企业中的商业应用所使用的孤立数据源获得的。

分析服务(Analysis Services,SSAS):是一个针对个人、团队和公司商业智能的分析数据平台和工具集,提供了用于联机分析处理(Online Analytical Processing,OLAP)的分析引擎,包括在多维度的商业量值聚集和关键绩效指标(KPI),以及使用特定的算法来辨别模式、趋势和与商业数据的关联的数据挖掘解决方案。

报表服务(Reporting Services,SSRS):是数据输出的报表解决方案,提供企业级的Web报表功能,可以创建从多个数据源提取数据的表,发布各种格式的表,以及集中管理安全性和订阅。

分析服务(Analysis Services,SSAS)：提供了数据建模和分析的功能,根据数据仓库表格设计、创建和管理多维数据集的功能,是商业智能战略的基础。

主数据服务(Master Data Services,MDS)：针对主数据管理的 SQL Server 解决方案,通过配置 MDS 来管理任何领域(产品、客户、账户),可包括层次结构,各种级别的安全性、事务、数据版本控制和业务规则,以及可用于管理数据的用于 Excel 的外接程序。

SQL Server 配置管理器：为 SQL Server 服务、服务器协议、客户端协议和客户端别名提供基本配置管理。

SQL Server 事件探查器：提供了一个图形用户界面,用于监视数据库引擎实例或 Analysis Services 实例。

数据库引擎优化顾问：协助创建索引、索引视图和分区的最佳组合。

连接组件：安装用于客户端和服务器之间通信的组件。

SQL Server 代理服务：是一项 Microsoft Windows 服务,允许自动执行某些管理任务。可代理运行作业、监视 SQL Server 并处理警报,必须先启动 SQL Server 代理服务,本地或多服务器管理作业才会自动运行。

SQL Server 2014 与 Microsoft Office 软件紧密结合,能够直接把报表导出成为 Word 文档和 Excel 电子表格,支持相应格式的相互导入和导出。

1.6.2　SQL Server 2014 的 6 个版本

SQL Server 2014 有三种主要版本和三个专业版本,选择哪个版本将取决于用户的要求。如果 Compact 版或 Express 版本是免费的,也可以下载一个评估版(SQL Server Evaluation),免费使用 180 天。

SQL Server 2014 的三个主要版本如下。

(1) 企业版(Enterprise)：向大规模数据中心和数据仓库提供解决方案,是数据管理和商业智能平台,提供企业级的可扩展性、高可用性和安全运行的关键任务应用。

(2) 标准版(Standard)：针对那些通常出现在规模较小的组织或部门的部门数据库和有限的商业智能应用。

(3) 商业智能版(Business Intelligence)：针对那些需要企业商业智能和自助服务功能,但不需要完整的在线事务处理(OLTP)性能和可扩展性的企业。

专业版包括以下三个版本。

(1) 开发版(Developer,也称为精简版)：软件开发人员可以使用 ASP. NET 构建网站和 Windows 桌面应用程序的数据库。

(2) Web 版本(Web)：支持面向 Internet 的工作负载,使企业能够快速部署网页、应用程序、网站和服务。

(3) 快捷版(Express)：是 SQL Server 理想的学习和构建桌面和小型服务器应用程序的免费版本,每个数据库限于 10GB 的存储空间。

对于初学者,在 Windows 7/8/10 的单机版操作系统中,请安装评估版、开发版或者快捷版。

1.7　SQL Server 2014 的简单使用

本节主要了解 SQL Server 2014 的启动方法、界面组成以及常用功能的用法，SQL Server 2014 的主要工作界面就是 SQL Server Management Studio 窗口。

1.7.1　启动 SQL Server Management Studio

（1）选择"开始"菜单，从"所有程序"中找到 Microsoft SQL Server 2014 程序组，再单击 SQL Server 2014 Management Studio，如图 1-6 所示，将启动 SQL Server Management Studio。

（2）在"连接到服务器"对话框中，选择服务器类型（必须是数据库引擎）、服务器名称和身份验证方式，如图 1-7 所示。再单击"连接"按钮，即可进入 SQL Server Management Studio 的工作界面，如图 1-8 所示。

图 1-6　启动 SQL Server 2014 Management Studio

图 1-7　"连接到服务器"对话框

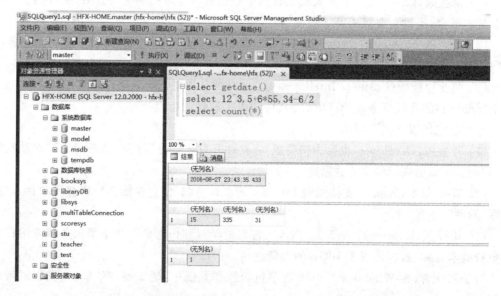

图 1-8　Microsoft SQL Server Management Studio 工作界面

服务器名称和身份验证两个参数是在安装 SQL Server 时确定的,服务器名称通常就是机器名,如果不对,可以单击"选项"按钮,从列表中选择第一项;身份验证方式一般是"Windows 身份验证",这时不需要输入用户名和密码,如果身份验证方式是"SQL Server 身份验证",则必须输入用户名和密码,请咨询管理员或者老师。

1.7.2 SQL Server Management Studio 基本组成

SQL Server Management Studio(SSMS)是一套管理工具,用于管理从属于 SQL Server 的组件,如图 1-8 所示。它提供了用于数据库管理的图形工具和功能丰富的开发环境,通过 SSMS,可以在同一个工具中访问和管理数据库引擎、Analysis Manager 和 SQL 查询分析器,并且能够编写 Transact-SQL、MDX、XMLA 和 XML 语句。

SSMS 的顶部包括菜单和常用工具按钮;左边是对象资源管理器,主要组成成分包括系统数据库、用户数据库、安全性、服务器对象、管理等,右上面是查询分析器窗口(单击"新建查询"按钮产生),用于输入命令;右下方是结果窗口,显示命令的执行结果。

1.7.3 SQL Server Management Studio 中执行查询

在 SQL Server Management Studio 中可以管理 Transact-SQL 脚本(Transact-SQL 是 SQL Server 数据库的结构化查询语言,即 SQL 命令)。

单击工具栏上的 █新建查询(N) 按钮,打开 SQL 脚本编辑窗口,即命令窗口,可以输入一条或多条 SQL 命令,系统自动生成脚本文件的名称(如:SQLQuery1.sql),这些命令可以通过单击"保存"按钮 █ 另存为指定名字的 SQL 脚本文件或者 TXT 文本文件。

如果输入了多条命令,可以单击"执行"按钮执行全部命令,也可以只选择几条命令,这时单击"执行"按钮,则只执行选择了的那些命令。

在命令的前面加上两个减号"－－"表示本行是注释语句,也可以使用"/＊ …… ＊/"表示一段文本都是注释。

1.8 技能训练 2：用管理器窗口建立数据库和表

1.8.1 训练目的

(1) 了解 SSMS 窗口的组成。
(2) 了解用 SSMS 建立数据库的方法。
(3) 了解用 SSMS 建立表结构、输入记录的方法。

1.8.2 训练时间

2 课时。

1.8.3　训练内容

1. SSMS 的启动

依次选择"开始"→"所有程序"→Microsoft SQL Server 2014→SQL Server 2014 Management Studio,进入"连接到服务器"对话框,了解此对话框中各个选项及按钮的用法,最后进入 SSMS 工作界面。

2. 了解 SSMS 工作窗口的组成

(1) 单击"新建查询"按钮,产生一个查询窗口。

(2) 依次打开菜单栏各个菜单,查看出现的结果。

(3) 依次单击工具栏中的各个按钮,体验其功能。

(4) 打开"可用数据库"文本框 ╶master ╶ ▼ ,了解当前服务器中有哪些可用数据库,以及当前数据库是什么。

(5) 观察"对象资源管理器"窗格,了解其对象组成,并展开各个对象,查看详细信息。

3. 体会 SQL 命令

在查询分析器中输入三行命令,大小写不限,功能依次是显示系统日期、表达式运算结果、取子字符串、汉字字符的长度。

```
select getdate()
select 234 + 34 ^ 2 - (90 - 5)/4
select SUBSTRING('长沙商贸旅游职业技术学院',3,4)
select len('中国')
```

字符串要用英文的单引号引起来,SQL Server 只支持英文标点,不支持中文标点,要注意切换。

在输入命令时,注意观察字符颜色的变化,体会不同颜色代表的功能有什么不同。

选择一条命令或者两条命令或者全选或者全部不选,分别单击"执行"按钮,观察运行结果及结果窗口的组成。

单击"保存"按钮,将这些命令保存到"姓名.sql"的脚本文件中,然后通过菜单"文件"下的"打开"命令打开此文件。在 Windows 中,双击 SQL 文件,系统会自动打开 SQL Server 数据库。

4. 建立一个数据库,名为 libsys

在对象资源管理器窗口中,右击"数据库",选择"新建数据库",弹出"新建数据库"对话框,如图 1-9 所示,输入"libsys",观察"所有者"的可能选项,并浏览"数据库文件"各个参数的变化情况及值。

记住数据库文件的路径,单击"确定"按钮,则数据库已经建立好,在对象资源管理器中展开数据库,找到刚刚建立的数据库 libsys,观察 libsys 的组成成分。

图 1-9 "新建数据库"对话框

5．在 libsys 数据库中建立一个表 bookinfo

从对象资源管理器中找到 libsys 数据库，展开，右击"表"，依次选择"新建"→"表"，则打开新建表结构的对话框，对照表 1-2 输入 bookinfo 表的结构，最后得到的结果如图 1-10 所示。

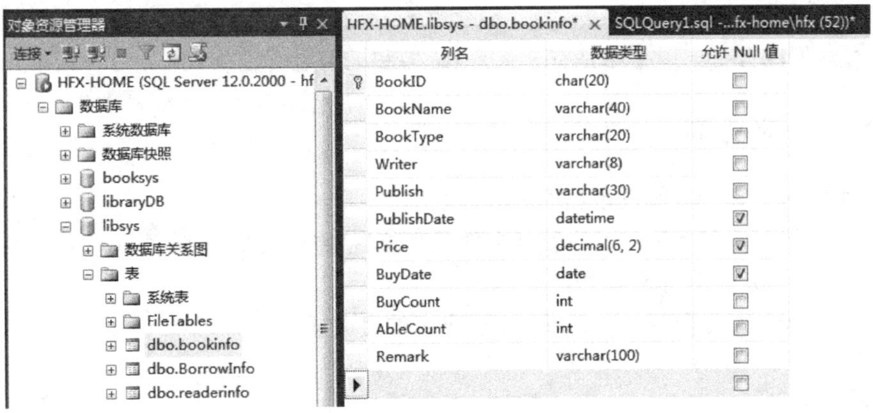

图 1-10 libsys 数据库中 bookinfo 表的结构

单击"保存"按钮，系统提示输入表名，输入"bookinfo"，单击"确定"按钮。

检查或修改表结构的方法是：展开数据库，找到需要检查的表名，右击表，执行"设计"，则系统显示表的结构，与图 1-10 相同，可以直接修改表结构，完成后记得单击"保存"按钮才能生效。

说明：一定要使 libsys 成为当前数据库(从可用数据库列表中单击 libsys 即可),建立的表 bookinfo 才会在 libsys 中,否则此表可能会存储到默认数据库 master 中。

6. 给 libsys 表添加记录

右击表 bookinfo,从快捷菜单中选择"编辑前 200 行",进入记录录入的界面,按照表 1-3 的数据给表 bookinfo 输入 10 本书的信息,最后的结果如图 1-11 所示。

BookID	BookName	BookType	Writer	Publish	PublishDate	Price	BuyDate	BuyCount	AbleCount	Remark
7121270000	计算机网络技...	计算机	胡伏湘	电子工业出版社	2015-09-01 00:00...	36.00	2015-10-30	20	19	NULL
97872209765...	大数据分析与...	计算机	张安平	清华大学出版社	2015-08-20 00:00...	82.00	2015-12-01	25	24	精品课程配套教材
97873023469...	Java程序设计...	计算机	胡伏湘	清华大学出版社	2014-02-01 00:00...	39.00	2014-09-20	30	29	出版社优秀教材
97873023957...	计算机网络技...	计算机	胡伏湘	清华大学出版社	2015-08-01 00:00...	39.00	2015-12-30	30	29	出版社优秀教材
97873221098...	商务网页设计...	艺术设计	张海	高等教育出版社	2016-08-01 00:00...	55.00	2016-08-20	15	14	专业资源库配套教材
97873226566...	数据库应用技术	计算机	刘小华	电子工业出版社	2016-04-01 00:00...	35.00	2016-09-30	30	29	NULL
97874315466...	电子商务基础...	经济管理	刘红梅	电子工业出版社	2015-08-20 00:00...	82.00	2015-12-01	25	24	精品课程配套教材
97874427688...	移动商务技术...	经济管理	胡海龙	中国经济出版社	2016-05-30 00:00...	38.00	2016-08-20	28	27	NULL
97875611880...	Java程序设计...	计算机	胡伏湘	大连理工大学...	2014-11-30 00:00...	42.00	2015-03-10	50	49	"十二五"国家级...
97876036588...	3D动画设计	艺术设计	刘东	电子工业出版社	2012-10-10 00:00...	42.00	2014-12-20	18	17	NULL
NULL	NULL	NULL	NULL	NULL	NULL	NULL	NULL	NULL	NULL	NULL

图 1-11　表 bookinfo 的记录

说明：①输入记录后,系统会按照主键(本表为 BookID)的值由小到大自动重新排列,因此输入的顺序可能与显示顺序不同。②输入完毕后,单击"关闭"按钮关闭此页,系统不会给出任何提示,但会自动保存更改的数据,也可以单击"保存"按钮。③修改记录与输入记录的方法相同。④一旦输入了记录,则修改结构时一定要慎重,系统可能会禁止用户修改或者给出警告,因为可能会导致数据的丢失。⑤输入或修改记录时,一旦发现输错,请立即按 Esc 键取消当前内容的输入,连续按 Esc,可以取消一条记录的修改。

7. 建立 readerinfo 和 borrowinfo 两个表

与前面步骤相同,按照表 1-3～表 1-6,建立 readerinfo 和 borrowinfo 两个表。全部表建好后,检查数据库 libsys 中是不是有 3 张表,结构和记录是否正确。

1.8.4　思考题

(1) 如何利用 SSMS 修改数据库名和表名？

(2) 找到数据库 libsys 对应的磁盘文件及其位置,将这些文件复制到 U 盘或者其他位置,会出现什么提示？为什么？如何解决？

(3) 以 libsys 库的表 bookinfo 为例,说出表的组成成分。

习题 1

一、填空题

1. 常用的数据模型有(　　)、(　　)、(　　)和(　　)4 种。

2. 在关系模型中,把记录集合定义为一张二维表,称为一个(　　)。

3. SQL 的中文全称是(　　　)。

4. SQL Server 数据库是(　　　)公司的产品,Oracle 公司的中文名字是(　　　)。

5. 数据库、表、记录、字段 4 个概念的范围由大到小排列,是(　　　)。

二、选择题

1. (　　　)是长期存储在计算机内有结构的大量的共享数据集合。

  A. 数据库　　　　　　　　　　　　B. 数据

  C. 数据库系统　　　　　　　　　　D. 数据库管理系统

2. 以下的英文缩写中表示数据库管理员的是(　　　)。

  A. DB　　　　　　B. DBMS　　　　　C. DBA　　　　　D. DBS

3. 数据库管理系统、操作系统、应用软件的层次关系从核心到外围分别是(　　　)。

  A. 数据库管理系统、操作系统、应用软件

  B. 操作系统、数据库管理系统、应用软件

  C. 数据库管理系统、应用软件、操作系统

  D. 操作系统、应用软件、数据库管理系统

4. 用户可以使用 DML 对数据库中的数据进行(　　　)操作。

  A. 查询和更新　　　　　　　　　　B. 删除、插入和修改

  C. 查询和修改　　　　　　　　　　D. 插入和修改

5. SQL 语言是(　　　)的标准语言。

  A. 层次数据库　　　B. 网络数据库　　　C. 关系数据库　　　D. 对象数据库

三、简答题

1. 什么是数据库? 数据库有哪些特点?

2. 什么是数据库管理系统? 它的主要功能有哪些?

3. 请举出你最熟悉的一个关系模型的实例,并试着用 E-R 图进行描述。

4. 打开 QQ 软件,分析在 QQ 聊天时,至少要用到哪些表? 每个表保存了哪些字段?

第 2 章

建立数据库

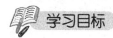

主要知识点

- SQL Server 2014 数据库的基本组成；
- 运用 SSMS 创建和管理数据库；
- 使用 SQL 命令创建和管理数据库；
- 数据库的分离和附加。

学习目标

掌握 SQL Server 2014 数据库的组成，各个系统数据库的功能，能够利用 SSMS 管理器窗口方式和 SQL 命令方式创建数据库、查看和修改数据库属性、分离和附加数据库、管理数据库。

2.1 SQL Server 2014 数据库的组成

作为微软公司的旗舰产品，Microsoft SQL Server 2014 是一种典型的关系型数据库管理系统，它不仅提供了数据定义、数据控制、数据操纵等基本功能，还提供了系统安全性、数据完整性、并发性、审计性、可用性、集成性等功能。

2.1.1 SQL Server 2014 的体系结构

SQL Server 2014 数据库具有超大容量的数据存储、高效率的数据查询算法、方便易用的操作向导和工具及友好亲切的用户接口，推动了软件开发、数据管理、电子商务、知识管理的应用和发展。

体系结构是指用于描述系统组成要素和要素之间关系的方式，SQL Server 2014 以数据库引擎为基础，通过集成服务界面提供数据分析、报表服务、数据挖掘、云存储、商业智能等全方位的服务，如图 2-1 所示。

数据库引擎 SSDE 是 SQL Server 2014 的核心服务，负责完成业务数据的存储、处理、查询和安全管理，创建数据库、创建表、执行各种数据查询、访问数据库等操作，都是由数据库引擎完成的。在大多数情况下，使用数据库系统实际上就是使用数据库引擎。例如，在某个使用 SQL Server 2014 系统作为后台数据库的网店信息系统中，SQL Server 2014 系统的

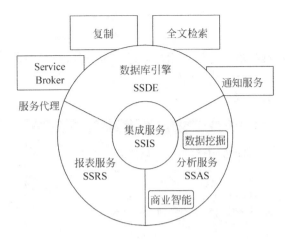

图 2-1 SQL Server 2014 体系架构

数据库引擎服务负责完成商品数据的添加、更新、删除、查询及安全控制等操作。

2.1.2 SQL Server 2014 的数据库组成

安装 SQL Server 2014 软件的机器称为数据库服务器,SQL Server 2014 的数据库包括两类:系统数据库和用户数据库。系统数据库是安装后系统自动建立的数据库,存放系统的核心信息,SQL Server 2014 使用这些信息来管理和控制整个数据库服务器系统。它由系统管理,用户只能查看其内容,但不可以进行任何破坏性操作(增加、删除、修改),否则可能会导致系统崩溃而要重新安装。用户数据库是由使用者逐步创建起来的,系统安装之初,没有任何用户数据库,但在一个数据库服务器中,用户可以创建多个数据库。

SQL Server 2014 的系统数据库有 4 个,参见图 1-8。

master:是最重要的系统数据库,记录 SQL Server 系统的所有系统级信息包括登录账号、密码、用户和角色、权限设置、链接服务器和系统配置信息等,master 还记录了所有其他数据库的关键信息、数据库文件的位置以及 SQL Server 的初始化信息。

model:是一个模板数据库,存储了可以作为模板的数据库对象和数据,用户在创建数据库时,系统自动调用此数据库中的相关信息。

msdb:是与 SQL Server Agent 代理服务有关的数据库,主要完成定时、预处理等操作,记录有关作业、警报、操作员、调度等信息。

tempdb:是一个临时数据库,用于存储查询过程中所使用的中间数据或结果。

系统数据库的组成与用户数据库基本相同,包括表、视图、同义词、可编程性、Service Broker、存储、安全性。

2.1.3 SQL Server 服务器身份验证模式

在运用 SSMS 命令启动 SQL Server 服务器时,需要先进行身份验证(参见图 1-7),合法用户才能连接到服务器。系统提供以下两种身份验证模式。

(1) Windows 身份验证:这种模式适合域内连接,用户通过 Microsoft Windows 用户账户连接时,SQL Server 使用 Windows 操作系统中的信息验证账户名和密码,即 SQL

Server 信任 Windows 用户,其安全级别比混合验证模式更高。

（2）SQL Server 和 Windows 身份验证:是一种混合验证模式,在这种模式中,允许用户使用 Windows 身份验证,也允许远程用户通过 SQL Server 身份验证进行连接,这时需要输入登录名和密码,如图 2-2 所示。当连接建立之后,系统的安全机制对于 Windows 身份验证模式和混合模式都是一样的。

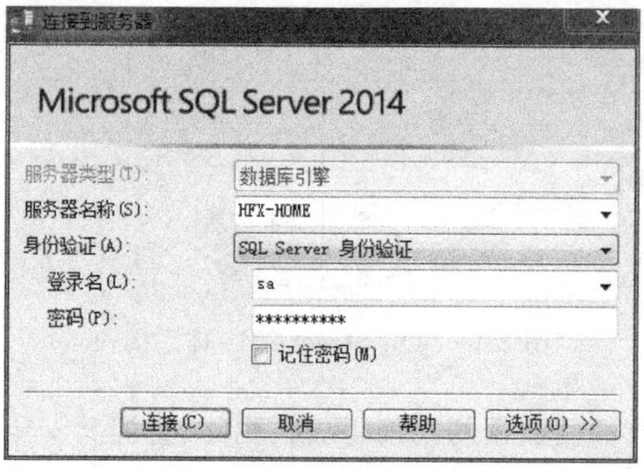

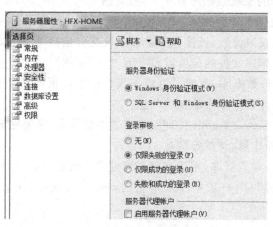

图 2-2　SQL Server 身份验证

设计网站或者开发软件时,主要使用 SQL Server 身份验证模式。具体做法是:先由数据库管理员 DBA 在数据库服务器端添加一个登录名,并设置相应的权限,然后将这个登录名和对应的密码告诉程序员,程序员不用到数据库服务器上即可使用这个登录名远程连接到数据库,调用数据库上的资源,就像在本机操作数据库一样。

也可以在 SSMS 管理器窗口中修改身份验证模式,方法是:右击服务器名,在快捷菜单中找到"属性",打开服务器属性对话框,切换到"安全性"选项卡,在服务器身份验证方式栏中选择一种验证模式,如图 2-3 所示,设置以后在下一次登录系统时生效。

图 2-3　服务器属性

2.1.4　文件与文件组

在 SQL Server 中打开一个数据库,可以看到它的组成部分,如表、视图等,这些对象只有在数据库中才能显示出来,是 SQL Server 进行数据管理的名称,即逻辑结构,这些对象名称为逻辑文件名。而在 Windows 操作系统环境中，一个数据库反映为几个磁盘文件，由主文件名和类型名(扩展名)组成，即存储在磁盘上的物理文件，删除这些文件，数据库自然就不再存在了。

因此，数据库包括逻辑结构和物理结构两个部分，对应的文件也有逻辑文件和物理文件之分。一个数据库对应的物理文件主要有以下 4 种类型。

(1) 主数据库文件(Primary Database File)：也叫行数据文件，类型名是 .mdf，是最重要的数据库文件，存储数据库的启动信息和全部数据内容，一个数据库至少要有一个 mdf 文件。

(2) 辅助数据库文件(Secondary Database File)：也称次要数据库文件，类型名是 .ndf，用于存储除了主数据库文件之外的其他文件信息，保存主库中没有存储的数据，一个数据库可以有一个或者多个 .ndf 文件，也可以没有 .ndf 文件。

(3) 事务日志文件(Log Data File)：.ldf，记录对数据库的操作情况。例如用 INSERT、UPDATE、DELETE 命令修改数据库，系统会自动将用户名、登录日期、机器名、操作内容等信息按照时间的先后顺序记录在日志文件中，以方便日志的追溯查询。在 SSMS 窗口中，单击"管理"组件，可以打开日志文件，显示其内容。

(4) 文件流文件(FILESTREAM)：SQL Server 允许以文件流文件的形式存放大对象数据，而不必将所有数据都保存到数据文件中，用户可以在不影响主数据文件的情况下，单独插入、更新、查询、搜索和备份 FILESTREAM 数据。

一个数据库至少应该包含一个主数据库文件和一个事务日志文件。

当一个数据库数据内容非常多时，数据文件也会有多个，为方便管理，可以将文件分成若干组，称为文件组 filegroup，每一个数据文件必须属于且只能属于一个组，系统默认的文件组是 PRIMARY，即主文件组，主数据库文件就放在这个组中，用户还可以建立新的文件组，并将其他文件存入进来。但日志文件不适用于文件组，它独立存在。

2.2　创建数据库

创建数据库就是确定数据库名，并设置对应的参数，包括所有者、磁盘文件名及存储位置、初始大小、最大容量、增长速度。创建数据库有两种方法：一种是用 SSMS 管理器的菜单方式，另一种是用命令方式，其中命令方式的用途更广泛。

2.2.1　用管理器菜单方式建立数据库

例 2-1　利用管理器窗口建立 libsys 数据库。主要参数有：①主数据文件的逻辑名为 libsys，对应的物理文件存放在 d:\data 文件夹中，文件名为 libsys_data.mdf，初始大小为 10MB，最大容量是 100MB，增长速度为 10MB。②日志文件的逻辑名为 libsys_log，对应的物理文件名为 libsys_log.ldf，初始容量为 5MB，增长速度为 15%，最大容量为 50MB。

(1) 打开"计算机"，在 Windows 的 D 盘建立文件夹 data。

(2) 在 SSMS 管理器窗口右击"数据库"，弹出数据库的快捷菜单，如图 2-4 所示，执行"新建数据库"，产生"新建数据库"对话框，如图 2-5 所示。输入数据库名 libsys，所有者取默认值(表示 DBO 数据库所有者就是创建者本人,即 DBO)。行数据文件的逻辑名称自动显示为 libsys,不必修改。初始大小直接修改为 10。

图 2-4　服务器快捷菜单

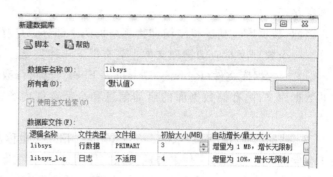

图 2-5　"新建数据库"对话框

(3) 设置自动增长速度和最大容量。系统默认的自动增长速度为 1MB,最大容量无限制。表示存储的数据量一旦超过初始容量,则文件按照 1MB 的速度自动增长,直到硬盘满为止。修改这两个值的办法是:在"自动增长/最大大小"参数处单击 ⋯⋯ 按钮,系统弹出对话框,如图 2-6 所示。

(4) 修改物理文件的存储位置。系统默认物理文件存储在 C:\Program Files\Microsoft SQL Server\MSSQL10.MSSQLSERVER\MSSQL\DATA\文件夹,即 SQL Server 的安装位置的 data 文件夹,单击旁边的按钮 ⋯⋯ 可以选择指定的路径。如图 2-7 所示,选择 D 盘的 data 文件夹,单击"确定"按钮。

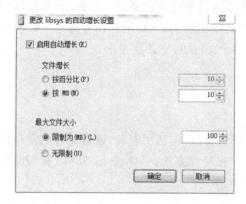

图 2-6　增长速度对话框

图 2-7　选择存储路径对话框

(5) 设置物理文件名。在"文件名"下面的文本框中输入物理文件名 libsys_data.mdf 即可。至此,主数据文件的所有参数已经全部设置好了。

(6) 设置日志文件的参数,方法与主数据库文件的操作过程相同。全部确认无误后,单击"确定"按钮。数据库就建好了,在用户数据库列表中可以看到新建的数据库 libsys。

也可以不输入主数据库文件和日志文件的物理文件名,系统会自动命名为:数据库名_data.mdf 和数据库名_log.ldf。

说明:①数据文件和日志文件最好是保存在同一个文件夹中,便于管理。②文件大小的默认单位是 MB,必须为整数值,如果用 MB 作为容量单位,则 MB 可以省略,另外还可以用 GB、TB 作为单位。③数据库不允许重名,如果 libsys 已经存在,则必须先删除后才能建立,否则系统报错而拒绝保存。④数据库名、逻辑名都必须符合标识符的规定,标识符就是一个对象的名字,如数据库名、表名、视图名、约束名等,要求以英文字母或者汉字开头,后面可以跟英文字母、数字、汉字、下画线,最长 128 个字符,但不可以用数字开头,标识符中不可以出现其他标点符号。

2.2.2 用 SQL 命令方式建立数据库

SQL 的全称是 Structured Query Language,即结构化查询语言,是数据库管理的国际标准语言,任意关系型数据库,如 SQL Server、Oracle、MySQL,都可以使用 SQL 命令建立、管理与维护数据库。运用于 SQL Server 中的 SQL 语言,叫作 Transact SQL,简称 T-SQL,是微软公司在标准 SQL 方面专门针对 SQL Server 数据库而建立的,是应用程序调用 SQL Server 数据库资源的主要语言。T-SQL 提供标准 SQL 的 DDL、DML、DCL 功能,还包括了系统变量、系统函数、变量定义、函数定义、程序设计结构语句(如 IF 条件语句、WHILE 循环语句)等,使 T-SQL 语言类似于程序设计语言,如 C 语言,格式也基本相同,具有一定的编程能力。但相比程序设计语言,其功能要弱得多,它无法设计窗口,也无法制作精美的界面。

T-SQL 语言不区分大小写,书写也比较自由,一行内可以写一条语句,也可以写多条语句,建议每一行写一条语句,这样格式会比较清晰,容易阅读。

T-SQL 语句在查询分析器窗口输入,在 SSMS 中,单击 新建查询(N) 按钮即可建立一个查询窗口,命令全部输入完成,单击 执行(X) 按钮可以执行窗口中的全部代码,如果只选择了一部分代码,单击 执行(X) 只执行选择的那一部分代码,单击 ✓ 按钮,可以对代码进行分析,仅仅检查有没有语法错误,不会执行,也不会检查能不能得到正确结果。如果有错,会给出提示,如果没有语法错误,则显示"命令已成功完成"。

建立数据库的 SQL 命令格式是:

```
CREATE DATABASE 数据库名
[ON [PRIMARY]
(主数据文件标识)
…
]
[LOG ON
(日志文件标识)
…
]
```

其中:

<文件标识>包括 5 个参数,即

```
[NAME = 逻辑名]
[,FILENAME = '磁盘文件名']
[,SIZE = 初始容量]
[,MAXSIZE = {最大容量|UNLIMITED}]
[,FILEGROWTH = 增长速度]
```

说明：①命令格式中的方括号[]表示本项可以缺省，但有和没有的结果是不同的，缺省时，系统会取默认值，否则就是指定的值。②PRIMARY 表示主数据库文件，是默认值可以省略。③"……"表示可以有多个文件，各个文件的格式一样。④常量 UNLIMITED 表示最大容量无限制。⑤磁盘文件中可以带路径，表示存储位置，如果不带路径，则存储到默认的文件夹中。⑥增长速度可以用百分数 n%表示，也可以是 nMB。

在 T-SQL 命令中，所有标点都只能用英文标点，不能用中文标点，中文标点只能用在字符串中，而且字符串要用单引号引起来。

两个减号"--"表示注释部分，放在行首表示本行全部为注释，如果放在命令的后面，则"--"后面的内容为注释部分，注释内容既不显示也不执行，仅用于解释。

例 2-2 建立数据库 bookstore，所有参数全部取默认值。

```
CREATE DATABASE bookstore
```

单击"执行"按钮，即可执行所有代码，建立数据库 bookstore，并自动显示在数据库列表中。

例 2-3 建立一个数据库 student，其逻辑名 student，物理文件名为 student_data.mdf，初始容量为 8MB，最大容量为 80MB；建立逻辑名为 student_log，对应的文件名为 student_log.ldf，初始容量为 5MB，最大容量为 50MB，要求文件存储在 d:\mydb 中。

先在 D 盘建立 mydb 文件夹，然后在查询分析中输入以下代码：

```
CREATE DATABASE student
ON
(       NAME = 'student',
        FILENAME = 'd:\mydb\student_data.mdf',
        SIZE = 8MB,
        MAXSIZE = 80MB
        )
LOG ON
(       NAME = 'student_log',
        FILENAME = 'd:\mydb\student_log.Ldf',
        SIZE = 5MB,
        MAXSIZE = 50MB
)
```

说明：在文件的各个参数后面有一个逗号，不要省略，但")"的前一个参数后面不能有逗号。

图书信息表结构的详细信息如表 1-2 所示。

例 2-4 建立一个库 company，主文件逻辑名为 company_data，磁盘文件为 company.mdf，初始大小为 20MB，最大不限，日志文件逻辑名为 company_log，物理文件为 company.ldf，初始大小为 2MB，最大 10MB，增加速度为 1MB。物理文件放在 d:\mydb 中，写出 SQL命令。

```
CREATE DATABASE company
ON
(       NAME = company_data,
        FILENAME = 'd:\mydb\company.mdf',
```

```
        SIZE = 20,
        MAXSIZE = UNLIMITED
)
LOG ON
(       NAME = company_log,
        FILENAME = 'd:\mydb\company.ldf',
        SIZE = 2MB,
        FILEGROWTH = 1,
        MAXSIZE = 10
)
```

说明：本例中，若容量的单位为 MB，则可以省略单位；如果某一个参数没有指明其具体值，表示取默认值，此行都不要写出来（如主数据库文件中的 FILEGROWTH 参数），这与指定为默认值的结果完全相同。

如果在当前机器上建立多个数据库，各个主文件的逻辑名不允许相同，各逻辑文件的逻辑名也不能相同；如果这些数据库对应的磁盘文件存放在同一文件夹中，也不能有同名的磁盘文件名。

例 2-5 建立数据库 libsys，主文件逻辑名为 libsys，磁盘文件为 libsysdata.mdf，初始大小为 100MB，增长速度为 10MB，最大不限，日志文件逻辑名为 libsyslog，物理文件为 libsyslog.ldf，初始大小为 20MB，最大为 1GB，增加速度为默认值，物理文件放在 d:\data 中，写出 SQL 命令。

先在 D 盘建立 data 文件夹，然后在查询分析中输入以下代码：

```
CREATE DATABASE libsys
ON PRIMARY                            -- 主数据库文件，PRIMARY 可以省略
(
    NAME = 'libsys',                  -- 逻辑名，单引号可以省略
    FILENAME = 'd:\data\libsysdata.mdf',  -- 物理文件名
    SIZE = 100MB ,                    -- MB 可以省略，但不可以写成 M
    MAXSIZE = UNLIMITED,              -- 最大容量不限
    FILEGROWTH = 10MB
)
LOG ON                                -- 日志文件
(
    NAME = 'libsyslog',
    FILENAME = 'D:\data\libsyslog.ldf',
    SIZE = 20MB ,
    MAXSIZE = 1GB ,
    FILEGROWTH = 10%                  -- 增长速度为默认值，就是 10%，本行可以省略
)
GO                                    -- 执行以上代码，相当于"执行"按钮
```

练习一下：建立数据库 scoresys，主文件逻辑名为 scoresys，磁盘文件为 scoresys_data.mdf，初始大小为 150MB，增长速度为 20MB，最大为 3GB，日志文件逻辑名为 scoresyslog，物理文件为 scoresys_log.ldf，初始大小为 50MB，最大为 800MB，增加速度为 10%，物理文件放在 d:\data 中，写出 SQL 命令。

数据库虽然建好了，只是表示搭建了一个空房子，里面并没有任何数据，可以通过建立

表等操作向数据库添加数据,使其充实起来。

2.3 修改数据库

修改数据库是指修改数据库名、修改物理文件对应的参数、向数据库添加文件及文件组、删除文件及文件组。与建立数据库一样,修改数据库也有两种方法:一种是用 SSMS 管理器的菜单方式,另一种是用命令方式,常用命令方式修改。

2.3.1 用管理器菜单方式修改数据库

在 SSMS 管理器窗口中,找到要修改的数据库名,右击它,在弹出的快捷菜单中选择"属性",系统出现"数据库属性"对话框,图 2-8 是数据库 libsys 的属性对话框。

图 2-8   数据库 libsys 的属性中的"文件"页

在此对话框中,有 6 个标签页,其中在"文件"页可以修改所有者、添加或者删除文件,也可以修改数据库对应的主文件和逻辑文件的 4 个属性,即逻辑名称、初始大小、自动增长速度和最大大小,但物理文件的存储位置以及文件名是不允许修改的,系统还规定,一次只能更改这 4 个属性中的一个,不能同时修改两个以上的属性。

在"文件组"标签页中,可以添加文件组,包括行数据文件组和 FILESTREAM,在"选项"页中,可以设置本数据库的相关参数。

2.3.2 用 SQL 命令修改数据库

修改数据库的命令与建立数据库基本相同,只是用 alter 代替了 create,其完整格式是:

```
ALTER DATABASE <数据库名>
{ ADD FILE <文件标识 > [ ,…n ]
| ADD LOG FILE < 文件标识 > [ ,…n ]
| REMOVE FILE 逻辑文件名
| MODIFY FILE < 文件标识 >
| MODIFY NAME = 新数据库名
}
```

参数说明:

(1) ADD FILE:指定要添加的主数据文件。

（2）ADD LOG FILE：指定要将日志文件添加到指定的数据库。

（3）REMOVE FILE：从数据库系统表中删除文件，连同物理文件一起删除。

（4）MODIFY FILE：指定要更改给定的文件，更改选项包括逻辑名、初始大小、增长速度、最大容量和存储位置，且一次只能更改这些属性中的一种，必须在文件标识中指定文件的逻辑名（NAME 参数），以标识要更改的文件。如果指定了初始容量，那么新大小必须比文件当前大小要大。

（5）不能够在一个命令中同时修改两个文件的属性，如果要修改两个文件的属性，则必须两次使用 ALTER DATABASE 命令，每个命令只修改一个文件的属性（见例 2-7）。

（6）若要更改数据文件或日志文件的逻辑名称，应在 NAME 选项中指定要改名的逻辑文件名称，并在 NEWNAME 选项中指定文件的新逻辑名称。其格式是：

```
MODIFY FILE (NAME = 原逻辑名, NEWNAME = 新逻辑名)
```

例 2-6　将数据库 company 改名为 comp，写出 SQL 命令。

```
ALTER DATABASE company
MODIFY NAME = comp
```

说明：用命令方式可以修改数据库名，但在数据库属性窗口中不能修改数据库名。重命名数据库还有两种方法，与重命名文件的方法相同：

方法 1：右击数据库，在快捷菜单中选择"重命名"。

方法 2：两次单击数据库名，出现重命名状态。

例 2-7　对于例 2-2 中建立的数据库 student，将数据文件的最大容量修改为 200MB；每次以 10MB 的空间增长；日志文件修改为每次以 15％ 的空间增长。

在写 SQL 命令前，必须了解数据文件和日志文件的逻辑名（分别为 student_data 和 student_log），共包括 12 行代码。

```
1.   ALTER DATABASE student
2.   MODIFY FILE
3.   (    NAME = 'student_data',
4.        MAXSIZE = 200MB,
5.        FILEGROWTH = 10MB
6.   )
7.   GO
8.   ALTER DATABASE student          -- 此行不能省略
9.   MODIFY FILE                     -- 此行也不能省略
10.  (    NAME = 'student_log',
11.       FILEGROWTH = 15 %
12.  )
```

说明：①在修改文件的属性时，没有出现的属性（如初始容量 size）表示保留原来的值。②本例题涉及两个文件，因此使用了两次 ALTER DATABASE 命令。

例 2-8　将数据库 student 的主数据文件的逻辑名改为 studentdata。

```
MODIFY FILE (NAME = student_data, NEWNAME = studentdata)
```

2.4　管理数据库

数据库建立以后,还可以对数据库进行查看、删除、分离、附加、备份及恢复等管理性操作,管理数据库也有两种方法:一种是用 SSMS 管理器的菜单方式,另一种是用 SQL 命令实现。

2.4.1　删除数据库

在 SSMS 管理器窗口中,找到要修改的数据库名,右击它,在弹出的快捷菜单中选择"删除",系统出现"删除对象"对话框,图 2-9 所示。将"删除数据库备份和还原历史记录信息"和"关闭现有连接"两个复选项全部选中,单击"确定"按钮即可删除数据库。

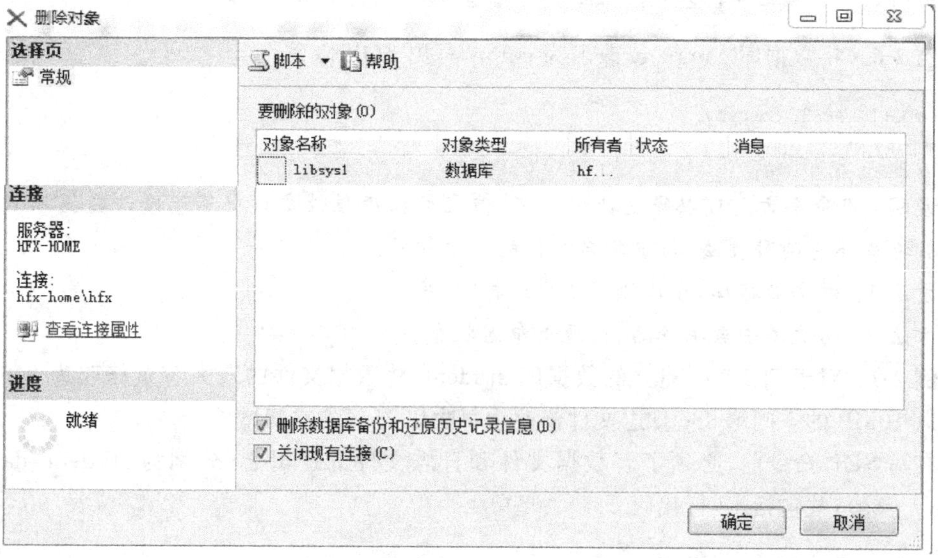

图 2-9　"删除对象"对话框

说明:当前数据库不可以删除,因此,通常是将当前数据库设置为 master 后,再执行删除操作。数据库一旦删除,连同物理文件也删掉了,不可以再恢复,因此要谨慎。

删除数据库的命令是:

DROP DATABASE 数据库名[,…n]

可以用一条命令同时删除多个数据库。

例 2-9　删除用户数据库 test。

```
USE master                   -- 打开 master 数据库,即将当前数据库设置为 master
GO
DROP DATABASE test           -- 删除 test
GO
```

例 2-10　同时删除数据库 test1 和 test2。

```
DROP DATABASE test1,test2
```

2.4.2　查看数据库

在 SSMS 管理器窗口中，右击数据库名，在弹出的快捷菜单中选择“属性”，参见图 2-3，可以在各个选项卡中查看数据库的属性。

查看数据库属性的命令是 sp_helpdb，格式是：

```
sp_helpdb  [数据库名]
```

在命令中，加上数据库名，则只显示指定数据库的属性，如果不加数据库名，则显示所有数据库的属性。

例 2-11　查看数据库 libsys 的属性。

```
sp_helpdb libsys
```

以 sp_开头的命令称为系统存储过程，是存储过程的一种，在查询分析窗口中，以酱色显示。关于存储过程将在第 7 章学习。执行本行命令，系统显示结果如图 2-10 所示。

```
sp_helpdb libsys
```

100 %

结果　消息

	name	db_size	owner	dbid	created	status	compatibility_level
1	libsys	120.00 MB	hfx-home\hfx	11	08 26 2016	Status=ONLINE, Up...	120

	name	fileid	filename	filegroup	size	maxsize	growth	usage
1	libsys	1	d:\data\libsysdata.mdf	PRIMARY	102400 KB	Unlimited	10240 KB	data only
2	libsyslog	2	D:\data\libsyslog.ldf	NULL	20480 KB	1048576 KB	10%	log only

图 2-10　数据库 libsys 的属性

从图 2-10 可以看出，数据库的属性包括 name（数据库名）、db_size（大小）、owner（所有者）、dbid（序号）、created（创建时间）、status（状态）、compatibility（兼容性）。此外，系统还用一个专门的窗格来显示其物理文件的属性。

例 2-12　查看所有数据库的属性。

```
sp_helpdb
```

结果如图 2-11 所示。

	name	db_size	owner	dbid	created	status	compati...
1	booksys	30.00 MB	hfx-home\hfx	5	04 29 2016	Status=ONLINE, Updateability=READ_WRITE, UserAc...	100
2	libraryDB	4.00 MB	hfx-home\hfx	10	06 19 2016	Status=ONLINE, Updateability=READ_WRITE, UserAc...	120
3	libsys	120.00 MB	hfx-home\hfx	11	08 26 2016	Status=ONLINE, Updateability=READ_WRITE, UserAc...	120
4	libsys1	7.00 MB	hfx-home\hfx	13	09 4 2016	Status=ONLINE, Updateability=READ_WRITE, UserAc...	120
5	master	7.38 MB	sa	1	04 8 2003	Status=ONLINE, Updateability=READ_WRITE, UserAc...	100
6	model	5.63 MB	sa	3	04 8 2003	Status=ONLINE, Updateability=READ_WRITE, UserAc...	120
7	msdb	45.88 MB	sa	4	07 9 2008	Status=ONLINE, Updateability=READ_WRITE, UserAc...	120
8	multiTa...	5.38 MB	hfx-home\hfx	9	05 10 2016	Status=ONLINE, Updateability=READ_WRITE, UserAc...	100
9	scoresys	200.00 MB	hfx-home\hfx	12	08 26 2016	Status=ONLINE, Updateability=READ_WRITE, UserAc...	120
10	stu	5.69 MB	hfx-home\hfx	7	03 11 2016	Status=ONLINE, Updateability=READ_WRITE, UserAc...	100

图 2-11　所有数据库的属性列表

从图 2-11 可以发现,系统数据库的 dbid(数据库序号)是 1～4,用户数据库的序号从 5 开始,按照创造的时间先后顺序排列。

2.4.3　分离数据库

数据库在运行时,其物理文件是禁止复制的,如果需要数据库带到其他机器上,就要用到分离操作。分离数据库是指将数据库从 SQL Server 实例中删除,而该数据库的数据文件和事务日志文件保持不变。数据库分离后,其物理文件就可以复制了,以后可以附加的方法再连接到本机或其他机器的数据库实例中。

例 2-13　分离数据库 libsys。

方法 1:用窗口菜单实现

SSMS 窗口中,右击数据库 libsys,在弹出的快捷菜单中,依次执行"任务"→"分离"命令,出现图 2-12 所示的对话框。

图 2-12　"分离数据库"对话框

全选所有复选项,单击"确定"按钮即可。

方法 2:用 SQL 命令实现。

使用系统存储过程 sp_detach_db 来执行数据库分离操作,其格式是:

sp_detach_db 数据库名

当前数据库不能分离,因此先要将当前数据库设置为其他数据库(一般是 master),然后再执行分离命令,即:

```
USE master
GO
sp_detach_db libsys
```

系统提示"命令已成功执行。",表示数据库已经分离了,刷新数据库,列表中不再有 libsys 了。

2.4.4　附加数据库

附加数据库是分离数据库的逆过程,功能正好相反,即把物理文件对应的数据库添加到 SQL Server 中,让系统识别出其中的逻辑结构。附加数据库成功的必要条件是主数据库文件和日志文件都完好无损,如果文件被破坏,则系统提示有错,无法附加成功。

附加数据库的操作可以在 SSMS 窗口用菜单完成,也可以用命令实现。

例 2-14　将例 1-13 中分离的数据库 libsys 附加到 SQL Server 系统,物理文件存放在 D 盘 data 文件夹中,分别为 libsysdata.mdf 和 libsyslog.ldf。

方法 1：用管理器窗口实现。

在对象资源管理器窗口中右击"数据库"，选择"附加"，系统出现"附加数据库"对话框，单击"添加"按钮，系统出现"定位数据库"对话框，找到 D 盘 data 文件夹的主数据库文件 libsysdata.mdf，单击"确定"按钮，系统会自动识别数据库名，并读出主数据库文件和日志文件的详细信息，列表显示，如图 2-13 所示。

图 2-13 "附加数据库"对话框

确定后，数据库就附加进来了，自动进入数据库列表中。

方法 2：用命令实现。

用命令方式附加数据库，相当于新建数据库，使用 create database 命令完成，格式是：

```
CREATE DATABASE 数据库名
ON
(FILENAME = 主数据库物理文件名)
FOR ATTACH
```

其中：数据库名必须指定，物理文件名要用单引号引起来，可以带路径，attach 是附件的意思。因此本例的命令是：

```
CREATE DATABASE libsys
ON
(FILENAME = 'D:\data\libsysdata.mdf')
FOR ATTACH
```

如果执行成功,系统提示"命令已成功执行。"。刷新数据库列表,即可找到新附加的数据库。

2.4.5　为数据库创建脚本

脚本就是 SQL 命令,不管用什么方法建立的数据库,都可以让系统自动产生建立数据库的命令。方法是:

右击数据库名,依次选择"编写数据库脚本为"→"CREATE 到"→"新建查询编辑器窗口",系统新建一个查询窗口,显示相应的 SQL 代码,但与用户建立数据库时所用的命令不完全相同了。

以下是系统生成的创建 libsys 数据库的部分代码:

```
USE [master]
GO

/****** Object: Database [libsys] Script Date: 2016/9/11 9:24:04 ******/
CREATE DATABASE [libsys]
CONTAINMENT = NONE
ON PRIMARY
( NAME = N'libsys', FILENAME = N'd:\data\libsysdata.mdf', SIZE = 102400KB , MAXSIZE =
UNLIMITED, FILEGROWTH = 10240KB )
LOG ON
( NAME = N'libsyslog', FILENAME = N'D:\data\libsyslog.ldf', SIZE = 20480KB , MAXSIZE =
1048576KB , FILEGROWTH = 10% )
GO
…
```

在这些代码中,命令等关键字用大写,用户标识符用小写,数据库名加了方括号,文件名前有一个占位符 N',文件大小精确表示,另外还有很多开关语句(SET … ON|OFF)用于设置数据库的状态。用户在创建数据库时,也可以加上这些标准的标志,平时为了简单起见,可以省略这些符号。

2.5　技能训练 3:建立数据库

2.5.1　训练目的

(1) 掌握创建数据库的两种方法。
(2) 掌握修改数据库的两种方法。
(3) 掌握查看数据库和删除数据库的两种方法。
(4) 掌握分离和附加数据库的两种方法。

2.5.2　训练时间

2 课时。

2.5.3　训练内容

1. 创建数据库

(1) 用 SSMS 管理器创建数据库,要求:数据库名为 score,存储在 D:\mydb 中。主文件逻辑名为 scoredata,磁盘文件为 scoredata.mdf,初始大小为 100MB,最大为 1GB,增长速度为 15%;日志文件逻辑名为 scorelog,物理文件为 scorelog.ldf,初始大小为 20MB,最大为 100MB,增长速度为 5MB。

(2) 用 SQL 命令,建立数据库 scoresys,其参数是:数据库名为 scoresys,存储在 D:\mydb 中。主文件逻辑名为 score_data,磁盘文件为 score_data.mdf,初始大小为 200MB,最大为 800MB,增长速度为 20MB;日志文件逻辑名为 score_log,物理文件为 score_log.ldf,初始大小为 50MB,最大为 250MB,增长速度为默认值。

说明:如果原来已有同名数据库,请先删除后再新建。

2. 修改数据库

(1) 对于已经建立的数据库 scoresys,将主文件(逻辑名为 scoredata)的最大容量修改为 2000MB,初始大小修改为 500MB,用 SSMS 窗口实现。

(2) 用 SQL 命令修改已经建好的数据库 scoresys 的有关参数,包括:主文件的初始大小改为 300MB,最大为 3GB;日志文件的增长速度改为 40MB。

(3) 将数据库 scoresys 改名为"成绩",再改回来,用两种方法实现。

3. 查看数据库

(1) 用 SQL 命令查看全部数据库的有关信息。

(2) 用 SQL 命令查看数据库 scoresys,注意各个参数的功能和值。

4. 删除数据库

(1) 用 score,并观察它对应的物理空间是否还存在。

(2) 用 SQL 命令删除数据库 scoresys。

(3) 按照第一个训练步骤,重建数据库 scoresys。

5. 数据库的分离与附加

(1) 用 SSMS 管理器分离数据库 scoresys,注意查看它所对应的物理文件所在的位置,然后将这些文件复制到 D:\data 中,并复制一份发送到自己的邮箱。

(2) 找到 D:\data 文件夹的数据库文件,检查物理文件(score_data.mdf)和日志文件(score_log.ldf)是否存在,用 SQL 命令将数据库 scoresys 附加进来。

2.5.4　思考题

(1) 在同一台机器中的不同数据库中,是否允许有同名的逻辑名? 同一个数据库中呢? 试试看。

（2）如果某数据库的主文件初始大小为 200MB，改为 100MB 可以吗？试试看。

（3）在 Windows 中，能不能直接打开 score_data.mdf 文件？如果想看里面的内容，该怎么做？

习题 2

一、填空题

1. 数据库包括（　　）、（　　）、（　　）和流文件 4 种类型的文件，前三种类型文件的扩展名分别是（　　）、（　　）、（　　）。

2. SQL Server 提供了（　　）和（　　）两种身份认证模式，其中（　　）方式的安全级别更高。

3. 创建数据库时，至少应包括一个（　　）文件和一个（　　）文件。

4. 创建数据库时，需要指出这些参数，name、filename、size、maxsize、growth，分别表示（　　）、（　　）、（　　）、（　　）、（　　）。

5. 表示文件大小的单位有（　　）和（　　），表示增长速度的方式也有两个，即（　　）和（　　）。

6. 单击（　）按钮可以产生一个查询分析窗口。

7. 命令 go 的功能是（　　），相当于单击（　）按钮。

8. 以 sp_开头的命令称为（　　），是（　　）的一种类型，相当于 SQL 命令。

二、选择题

1. 修改数据库的命令是（　　）。
　　A. CREATE DATABASE　　　　　　B. ALTER DATABASE
　　C. MODIFY DATABASE　　　　　　D. SHIFT DATABASE

2. 设置当前数据库的命令是（　　）。
　　A. USE　　　　　　B. SET　　　　　　C. CLOSE　　　　　　D. PRINT

3. 以下数据库名不合法的是（　　）。
　　A. mydata　　　　　B. 1999dat　　　　　C. 我的数据库　　　　　D. _9988

4. 删除数据库的命令是（　　）。
　　A. DROP 数据库名　　　　　　　B. DELETE 数据库名
　　C. DEL 数据库名　　　　　　　　D. SP_HELPDB 数据库名

5. 要查看所有数据库的相关信息，需要（　　）命令。
　　A. USE　　　　　　B. LIST　　　　　　C. ALTER　　　　　　D. sp_helpdb

6. 与分离数据库功能相反的操作是（　　）。
　　A. 删除数据库　　　　　　　　　B. 创建数据库
　　C. 附加数据库　　　　　　　　　D. 修改数据库

7. 在查询分析器窗口中，用（　　）表示字符串。
　　A. 红色　　　　　　B. 蓝色　　　　　　C. 紫色　　　　　　D. 黑色

8. 在 SQL 命令中，用（　　）符号表示字符串。
　　A. 单引号　　　　　B. 双引号　　　　　C. 方括号　　　　　D. 小括号

9. 修改数据库时,每次只能修改(　　)个文件的参数。

　　A. 1　　　　　　　　　　B. 2　　　　　　　　　　C. 3　　　　　　　　　　D. 无限制

10. 如果数据库被删除了,则(　　)。

　　A. 可以从回收站里恢复　　　　　　　　B. 用命令 restore 恢复

　　C. 通过撤销操作恢复　　　　　　　　　D. 无法恢复

三、简答与操作题

1. 给数据库改名有哪些方法? 举出三种。

2. 新建一个数据库 salary,存储位置是 D:\mydb,主文件逻辑名为 salary_data,磁盘文件为 salary_data. mdf,初始大小为取默认值,最大不限,增长速度取默认值;日志文件逻辑名为 salary_log,物理文件为 salary_log. ldf,初始大小为 80MB,最大为 2GB,增加速度为 15%。写出 SQL 命令。

3. 新建一个数据库,要求:数据库名为 employee,存储在 D:\mydb 中。主文件逻辑名为 employee_data,磁盘文件为 employee_data. mdf,其他参数均取默认值;日志文件逻辑名为 employee_log,物理文件 employee_log. ldf,其他参数均取默认值。写出 SQL 命令。

4. 分离数据库 salary,写出 SQL 命令,并用 SSMS 管理器实现。

5. 在 E:\database 中包括文件 workor_data. mdf 和 wprler_log. ldf 文件,要求附加此数据库,写出 SQL 命令,并用 SSMS 管理器实现。

第 3 章

建立表

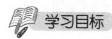**主要知识点**

- SQL Server 2014 的主要数据类型；
- 运用 SSMS 创建和管理表(包括结构和记录)；
- 数据完整性及实现方法；
- 表的修改与维护。

学习目标

掌握 SQL Server 2014 常用的数据类型及用法，能够利用 SSMS 管理器窗口方式和 SQL 命令方式创建表、修改表、删除表，能够对记录进行维护操作，掌握数据完整性的意义和用命令实现数据完整性的方法。

3.1　SQL Server 2014 的主要数据类型

数据表简称表，是数据库的最主要组成成分，数据库建好以后，里面没有任何内容，是个空架子。通过在数据库中添加表，数据库中才会有内容。表由若干栏目(即列或者字段)和若干行组成，每一行称为一条记录。每个栏目均需要设置其名称(即列名、字段名)、数据类型、长度、约束，列名必须符合标识符的要求，数据类型由系统规定，长度是一个整数，表示这个列最大可以输入多少个字符，而约束是对这个列的值设置的限制条件，如性别只能为"男"或者"女"。所有列全部加起来组成表结构，即表头，因此表就是由结构和记录两部分组成的。

建立表时，必须先建立结构，然后才能添加记录，没有记录的表称为空表。

3.1.1　SQL Server 2014 的数据类型

数据类型表达的功能是当前列的值是什么类型的，比如年龄必须是正整数、成绩肯定是数值、姓名一定是字符型、生日是日期型数据等，因此建立表时，决定各个列的数据类型的唯一依据是这个列的所有可能取值。

SQL Server 2014 定义了 35 种标准数据类型，用户也可以自己定义数据类型，但用得很少，一般是使用标准数据类型。部分数据类型的长度是固定的(如 int、date)，不允许改变，有些数据类型的长度是可以设置的(如 char)。

虽然系统支持的数据类型很多,但一些数据类型极少使用,常用的数据类型只有十多种。

3.1.2 字符型

字符数据类型包括 char、varchar、nchar、nvarchar 型,其默认长度都是 50,这些数据类型用于存储字符数据。字符型数据指由字母、数字和其他特殊符号(如标点、$,♯,@)、汉字构成的字符串,赋值时要用单引号' '引起来,如表 3-1 所示。

表 3-1 字符类型

数据类型	格 式	描 述	存储空间
char	char(n)	n 为 1~8000 字符之间	n 字节
varchar	varchar(n)	n 为 1~8000 字符之间	实际字符数
nchar	nchar(n)	n 为 1~4000 个 Unicode 字符	2*n 字节
nvarchar(n)	nvarchar(n)	最多为 $2^{30}-1$ 个 Unicode 字符	2*字符数+2 字节额外开销

varchar 和 char 类型的主要区别是数据填充后,实际占用的长度不同,如果有个列名 Name 的数据类型为 varchar(20),其值为 Brian,5 个字符,物理上只存储 5 个字节,但如果数据类型为 char(20),将使用全部 20 个字节,因为 SQL Server 会自动补充 15 个空格来填满 20 个字符。一般原则是:值小于或等于 5 个字节的列采用 char 比较合理,如果超过 10 个字符,使用 varchar 更有利于节省空间。

nvarchar 和 nchar 的工作方式与对应的 varchar 数据类型和 char 数据类型相同,但这两种数据类型都可以处理国际性的 Unicode 通用字符,它们需要一些额外开销,以 Unicode 形式存储的数据为一个字符占两个字节。如果要将值 Brian 存储到 nvarchar 列,要占用 10 个字节;而如果将它存储为 nchar(20),就需要使用 40 个字节。

3.1.3 整数型

整数型简称整型,可用于存储精确的整数,包括 bigint(大整型)、int(普通整型)、smallint(小整型)和 tinyint(微型整型)、bit(位)5 种类型,它们的区别在于表示数据的范围不同,如表 3-2 所示。

表 3-2 整数型

数据类型	描 述	存储空间
bit	0、1 或 null	1 字节(8 位)
tinyint	0~255 之间的整数	1 字节
smallint	-32 768~32 767 之间的整数	2 字节
int	$-2^{31} \sim 2^{31}-1$ 之间的整数	4 字节
bigint	$-2^{63} \sim 2^{63}-1$ 之间的整数	8 字节

在建表时,整型数据通常用 int 表示。

3.1.4　精确实数型

表示能够精确存储的实数值,由总长度和小数位数构成,总位数不得小于小数位数。包括以下两种。

decimal(n,m):十进制型,格式是 decimal(n,m),n 表示总长度,m 表示小数位数。如:decimal(10,5),表示总长度是 10 位,其中小数位数是 5 位,整数位数也是 5 位,小数点不占位数。

numeric:数值型,其用法与 decimal 相同,如 numeric(10)表示长度是 10 位,不允许有小数,实际上就是整数,而 numeric(10,5)表示最多 5 位小数,5 位整数。

3.1.5　近似实数型

近似实数型数据可以存储的精度不是很高,但数据的取值范围却又非常大的数据,其长度是固定的,用户不可以改变,可以用普通方法和科学记数法表示。包括以下两种。

real:实数,可以表示的数值范围是 $-3.40E+38 \sim -1.18E-38, 0, 1.18E-38 \sim 3.40E+38$。

float:浮点数,可以表示的数值范围是 $-1.79E+308 \sim -2.23E-308, 0, 2.23E-308 \sim 1.79E+308$,在计算机中,1234.3456 用科学记数法表示为:1.234 456e3,即 $1.234\,345\,6 * 10^3$,也可以写成 12.343 456e2,5.67E-5 表示 5.67×10^{-5},e 可以用大写,也可以用小写。

3.1.6　货币型

货币型实际上就是近似实数型的特殊情况,允许在数值前面加上货币符号 $,表示金额,通常用于财务部门,其长度是固定的。如 $13.4, $9.5E8,货币型也包括两种,区别是能表示的数字范围不同。

money:长度为 8 字节,如 $326779.1234,精确到万分之一。

smallmoney:长度为 4 字节,如 $23.333,3.51e8, $3.51e8。

3.1.7　日期时间型

在 SQL Server 中日期时间型表示日期或者时间,其值要以字符串的形式表示,即要用单引号括起来,包括 4 种类型。

(1) date:日期型。范围是 1753.1.1~9999.12.31。日期分隔符可以是"/"或"-",格式可以是 MM/DD/YYYY,也可以是 MM-DD-YYYY,MM 表示两位月,DD 表示两位日,YYYY 表示四位年,日期还可以表示为 YYYY/MM/DD 格式(欧洲格式)。

日期可以只精确到月,系统自动填写为当月的 1 日。

(2) time:时间型。格式为 hh:mm:ss AM/PM,AM 表示上午,PM 表示下午,默认是上午,既可以采用 12 小时制,也可以采用 24 小时制,通常用 24 小时制表示更加方便,不容易出错。

时间可以只精确到分钟,系统自动补充到 0 秒。

(3) datetime:日期和时间的结合体。范围为 1753.1.1 的 0 时 ~ 9999.12.31 的 23:59:59。格式是 MM/DD/YYYY hh:mm:ss AM/PM,时间分隔符是冒号":",日期与时

间之间用空格分开。可以只要日期,也可以只要时间,也可以是日期和时间组合使用。

例:2016-10-15 11:20 表示 2016 年 10 月 15 日上午 11 点 20 分。

(4) smalldatetime:小日期时间型。能够表示的范围是:1900.1.1～2079.6.6,其他要求同 datetime。

3.1.8 文本型

文本型数据类型主要是用于存储超大长度的文本内容,即用 char、varchar、nchar、nvarchar 四种类型还不足以表示的大数据,文本型数据类型的长度是固定的,用户不可以修改,包括以下两种类型。

text:字符型,用来存储大量的非统一编码型字符数据,最多可以有 $2^{31}-1$ 或 20 亿个字符。

nchar:统一编码字符型,用来存储定长统一编码字符型数据。统一编码用双字节结构来存储每个字符,因此相比普通的字符类型数据,它占用的存储容量要大一倍,其最大容量为 $2^{30}-1$ 字节。

当然,也可以用文本型存储较少的字符内容,但处理起来不如字符型方便,占用了更多的空间。一般像简历、奖励情况、发言稿这样的字段可以考虑使用文本型。

3.1.9 二进制型

二进制数据类型用于存储二进制数据,包括 binary、varbinary、image 三种类型。

binary:二进制数据类型,存储最长 8000 字节长的定长的二进制数据,用户可以设置长度。如果其长度设为 n,则其存储的大小是 n + 4 个字节。当表中各条记录这个列的内容接近相同的长度时,使用这种数据类型比较合理。

varbinary:可变长二进制数据类型,用来存储最长 8000 字节的二进制数据,用户可以设置长度。当各条记录此列的内容长短不一,变化较大时,使用这种数据类型有利于节省存储空间。

image:图像型,用来存储变长的二进制数据,最大可达 $2^{31}-1$ 或大约 20 亿字节,类似于照片、头像、证书等这样的字段可以采用 image 类型,支持 JPG、TIFF、PNG、GIF 等格式。

值得注意的是,SQL Server 并不能直接读出二进制文件和图像型文件,也就是说,不能直接在表中输入二进制数据和图像型数据,也不可能显示出来,因此它们的内容通常为 NULL(空),需要由软件开发工具如 Java、C♯ 等语言进行赋值并显示内容。如某表包括 5 个列和数据类型是:编号 char(10)、姓名 char(8)、工作简历 text、照片 image、代表作 binary(7000)、学历证书 varbinary(1000),其记录情况如图 3-1 所示。

编号	姓名	工作简历	照片	代表作	学历证书
1205110	刘晓军	从事管理工作5年,连续3年优秀	*NULL*	*NULL*	*NULL*
1112902	顾大伟	曾在中学任教7年,教师标兵	*NULL*	*NULL*	*NULL*

图 3-1 例表

3.1.10　特殊数据类型

timestamp：时间戳类型，相当于一个单向递增的计数器，表示 SQL Server 活动的先后顺序，Timestamp 数据与插入数据的日期和时间并没有关系。当所定义的列在更新或插入新行时，此列值自动更新并自动填写。如果表中列名为 Timestamp，系统自动设置为 Timestamp 类型。

uniqueidentifier：唯一标识型类型，长度为 16，是根据网卡地址和 CPU 时钟产生，通过函数 newid()获得，全球各地机器产生的此值都不同，但用户可以修改。当表的记录行要求唯一时，用 uniqueidentifier 类型最实用。例如，"客户标识"列用这种类型可以区别不同的客户。

3.2　创建表结构

表是数据库中最基本的组成成分，一个完整的表包括表的结构和记录，表的结构由全部列、列的约束、列与列之间的相互约束三部分组成。创建表有两种方法：一种是用 SSMS 管理器的菜单方式，另一种是用命令方式，其用途更广泛。

3.2.1　用管理器菜单方式建立数据库

例 3-1　利用管理器窗口给 libsys 数据库添加读者信息表 ReaderInfo，列的组成如表 3-3 所示，各列的含义参见表 1-4，除主键约束和非空约束外，其他约束暂不设置。

表 3-3　ReaderInfo 表的结构

序号	列　名	数据类型	长度	是否可为空	约　　束
1	ReaderID	char	10	不可(not null)	主键
2	ReaderName	char	10	不可(not null)	
3	ReaderSex	char	2	不可(not null)	
4	ReaderAge	int	8	可以(null)	
5	Department	varchar	30	不可(not null)	
6	ReaderType	char	10	不可(not null)	教师、学生、临时
7	StartDate	date	默认	不可(not null)	默认系统日期
8	Mobile	varchar	12	可以(null)	
9	Email	varchar	40	可以(null)	必须包含@符号
10	Memory	varchar	50	可以(null)	

(1) 在 SSMS 管理器窗口中，逐步展开"数据库"→libsys→"表"，右击"表"，在弹出的快捷菜单中依次选择"新建"→"表"，则打开新建表结构的对话框。

(2) 按照表 3-3，将各个列的列名、数据类型、允许 Null 值设置好，如图 3-2 所示。

在输入各列的属性时，如果某个参数有错，按 Esc 键可以撤销，数据类型可以从下拉列表中选择，也可以直接输入类型名。

图 3-2 ReaderInfo 表的列

图 3-3 列的快捷菜单

（3）设置主键，选择列 BookID，单击设置主键按钮 ⚲ 即可，另一种方法是右击列 BookID，在快捷菜单中执行"设为主键"完成。快捷菜单还提供了在当前列前面"插入列"和"删除列"的功能。如果当前列已经是主键，可以删除主键约束，如图 3-3 所示。

（4）保存表，当所有列均设置好以后，单击"保存"按钮 🖫，系统弹出"选择名称"对话框，如图 3-4 所示，默认表名为"Table_1"，改成实际表名 ReaderInfo，确定。

图 3-4 输入表名对话框

说明：①如果表中几个列都是主键，需要用 Ctrl 键配合，即按住 Ctrl，依次选择各列，右击已选择的任意一列，在弹出的快捷菜单中执行"设置主键"。②如果发现表结构有错，可以进入修改状态，方法是：右击表名，在弹出的快捷菜单中选择"设计"菜单，修改界面与设计界面一样，修改完毕需单击"保存"按钮生效。但是，保存修改时，系统可能会出现如图 3-5 所示的对话框，禁止用户修改。

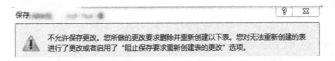

图 3-5 禁止修改对话框

原因是系统设置了不允许修改，解决办法是：依次执行菜单"工具"→"选项"→"设计器"命令，取消 ☑阻止保存要求重新创建表的更改(S) 前面的选中状态。

3.2.2 标识列

标识列用于表示记录的顺序，即流水号，其类型必须是整型，通常是 int，在记录中这个列的值由系统自动填写，从 1 开始编号，即 1,2,3,4,…，不允许为空。

标识列提供了两个参数：标识增量，表示增长速度，默认为 1；标识种子，表示初值，默认为 1。如图 3-6 所示，这些参数显示在列属性窗口中，可以设置。

列名	数据类型	允许 Null 值	标识规范	是
			(是标识)	是
▶ 序号	int	☐	标识增量	1
编号	char(10)	☐	标识种子	1
姓名	char(8)	☑	不用于复制	否

图 3-6　标识列的参数的设置方法

一个表中，标识列可以没有，如果有，其值是系统自动管理的，用户不能修改，也不能删除，用户只能显示其值，而不能作其他操作。

3.2.3　用 CREATE TABLE 命令建立数据库

建立表的 SQL 命令是 CREATE TABLE，可以逐一将列名、数据类型、长度和列约束添加进来，还可以在命令的后面部分添加表约束，所谓表约束是指涉及两个以上的列。

列的长度由数据类型决定，有些数据类型（如 char）允许设置长度，有的数据类型不允许设置长度（如 int、date、real），有的数据类型允许设置长度，但系统会自动删除长度或改成默认长度（如 image）。

建立表的命令格式是：

```
CREATE TABLE 表名
(
 列名 类型(长度) {列约束}
        [, …n]
[表约束]
)
```

例 3-2　利用 SQL 命令给 libsys 数据库添加读者信息表 ReaderInfo，要求同例 3-1。

```
——先将 libsys 设置为当前数据库，否则 ReaderInfo 表可能会存储到其他数据库中
USE libsys
GO
—建立 ReaderInfo 表的结构
CREATE TABLE ReaderInfo
(
  ReaderID char(10) PRIMARY KEY,
  ReaderName char(10) NOT NULL,
  ReaderSex char(2) NOT NULL,
  ReaderAge int NULL,
  Department varchar(30) NOT NULL,
  ReaderType char(10) NOT NULL,
  StartDate datetime NOT NULL,
  Mobile varchar(12) NULL,
  Email varchar(40) NULL,
  Memory varchar(50) NULL
)
GO
```

说明：主键约束是 PRIMARY KEY,如果某列可以为空,非空约束 NULL 可以省略（默认值）,若不能为空,则 NOT NULL 不可缺少。int 和 datetime 的长度是规定的,不能设置。

系统规定了长度的数据类型有 int 系列、real、money、date、time、datetime、bit、text 等。

在表中可以加入标识列,比如列 No 是标识列,数据类型是 int,初始值是 10,增量是 2,则这列的声明方法是：

```
No INT identity(10,2),
```

3.2.4　表的完整性约束

建立表的时候,还需要设置表的完整性约束。所谓完整性约束,指的是按照其值的内在逻辑或完整性而确定的限制条件,比如年龄必须是正整数、Email 中必须有@符号,性别只能是"男"或者"女"等。约束分两种,一种是列级约束,即约束条件只对某一列有效,另一种是表级约束,指涉及两个以上的列。

1. 约束的类型

设置约束可以用 SSMS 管理器窗口进行,更多的是用 SQL 命令实现,常用的约束有 6 种。

(1) 主键约束 PRIMARY KEY

主键是指能够唯一代表一条记录的键,可能是一列,也可能是多列的组合。换句话说,一张表中各条记录主键的值不允许相同。对于同一个表,可能有多种方式表示不同的记录,称为候选键,但建表时,必须选择其中的一个候选键作为主键。也就是说,一个表有多个候选键,但只有一个主键。

如果主键是某一列,设置主键的命令是：PRIMARY KEY。

如果主键是某几列的组合,设置主键的命令是：PRIMARY KEY(列名 1,列名 2,…)。

(2) 非空约束 NOT NULL

非空约束指的是这个列的值是否可以不填写,系统默认可以不填写,即可以为空,用 NULL 表示,如果必须填写,称为不可为空,用 NOT NULL。

(3) 唯一性约束 UNIQUE

唯一性约束指某一列的值是否必须不同,用 UNIQUE 表示。唯一性约束的列实际上是表的一个候选键,但不是主键,用于限制某一列的值不能相同。使用唯一性约束的字段可以为空,一个表中可定义多个唯一性字段。

(4) 默认值约束 DEFAULT

默认值约束表示输入记录时,当此列没有赋值时,系统会自动使用默认值。当然,用户可以输入实际值而不用默认值,也可以在默认值的基础上修改成实际内容。默认值的设置方法是：

```
DEFAULT(默认值)
```

小括号也可以省略,其中的默认值必须是常量、内部函数或者 NULL,不能是变量。例如：有个列 StartDate 表示参加工作的日期，默认值为系统日期，对应的系统函数 getdate()，则将 StartDate 的默认值设为系统日期的方法是：default(getdate())。

(5) 检查约束 CHECK

检查约束用于检查列的值是否符合要求，比如是否在指定的范围内，是否包括某一字符等。它的表示方法是：check(表达式)，表达式中会用到各种运算符。

例如：列 age 表示年龄，类型是 int，要求其值是正整数，则对应的检查约束为：check(age>0)。

(6) 外键约束 FOREIGN KEY

外键涉及同一个数据库中的两个表，假设分别是 A 表和 B 表，A 表的主键是字段 X，在 B 表中有一个字段 Y，Y 可以是主键也可以不是主键，如果 Y 的值完全来源于 A 表中的 X 字段，则 X 是 B 表的外键。外键反映了两个表之间的相互联系，是参数完整性的标志，保证了数据的唯一性。

例如有两个表：院系表(院系号，院系名，负责人，院系人数)、学生表(学号，姓名，院系号)，院系表的主键是院系号，学生表中的院系号来自于院系表中院系号，因此院系号是学生表的外键。

当前字段要与其他表的某列建立外键关系，有三个条件，即与外键的类型要一致、宽度要相同、外键必须是另一张表的主键或唯一性约束字段。当然，最好是字段名也相同，更加容易理解。

外键约束的表示是：FOREIGN KEY REFERENCES 表名(列名)。REFERENCES 的中文意思是引用、来源于。

2. 用 SQL 命令创建约束

为表创建约束有两种方法：一种是声明当前列时，在数据类型后面直接加上约束内容，另一种方法是利用 CONSTRAINT 命令添加约束。第一种方法适合于比较简单的约束，第二种单独用一行命令完成，需要给出约束名，可以对约束进行修改、删除等管理操作，但书写要复杂一些。其格式是：

```
CONSTRAINT  约束名  约束内容
```

其中：约束名是用户定义的一个标识符，一般是"约束类型_表名_列名"这样的格式。约束类型通常用简写，PK 代表主键、UQ 表示唯一性约束、CK 代表检查约束、FK 代表外键、DF 表示默认值约束。

例 3-3 建立一个工人表，包括编号、姓名、性别、出生日期、入厂日期、职称、备注。

要求：编号和姓名作为主键，入厂日期默认为系统日期，工资默认为 3000。

```
create table 工人表
(
  编号 int not null,
  姓名 char(8) not null primary key(编号,姓名),
  性别 char(2) ,
  出生日期 datetime ,
  入厂日期 datetime not null default(getdate()),
```

```
    职称 varchar(20) ,
    工资 money default 3000,
    备注 ntext null
)
```

例 3-4 建立一个工人信息表,包括编号、姓名、职务,要求主键为编号,姓名具有唯一性,用 constraint 定义约束。

```
create table 职工信息表
(
    编号 char(10),
    姓名 char(8),
    职务 char(12),
    constraint pk_职工信息表_编号 primary key(编号),
    constraint uq_职工信息表_姓名 unique(姓名)
)
```

例 3-5 建立一个基本信息表 baseinfo,包括编号 no、姓名 name、性别 sex、电话 tele、E-mail,要求性别只接受男和女,默认为男,电话必须是 8 位数字,E-mail 中必须含有 @ 符号。

```
create table baseinfo
(
    no char(10),
    name char(8) ,
    sex char(2) default '男',
    constraint chk_sex check(sex = '男' or sex = '女'),
    tele char(8),
    constraint ck_tele check(tele like '[0-9][0-9][0-9][0-9][0-9][0-9][0-9][0-9]'),
    Email varchar(30),
    constraint ck_Email check(Email like '%@%')
)
```

说明:一个数据库中不允许出现同名的约束名,or 和 like 都是运算符,or 表示或者,like 规定数据格式,类似于的意思,% 是通配符,表示任意多个字符,即字符串。

例 3-6 外键的使用,用 SQL 命令为数据库 libsys 建立表 BorrowInfo。各个字段的参数如表 3-4 所示,其中 ReaderID 字段是主键,也是外键约束,来源于 ReaderInfo 表的 ReaderID 字段,BookID 字段是主键,也是外键约束,来源于 BookInfo 表的 BookID 字段。

表 ReaderInfo 的结构参见表 1-4 和表 3-4,BookInfo 的结构参见表 1-2。

表 3-4　BorrowInfo 表的结构

序号	属 性 名	数据类型	长度	非空	约 束	含 义
1	ReaderID	char	10	不可	主键、外键、来源于 ReaderInfo	借书证号
2	BookID	char	20	不可	主键、外键、来源于 BookInfo	书号
3	BorrowDate	date	默认	不可	主键	借书日期
4	Deadline	date	默认	不可		应归还日期
5	ReturnDate	date	默认	可以		实际归还日期

建立此表的 SQL 命令是：

```
USE libsys
GO
CREATE TABLE BorrowInfo
(
    ReaderID char(10) FOREIGN KEY REFERENCES readerinfo(ReaderID),
    BookID char(20) FOREIGN KEY REFERENCES bookinfo(BookID),
    BorrowDate date NOT NULL ,
    Deadline date NOT NULL ,
    ReturnDate date NULL,
    PRIMARY KEY(ReaderID,BookID,BorrowDate)
)
GO
```

说明：BorrowInfo 建好之后，bookinfo 表和 readerinfo 表都不能删除了，因为有的列被 BorrowInfo 引用了。也就是说，必须要先删除 BorrowInfo，然后才能删除 bookinfo 表和 readerinfo 表。

3.3 技能训练 4：建立表结构

3.3.1 训练目的

（1）掌握常用数据类型的用法。
（2）掌握创建表结构的两种方法。
（3）掌握表的完整性约束类型。
（4）掌握用 SQL 方式表达完整性约束的方法。

3.3.2 训练时间

2 课时。

3.3.3 训练内容

1. 用 SSMS 管理器创建表结构

（1）打开 SSMS 管理器窗口，检查数据库 scoresys 是否存在，如果不存在，则建立它，如果已经存在，则将此数据库设置为当前数据库。

（2）按照表 3-5 的要求，给 scoresys 建立表 course。

（3）建立表 course 后，检查它是否存在在数据库 scoresys 中。右击 course，在弹出的快捷菜单中，尝试执行"重命名"、"删除"、"刷新"、"属性"命令，观察运行结果。

（4）从表 course 的快捷菜单中，执行"设计"进入修改状态，将 Teacher 的类型改为 varchar，将 Term 的长度改为 2，保存。

（5）从表 course 的快捷菜单中，执行"编辑前 200 行"进入插入记录的状态，任意输入一条记录，观察结果。

表 3-5 course 表结构

序号	属性名	数据类型	长度	是否可为空	约束
1	CousreID	char	10	不可	主键
2	CourseName	varchar	40	不可	
3	CourseType	varchar	20	可以	
4	Owner	varchar	20	可以	
5	Period	int	默认	不可	
6	Credit	decimal	(3,1)	不可	
7	Teacher	char	8	可以	
8	Term	char	1	可以	

2. 用 SQL 命令建立表

(1) 对于已经建立的数据库 scoresys,用 SQL 命令为它创建表 student,其结构如表 3-6 所示。

表 3-6 student 表结构

序号	属性名	数据类型	长度	是否可为空	约束
1	SID	char	12	not null	主键
2	SName	varchar	40	not null	
3	Dept	varchar	20	not null	
4	Class	varchar	16	not null	
5	Sex	char	2	null	
6	Birthdate	date	默认	null	
7	Mobile	char	13	null	
8	Home	varchar	20	null	

(2) 用 SQL 命令将 Sex 的长度改为 1,将 Mobile 的长度改为 14。

(3) 给 student 表增加一个字段 age,类型为 int。

3. 默认值约束

(1) 用 SQL 命令将 course 表的 Owner 字段的默认值设置为"软件学院"。

(2) 用 SQL 命令将 student 表的 Birthdate 字段的默认值设置为系统日期(提示:用系统函数 getdate()实现)。

(3) 用 SQL 命令将 student 表的 age 字段的默认值设置为 18。

(4) 用 SSMS 窗口给表 student 任意输入一条记录。

4. 用 SQL 命令建立带有外键约束的表

(1) 确认 student 表和 course 表都已经存在。

(2) 用 SQL 命令建立表 score,其结构如表 3-7 所示。

表 3-7　score 表结构

序号	属　性　名	数据类型	长度	是否可为空	约　　　束
1	SID	char	12	not null	主键、外键、来源于 student 表的 SID 字段
2	CourseID	char	10	not null	主键、外键、来源于 course 表的 CourseID 字段
3	ExamTime	datetime	默认	not null	主键
4	Mark	decimal	(4,1)	null	
5	ExamPlace	varchar	20	null	
6	Memory	varchar	20	null	

（3）给 score 表增加一个列 SecondScore，类型是 decimal(4,1)，其值只能是 0～60（提示用检查约束 check(SecondScore>=0 and SecondScore<=60)）。

（4）用 SSMS 窗口给 score 表任意输入一条记录，注意观察外键的作用。

（5）将数据库 scoresys 分离，并把它对应的物理文件（一个数据文件和一个日志）保存到自己的邮箱中，下次操作需要使用。

3.3.4　思考题

（1）在不同的数据库中，是否允许有同名的表名？试试看。

（2）向已经建立的表插入一个列，插入的这个列的位置在哪里？

（3）在建立了带外键约束的表 score 后，试着删除表 student，系统会给出什么提示？为什么？

3.4　修改数据库结构

表结构建立以后，可以用 SSMS 管理器窗口修改，也可以用 SQL 命令修改，方法与建立表基本类似。修改表结构的主要操作是：修改现有列的参数、增加列、删除列、增加约束。

3.4.1　用管理器窗口修改

右击表名，在弹出的快捷菜单中，执行"设计"即可打开表结构，与建立表时的显示内容相同（参见图 4-1 和图 4-2），可以直接修改。修改完成后，单击"保存"按钮或者关闭标签页面使修改生效。

如果表中已经输入了记录，则修改结构时，可能会造成数据的损坏或者丢失。比如某列的数据类型发生改变，则这列的数据可能会丢失，如果某列的长度由长变短，则原来记录中超出此列现有长度的数据将会被自动截掉，且不可恢复。

3.4.2　用 SQL 命令修改

修改表结构的命令是 ALTER TABLE，其格式是：

```
ALTER TABLE 表名
{
  ALTER COLUMN 列名 类型 [列约束]
  ADD 列名 类型 [列约束]
```

```
ADD CONSTRAINT 约束名 约束内容
DROP COLUMN 列名
[,…n]
}
```

其中：ALTER COLUMN 用于修改列的属性，ADD 用于增加列，ADD CONSTRAINT 用于增加约束，DROP COLUMN 用于删除列。

每一个 ALTER TABLE 命令，只能对一个列进行操作，如果同时对几个列操作，系统会报错而拒绝执行。

例 3-7 在数据库 factory 中建立一个工人信息表 employee，建表命令是：

```
use factory
go
create table employee
(
 id char(8) primary key,
 name char(20) not null,
 department char(20) null,
 age int,
 cq int,
)
```

要求：在表中增加一个 salary 字段，删除表中的 age 字段，修改 cq 字段的数据类型。

因为此次修改涉及 3 个列，因此要使用 3 次 ALTER TABLE 命令，即：

```
alter table employee
add salary float
alter table employee
drop column age
alter table employee
alter column cq decimal(4,1)
```

例 3-8 在例 3-7 数据库 factory 的工人信息表 employee 中，增加一个约束，将年龄（age）限制在 20～60。

```
alter table employee
add constraint chk_age check(age>=20 and age<=60)
```

3.5　记录的输入与修改

建立表结构相当于填写了表头的内容，并没有记录，只相当于空表，接下来就是输入记录，填入表的内容。可以用 SSMS 管理器窗口输入记录，也可以用 SQL 命令完成。修改记录的主要操作是：更新现有记录的内容，增加记录，删除记录。

3.5.1　用管理器窗口输入记录

右击表名，在表的快捷菜单中选择"编辑前 200 行"，即可进入记录的输入界面，依次输入各条记录的内容即可（必须一条记录输入完整后才能输入下一条记录）。在输入记录时，当前字段的值右边会出现一个红色的 🔴 标志,表示数据已经修改,提醒用户保存数据,单击"保存"按钮或者关闭窗口均可保存。

　　输入一条记录后,系统会根据主键的值由小到大自动重新排列记录的顺序。输入记录后,如果记录无法保存,一般原因是不符合约束要求,按 Esc 键取消后重新输入,连续按 Esc 键可以取消当前行的全部输入。图 3-7 是 libsys 数据库中表 BookInfo 的全部记录(参见图 1-11)。

BookID	BookName	BookType	Writer	Publish	PublishDate	Price	BuyDate	BuyCount	AbleCount	Remark
9787121270000 …	计算机网络技术实用…	计算机	胡伏湘	电子工业出版社	2015-09-01 0…	36.00	2015-10-30	20	19	NULL
9787220976553 …	大数据分析与应用	计算机	张安平	清华大学出版社	2015-08-20 0…	82.00	2015-12-01	25	24	精品课程配套…
9787302346913 …	Java程序设计实用教…	计算机	胡伏湘	清华大学出版社	2014-02-01 0…	39.00	2014-09-20	30	29	出版社优秀教材
9787302395775 …	计算机网络技术教程	计算机	胡伏湘	清华大学出版社	2015-08-01 0…	39.00	2015-12-30	30	29	出版社优秀教材
9787322109877 …	商务网页设计与艺术	艺术设计	张海	高等教育出版社	2014-09-01 0…	55.00	2016-08-20	15	14	专业资源库配…
9787322656678 …	数据库应用技术	计算机	刘小华	电子工业出版社	2016-04-01 0…	35.00	2016-09-20	30	29	NULL
9787431546652 …	电子商务基础与实务	经济管理	刘红梅	电子工业出版社	2015-08-20 0…	82.00	2015-12-01	25	24	精品课程配套…
9787442768891 …	移动商务技术设计	经济管理	胡海龙	中国经济出版社	2016-05-30 0…	38.00	2016-08-20	28	27	NULL
9787561188064 …	Java程序设计基础	计算机	胡伏湘	大连理工大学…	2014-11-30 0…	42.00	2015-03-10	50	49	"十二五"国…
9787603658891 …	3D动画设计	艺术设计	刘东	电子工业出版社	2012-10-10 0…	42.00	2014-12-20	18	17	NULL
NULL	NULL	NULL	NULL	NULL	NULL	NULL	NULL	NULL	NULL	NULL

图 3-7　表 BookInfo 的记录

　　表的快捷菜单中有一个命令"选择前 1000 行",系统会新开一个查询窗口产生显示前 1000 行记录的 SQL 命令,以下是选择 BookInfo 表前 1000 行的命令:

```
/ ****** Script for SelectTopNRows command from SSMS ****** /
SELECT TOP 1000 [BookID]
       ,[BookName]
       ,[BookType]
       ,[Writer]
       ,[Publish]
       ,[PublishDate]
       ,[Price]
       ,[BuyDate]
       ,[BuyCount]
       ,[AbleCount]
       ,[Remark]
   FROM [libsys].[dbo].[bookinfo]
```

　　说明:系列显示命令时,会给对象名加上方括号(包括表名、所有者名和列名)。top 1000 表示前 1000 行,如果只显示前 100 行,则表示为 top 100。

3.5.2　用 SQL 命令输入记录

输入记录的命令是 INSERT,其格式是:

```
INSERT [INTO]表名[(列名 1[,列名 2…])]
VALUES(值 1 [,值 2…])
```

　　在命令格式中 INTO 可以省略;如果输入所有列的内容,则列名列表可以省略,如果只输入部分列的值,则列名列表不可以省略,注意 VALUES 后面的值必须与列名列表要一一对应。

例 3-9 用 SQL 命令给表 BookInfo 输入图 3-7 所示的 10 条记录。

```
USE libsys
GO
INSERT into bookinfo VALUES ('9787302395775','计算机网络技术教程','计算机','胡伏湘','清华大
学出版社','2015-08-01',39,'2015-12-30',30,29,'出版社优秀教材')
INSERT into bookinfo VALUES ('9787121270000','计算机网络技术实用教程','计算机','胡伏湘','电
子工业出版社','2015-09-01',36,'2015-10-30',20,19,NULL)
INSERT INTO bookinfo VALUES ('9787302346913','Java 程序设计实用教程','计算机','胡伏湘','清
华大学出版社','2014-02-01',39,'2014-09-20',30,29,'出版社优秀教材')
INSERT INTO bookinfo VALUES ('9787561188064','Java 程序设计基础','计算机','胡伏湘','大连理
工大学出版社','2014-11-30',42,'2015-03-10',50,49,'"十二五"国家级规划教材')
INSERT INTO bookinfo VALUES ('9787322656678','数据库应用技术','计算机','刘小华','电子工业出
版社','2016-04-01',35,'2016-09-20',30,29,NULL)
INSERT INTO bookinfo VALUES ('9787220976553','大数据分析与应用','计算机','张安平','清华大学
出版社','2015-08-20',82,'2015-12-01',25,24,'精品课程配套教材')
INSERT INTO bookinfo VALUES ('9787431546652','电子商务基础与实务','经济管理','刘红梅','电子
工业出版社','2015-08-20',82,'2015-12-01',25,24,'精品课程配套教材')
INSERT INTO bookinfo VALUES ('9787442768891','移动商务技术设计','经济管理','胡海龙','中国经
济出版社','2016-05-30',38,'2016-08-20',28,27,NULL)
INSERT INTO bookinfo VALUES ('9787322109877','商务网页设计与艺术','艺术设计','张海','高等教
育出版社','2014-09-01',55,'2016-08-20',15,14,'专业资源库配套教材')
INSERT INTO bookinfo VALUES ('9787603658891','3D 动画设计','艺术设计','刘东','电子工业出版
社','2012-10-10',42,'2014-12-20',18,17,NULL)
GO
```

说明：①如果某一字段的值没有，则必须用 NULL 表示，不可空着，也不可以用空格表示。②日期和字符串都必须用单引号引起来，但数值型数据不能加单引号。③INSERT 语句每次只能插入一条记录，如果要插入 N 条记录，则要使用 N 次 INSERT 语句。

例 3-10 给表 BookInfo 添加两条记录，这两条记录只有 BookID、BookName、BookType、Writer、Publish、Price、BuyCount、AbleCount 八列有值，其他列没有值。

其命令是：

```
INSERT BookInfo(BookID,BookName,BookType,Writer,Publish,Price,BuyCountAbleCount)
VALUES('9787302395555','计算机基础教程','计算机','张平军','科学出版社',55,100,99)
INSERT BookInfo(BookID,BookName,BookType,Writer,Publish,Price,BuyCountAbleCount)
VALUES ('9787121270666','VC++程序设计','计算机','刘水华','北京出版社',88,15,14)
```

注意：没有赋值的其他各列，系统自动置为 null。使用这种方式输入记录时，非空约束的字段必须要有内容，否则无法保存。如以下命令，系统就会提示违反非空约束。

```
INSERT BookInfo(BookID,BookName,BookType)
VALUES('9787302395777','大数据应用','计算机')
```

3.5.3 用 SQL 命令修改记录

修改记录的命令是 UPDATE，就是更新记录中某一个字段的值，其格式是：

```
UPDATE 表名
SET 列名 = 表达式[,…n]
[WHERE 条件]
```

说明：[,…n]表示在一条 UPDATE 命令可以同时对几个字段的值进行修改，如果没有 WHERE 条件子句，所有记录的这一列的值全部改为同一个值，如果加了 WHERE 条件，则只对符合条件的记录修改。

例 3-11　针对 libsys 数据库中的表 BookInfo，把所有图书的可借出本数(AbleCount)全部置为 0，表示均不可以外借了。

```
UPDATE BookInfo
SET AbleCount = 0
```

例 3-12　针对 libsys 数据库中的表 BookInfo，对于类型为"计算机"的图书，将类型(BookType)修改为"计算机技术"。

```
UPDATE BookInfo
SET BookType = "计算机技术"
WHERE BookType = "计算机"
```

例 3-13　针对 libsys 数据库中的表 BookInfo，所有图书全部外借一本。

```
UPDATE BookInfo
SET AbleCount = AbleCount - 1
```

3.5.4　删除记录

1. 用 SSMS 窗口删除记录

删除单条记录的方法是：右击记录，执行"删除"；删除连续多条记录的方法是：按下 Shift 键配合或拖动鼠标，选择多条记录，右击，执行"删除"；删除不连续多条记录的方法是：按下 Ctrl 键，依次单击各条记录，右击，执行"删除"。

2. 用 SQL 命令删除记录

删除记录的命令是 DELETE，其格式是：

```
DELETE [FROM] 表名
[WHERE 条件]
```

说明：FROM 可以省略，如果不带条件，则删除所有记录，仅剩下空表（即表结构），如果带条件，则删除符合条件的记录，删除后的记录无法恢复。

例 3-14　针对 libsys 数据库中的表 BookInfo，删除"胡伏湘"作者编写的所有图书。

```
DELETE FROM BookInfo
WHERE Writer = "胡伏湘"
```

例 3-15　将 10 年前出版的图书删除。

```
DELETE FROM BookInfo
WHERE year(getdate()) - year(PublishteDate) > 10
```

说明：year 是系统函数，表示 4 位年份，是个整数。

3.5.5 删除表

1. 用 SSMS 窗口删除表

右击表,执行"删除"命令或者按 Delete 键,系统弹出对话框,确认即可。

2. 用 SQL 命令删除表

DROP TABLE 表名

说明: 表删除后,其结构和记录自然也删除掉了。

3.6 技能训练 5:记录处理

3.6.1 训练目的

(1) 掌握插入记录的两种方法。
(2) 掌握用命令修改记录的方法。
(3) 掌握用命令删除记录的方法。
(4) 掌握删除表的方法。

3.6.2 训练时间

2 课时。

3.6.3 训练内容

1. 用 SSMS 管理器窗口输入记录

(1) 确认数据库 scoresys 已经存在,确认它有三个表 Course、Student 和 Score,如果不存在,则需要重新建立,或者从自己邮箱中找到上一次操作所保存的两个文件,附加到数据库中。

(2) 在 SSMS 管理器中,依次展开数据库→scoresys→表,右击 Course,在快捷菜单中执行"编辑前 200 行",按照表 3-8 的内容输入 10 条记录。注意输入字段值时,不要加入空格,如"刘江"不要写成"刘　江"。

表 3-8 表 Course 的记录

序号	CourseID	CourseName	CourseType	Owner	Period	Credit	Teacher	Term
1	1001001	计算机应用基础	公共基础	软件学院	48	3	张军军	1
2	1001002	高等数学一	公共基础	公共课部	72	4.5	李小强	1
3	1001004	大学语文	公共基础	公共课部	64	4	刘江	1
4	2100012	英语二	公共基础	公共课部	48	3	杨阳	2
5	2100015	C++程序设计	专业基础	软件学院	80	5	张军军	2

续表

序号	CourseID	CourseName	CourseType	Owner	Period	Credit	Teacher	Term
6	3301009	Java 程序设计	专业核心	软件学院	64	4	刘大会	3
7	3208911	数据库应用技术	专业核心	软件学院	64	4	张军军	3
8	4011033	商务网站设计	专业核心	软件学院	72	4.5	洪国良	4
9	4213008	大数据应用	专业方向	软件学院	48	3	张强	5
10	4333010	网络营销	专业方向	商学院	48	3	徐小东	5

2. 用 SQL 命令给表 Student 输入记录

（1）确认当前数据库是 scoresys，新开一个查询窗口。

（2）按照表 3-9 的内容，用 SQL 命令给表 Student 输入 10 条记录。

表 3-9　student 表的记录

序号	SID	SName	Dept	Class	Sex	Birthdate	Mobile	Home
1	20130205011	李学才	软件学院	软件 1305	男	1995-05-05	15807310888	湖南长沙
2	20130204009	刘明明	软件学院	软件 1303	女	1996-12-12	15573223322	湖南株洲
3	20130101122	张东	商学院	会计 1302	男	1995-08-01	15273117899	湖南长沙
4	20140107123	许小放	商学院	电商 1402	女	1996-09-10	18942513351	湖南长沙
5	20140303007	杨阳	旅游学院	旅游 1401	女	1995-10-19	18802014355	广州从化
6	20140205223	胡小军	软件学院	软件 1505	男	1997-09-22	17733555678	广州番禺
7	20130205020	杨志强	软件学院	软件 1305	男	1994-12-30	0731-23238899	湖南株洲
8	20140303088	杨阳	旅游学院	旅游 1502	男	1998-01-09	13902716544	湖北武汉
9	20140106065	周到	商学院	会计 1403	女	1996-07-01	1570213377	上海市
10	20140208161	徐华山	软件学院	物联网 1401	男	1996-07-20	18904513451	黑龙江哈尔滨

3. 用 SQL 命令给带外键约束的表输入记录

（1）确认表 score 和 student 的记录已经输入无误。

（2）按照表 3-10 的内容，用 SQL 命令给表 score 输入记录。

表 3-10　score 表的记录

序号	SID	CourseID	ExamTime	Mark	ExamPlace	Memory
1	20130205011	1001001	2014-01-05 10：00：00	85	自强楼 105	NULL
2	20130205011	1001002	2014-01-06 14：30：00	73.5	致用楼 303	NULL
3	20130204009	1001002	2014-01-06 14：30：00	100	致用楼 303	NULL
4	20130101122	1001004	2014-01-07 8：30：00	90	知行楼 501	NULL
5	20140107123	2100012	2015-06-30 8：30：00	48	自强楼 305	NULL
6	20140107123	2100015	2015-07-02 10：00：00	NULL	德业楼 109	缺考
7	20140303007	2100015	2015-07-02 10：00：00	88	德业楼 109	NULL
8	20140205223	3301009	2016-01-10 14：00：00	98.5	自强楼 505	NULL
9	20130205020	3208911	2015-01-08 14：00：00	80	知行楼 201	NULL
10	20140303088	4011033	2016-06-25 8：00：00	NULL	知行楼 201	缺考
11	20140106065	4011033	2016-06-25 8：00：00	65	知行楼 201	NULL
12	20140208161	4011033	2016-06-25 8：00：00	90	知行楼 201	NULL
13	20140106065	1001002	2015-07-02 18：00：00	NULL	敬业楼 108	缓考
14	20140208161	1001004	2015-07-02 18：00：00	90	敬业楼 108	免考

4. 修改记录

（1）对于表 Course，将 CourseType 的值为"公共基础"的记录全部改为"公共基础课"。
（2）对于表 Course，将 CourseType 的值为"公共基础课"的记录全部改回"公共基础"。
（3）用 SSMS 和 SQL 命令分别实现上面两个内容。

5. 删除记录

（1）对于 Score 表，删除最后两条记录。
（2）用 Insert 命令，将第（1）步删除的两条记录插入进来。

6. 建立并删除表

建立一个表 test，列随意，用 3 种方法删除它（提示：快捷菜单、命令、insert 键）。

7. 将数据库 scoresys 分离

将数据库 scoresys 分离，并把它对应的物理文件复制出来，保存到自己邮箱中，以后操作需要继续使用。

3.6.4 思考题

（1）在 student 表中，删除 SID 为 20130205011 的这条记录，会出现什么提示？试试看，解释这是什么原因。
（2）给 score 任意添加一条记录，看会出现什么提示？能不能成功？为什么？
（3）建立表时，假如要让字段 sign 的值必须是 abcdedf 中的一个，而不能是其他字符，该怎么设置检查约束？

习题 3

一、填空题

1. 字符类型数据包括（　　）、（　　）、（　　）和（　　）4 种类型，其中（　　）和（　　）可以存储 unicode 字符，且一个字符占用的空间是（　　）字节。
2. 整数类型包括（　　）、（　　）、（　　）、（　　）和（　　）5 种，其中（　　）只能存储 0 和 1。
3. 货币型包括（　　）和（　　）两种，本质是（　　），但允许在其值前面加上（　　）符号。
4. 用于存储图像型的数据类型是（　　）。
5. decimal(6,2)表示的数值，整数是（　　）位，小数是（　　）位，总的位数是（　　）位。
6. 标识列的数据类型是（　　），其值是从（　　）开始编号的。
7. 表示检查约束的函数是（　　），表示唯一性约束的函数是（　　），表示默认值约束的函数是（　　），表示主键约束的是（　　），表示外键约束的是（　　）。

8. top 100 表示（　　　），go 命令的功能是（　　　）。

9. 删除表的命令是（　　　），删除数据库的命令是（　　　），删除记录的命令是（　　　）。

10. 插入记录后，系统自动按照（　　　）的值（　　　）序排列。

二、选择题

1. 修改表的命令是（　　　）。

　　A. CREATE TABLE　　　　　　　　　B. ALTER TABLE

　　C. MODIFY TABLE　　　　　　　　　D. SHIFT TABLE

2. 对于非空约束，系统默认是（　　　）。

　　A. 0　　　　　　　B. 1　　　　　　　C. NULL　　　　　D. NOT NULL

3. 修改表结构时，一条命令可以修改（　　　）个列。

　　A. 1　　　　　　　B. 2　　　　　　　C. 3　　　　　　　D. 4

4. 以下类型，可以设置长度的是（　　　）。

　　A. date　　　　　B. int　　　　　　C. real　　　　　D. numeric

5. 删除所有记录后，以下说法正确的是（　　　）。

　　A. 结构也删除了　　　　　　　　　　B. 表结构还在

　　C. 数据库也删除了　　　　　　　　　D. 表也删除了

6. 表中如果某列为主键，则本列（　　　）。

　　A. 一定是 NULL　　　　　　　　　　B. 一定是 NOT NULL

　　C. 一定是 FOREIGN KEY　　　　　　D. 一定是 DEFAULT

7. 以下日期，不能正确表示 2016 年 12 月 5 日的是（　　　）。

　　A. 2016/12/05　　　　　　　　　　　B. 12/05/2016

　　C. 05-12-2016　　　　　　　　　　　D. 12-05-2016

8. 命令 UPDATE abc　SET age＝20 表示（　　　）。

　　A. 设置当前记录的 age＝20　　　　　B. 设置第一条记录的 age＝20

　　C. 设置 age＝20　　　　　　　　　　D. 设置所有记录的 age＝20

9. 用 drop 命令可以删除的是（　　　）。

　　A. 表名　　　　　　　　　　　　　　B. 列名

　　C. 记录　　　　　　　　　　　　　　D. 以上都可以

10. 如果表被删除了，则（　　　）。

　　A. 可以从回收站里恢复　　　　　　　B. 用命令 INSERT 恢复

　　C. 通过撤销操作恢复　　　　　　　　D. 无法恢复

三、简答与操作题

1. 哪些数据类型的长度是由系统规定的，用户不可以修改？举出 10 种。

2. 解释以下名词：主键、外键、约束。

3. 给数据库 salaryManager（工资管理）增加一个表 Manager（表示管理人员），包括以下字段：MID（编号）、Name（姓名）、Sex（性别）、Birthday（出生日期）、Duty（职务）、Tele（电话）和 Picture（照片），请根据常识确定其数据类型和长度。写出 SQL 命令，并用 SSMS 管理器实现。

4. 给数据库 salaryManager 增加一个表 salary（工资表），包括以下字段：MID（编号）、

sal1(基本工资)、sal2(职务津贴)、sal3(加班补助)、sal4(绩效奖),其中 MID 是外键,来源于 Manager 表的 MID,写出 SQL 命令。

5. 对于数据库 salaryManager 中的表 salary(工资表),执行以下操作,写出 SQL 命令。

(1) 修改表结构。

(2) 设置 sal1 的值,全部为 3000。

(3) 删除 sal2>5000 的全部记录。

(4) 任意增加一条记录。

(5) 对于 sal3>2000 的全部记录,将 sal4 设置为 8000。

第4章 数据查询

主要知识点

- 查询语句 SELECT 的用法;
- 单表查询及聚合运算的方法;
- 多表连接的类型与多表连接查询方法;
- 子查询方法,子查询与多表连接查询的相互转换。

学习目标

掌握 SELECT 语句的语法格式,能够运用 SELECT 语句进行数据库查询和聚合运算,掌握多表连接的常用方式,能够采用多表连接和子查询的方法从数据库中查询到所需要的数据。

4.1 SELECT 查询语句

数据表建立好以后,数据已经存储下来了,接下来要对数据进行相关处理,主要包括数据查询、计算、编程和安全管理等,这些操作都依赖于 SQL 语言来完成。

4.1.1 SQL 语言

SQL(Structured Query Language,结构化查询语言)是一种用于数据库操作的语言。1986 年由美国国家标准局(ANSI)通过,国际标准化组织(ISO)颁布了 SQL 正式国际标准。其基本特点如下。

(1) 一体化:SQL 集数据定义 DDL、数据操纵 DML 和数据控制 DCL 于一体,可以完成数据库的全部处理过程。

(2) 使用方式灵活:它有两种使用方式,既能以命令方式交互使用直接显示结果;也可以嵌入到 C、C++、Java 等程序设计语言中使用。

(3) 非过程化:提出操作要求即可,不必描述操作步骤,也不需要导航。使用时只需要告诉计算机"做什么",而无须告诉它"怎么做"。

(4) 语言简洁,易学易作:在 ANSI 标准中,只包含了 94 个英文单词,核心功能只用 6 个动词,语法接近英语口语。

SQL 只能应用于数据库,本身是不能独立存在的,功能远不如程序设计语言强大,它不能设计美观的界面,有些数据类型自身并不能打开。

微软公司在 SQL 国际标准的基础,设计了用于 SQL Server 数据库的 SQL 语言,即 T-SQL,功能更加强大,方便数据的管理。

4.1.2　SELECT 语句

SELECT 语句是应用最广泛的 SQL 语句,可以当成计算器来使用,直接求表达式的值,如:select 24+8∗6。但一般用于在数据库中查询数据,其命令必须写在查询分析窗口中,通过"执行"命令,才能显示运行结果。完整的语法格式是:

```
SELECT [ALL|DISTINCT|TOP n] 列名列表
FROM 表名列表
INTO 新表名
WHERE 条件
ORDER BY 列名
GROUP BY 列名
```

各部分的功能如表 4-1 所示。

表 4-1　SELECT 语句的组成

子　句	功　能	说　明
SELECT	显示指定列的内容	不可缺少,可以为列名指定别名,列名也可以是表达式
FROM	指明数据来源	不可缺少,可以为表名指定别名
INTO	将查询结果存储到新表中	可缺少,新表中各列的参数与原表相同,用于快速建表
WHERE	指定条件	若缺少此项,则表示全部记录
ORDER BY	将查询结果排序	可缺少,可以指定排序方式为升序(默认)和降序
GROUP BY	将查询结果分排显示	可缺少,分组依据通常是一个列名

ALL 表示显示全部记录,是默认值。DISTINCT 表示只显示唯一的值,即如果有多个记录的选择字段的数据相同,只返回第一个。

TOP n 表示只显示前 n 条记录,n 是一个正整数,由用户指定。

SELECT 语句是根据 WHERE 子句的筛选条件表达式,从 FROM 子句指定的表中找出满足条件的记录,再按 SELECT 语句中指定的字段顺序,筛选出记录中的字段值构造的结果。这个结果称为结果集(一个表或多个表),表示符合条件的指定列的内容,显示在查询窗口的下半部分。

4.1.3　运算符

WHERE 子句中,允许用户在查询条件(表达式)中使用各类运算符,过滤掉不满足要求的数据行,只显示符合要求的行。运算符包括比较运算符、范围运算符、列表运算符、空值判断符、逻辑运算符、通配符、模式匹配符等。这些运算符不仅可以用在 SELECT 语句中,也可以用在程序中或者其他地方。下面以 libsys 数据库中的 BookInfo 表为例进行说明。

1．比较运算符

比较运算符用于比较两个值的大小，表示大小关系，也叫关系运算符。包括：＞、＞＝（大于或等于）、＝、＜、＜＝（小于或等于）、!＞（不大于）、!＜（不小于）、＜＞（不等于）、!＝（不等于）。

例如：出版社（Publish 字段）不是电子工业出版社，表示为：

```
Publish<>'电子工业出版社'
```

2．范围运算符

指的是一个值是否在指定的范围内，包括 BETWEEN…AND… 和 NOT BETWEEN…AND… 两个运算符。

例如：出版日期介于 2010 年和 2015 年之间，表示为：

```
PublishDate BETWEEN '2010-01-01' AND '2015-12-31'
```

3．列表运算符

用于判断表达式是否出现在列表中，包括：IN（项 1，项 2……）、NOT IN（项 1，项 2……）两个运算符。

例如：作者是不是刘小华和刘红梅中的一个，表示为：

```
Writer in ('刘小华','刘红梅')
```

4．空值判断符

用于判断表达式是否为空，有两个运算符，IS NULL 表示为空，IS NOT NULL 表示不为空。

例如：出版日期为空，表示为：PublishDate IS NULL，不能写成 PublishDate＝NULL。

5．逻辑运算符

用于连接多个条件，构成复杂的表达式，其结果是一个逻辑值，表示成立（逻辑真）或不成立（逻辑假），包括 NOT、AND、OR 三个运算符。

NOT 表示逻辑非运算，即取反运算，例如 NOT（13＜20）的结果不成立，即逻辑假。

AND 表示逻辑与运算，理解为"而且"的意思，当两个表达式的结果同时都成立时，其结果才为真，其他情况均为假。例如：（20＞10）AND（12＞＝18）的结果为假。

OR 表示逻辑或运算，理解为"或者"的意思，即只要有一个条件成立，结果就成立，只有两个条件都不成立时，结果才是不成立的。例如：（20＞10）OR（12＞＝18）的结果为真。

6．通配符

常用于模糊查找，它判断列值是否与指定的字符串格式相匹配。可用于 char、varchar、text、ntext、datetime 和 smalldatetime 等类型数据的查询。

可使用以下通配字符：

百分号％：可匹配任意类型和长度的字符。例如第一个字符是 a 的字符串，表示为"a％"，含有"中"的字符串，表示为"％中％"。

下画线_：匹配单个任意字符，它常用来限制表达式的字符长度。例如第一个字符任意，第 2 个字符是 a，后面任意的字符串表示为"_a％"。

方括号[]：指定一个字符、字符串或范围，要求所匹配对象为它们中的任一个。例如：长度为 5 位数字，表示为：[0-9][0-9][0-9][0-9][0-9]。

[^]：其取值也与[]相同，但它要求所匹配对象为指定字符以外的任意一个字符，即除此之外。

7. 模式匹配符

用于判断值是否与指定的字符通配格式相符，包括 LIKE、NOT LIKE 两个运算符。

例如：姓"刘"的作者姓名，表示为：Writer like "刘％"，不姓"刘"的作者姓名表示为：Writer not like "刘％"。

4.2　单表查询

按照数据来源，数据查询可以分为单表查询和多表查询，单表查询表示数据来源于同一张表，比较简单，多表查询表示数据来源于同一个数据库的多个表，有多表连接查询和子查询两种方式。本节的例题均以 libsys 数据库的 BookInfo 表和 ReaderInfo 表为例。

4.2.1　列名的使用

在 SELECT 语句中，列名既可以直接使用，也可以使用别名及虚拟列名，还可以用通配符 * 表示列。别名由用户指定，一般是当列名太长时，用一个简短的别名替代原始列名，以简化代码。

例 4-1　输出 BookInfo 表中所有书号、书名、作者、出版社和价格。

```
SELECT BookID,BookName,Writer,publish,price
FROM BookInfo
```

执行得到的结果如图 4-1 所示。

	BookID	BookName	Writer	publish	price
1	9787121270000	计算机网络技术实用教程	胡伏湘	电子工业出版社	36.00
2	9787220976553	大数据分析与应用	张安平	清华大学出版社	82.00
3	9787302346913	Java程序设计实用教程	胡伏湘	清华大学出版社	39.00
4	9787302395775	计算机网络技术教程	胡伏湘	清华大学出版社	39.00
5	9787322109877	商务网页设计与艺术	张海	高等教育出版社	55.00
6	9787322656678	数据库应用技术	刘小华	电子工业出版社	35.00
7	9787431546652	电子商务基础与实务	刘红梅	电子工业出版社	82.00
8	9787442768891	移动商务技术设计	胡海龙	中国经济出版社	38.00
9	9787561188064	Java程序设计基础	胡伏湘	大连理工大学出版社	42.00
10	9787603658891	3D动画设计	刘东	电子工业出版社	42.00

图 4-1　显示部分列的值

例 4-2　输出 BookInfo 表的所有记录。

```
SELECT *
```

```
FROM BookInfo
```

本例用到了列通配符 * ,代表所有列。

在 SELECT 语句中,可以在一个字段的前面加上一个字符串(用单引号引起来),称为虚拟列名,对后面的字段起说明作用。

例 4-3 输出 BookInfo 表中 BookID、BookName、Writer、publish、price 五个列的值,并说明每个列的意义。

```
SELECT '书号',BookID,'书名',BookName,'作者',Writer,'出版社',publish,'价格', price
FROM BookInfo
```

显示结果如图 4-2 所示。

	(无列名)	BookID	(无列名)	BookName	(无列名)	Writer	(无列名)	publish	(无列名)	price
1	书号	9787121270000	书名	计算机网络技术实用教程	作者	胡伏湘	出版社	电子工业出版社	价格	36.00
2	书号	9787220976553	书名	大数据分析与应用	作者	张安平	出版社	清华大学出版社	价格	82.00
3	书号	9787302346913	书名	Java程序设计实用教程	作者	胡伏湘	出版社	清华大学出版社	价格	39.00
4	书号	9787302395775	书名	计算机网络技术教程	作者	胡伏湘	出版社	清华大学出版社	价格	39.00
5	书号	9787322109877	书名	商务网页设计与艺术	作者	张海	出版社	高等教育出版社	价格	55.00
6	书号	9787322656678	书名	数据库应用技术	作者	刘小华	出版社	电子工业出版社	价格	35.00
7	书号	9787431546652	书名	电子商务基础与实务	作者	刘红梅	出版社	电子工业出版社	价格	82.00
8	书号	9787442768891	书名	移动商务技术设计	作者	胡海龙	出版社	中国经济出版社	价格	38.00
9	书号	9787561188064	书名	Java程序设计基础	作者	胡伏湘	出版社	大连理工大学出版社	价格	42.00
10	书号	9787603658891	书名	3D动画设计	作者	刘东	出版社	电子工业出版社	价格	42.00

图 4-2 虚拟列名

在显示结果时,可以指定别名代替原来的字段名称,共有 3 种方法引入列的别名:

(1) 采用 列名 AS 别名 的格式。

(2) 采用 列名 别名 的格式。

(3) 采用 别名＝列名 的格式。

三种方式可以在一个 SELECT 命令中混合使用,如果列不指定别名,别名就是列名本身。

例 4-4 显示 BookInfo 表中的 BookID、BookName、Publish、Price、PublishDate,并在标题栏中显示书号、书名、出版社、价格、出版日期字样,而不是显示列名。

```
SELECT bookid AS 书号,bookname 书名,出版社 = publish, price as 价格,出版日期 = publishdate
FROM bookinfo
```

运行结果如图 4-3 所示。

	书号	书名	出版社	价格	出版日期
1	9787121270000	计算机网络技术实用教程	电子工业出版社	36.00	2015-09-01 00:00:00.000
2	9787220976553	大数据分析与应用	清华大学出版社	82.00	2015-08-20 00:00:00.000
3	9787302346913	Java程序设计实用教程	清华大学出版社	39.00	2014-02-01 00:00:00.000
4	9787302395775	计算机网络技术教程	清华大学出版社	39.00	2015-08-01 00:00:00.000
5	9787322109877	商务网页设计与艺术	高等教育出版社	55.00	2014-09-01 00:00:00.000
6	9787322656678	数据库应用技术	电子工业出版社	35.00	2016-04-01 00:00:00.000
7	9787431546652	电子商务基础与实务	电子工业出版社	82.00	2015-08-20 00:00:00.000
8	9787442768891	移动商务技术设计	中国经济出版社	38.00	2016-05-30 00:00:00.000
9	9787561188064	Java程序设计基础	大连理工大学出版社	42.00	2014-11-30 00:00:00.000
10	9787603658891	3D动画设计	电子工业出版社	42.00	2012-10-10 00:00:00.000

图 4-3 列的别名

在 SELECT 语句后面可以是字段名,也可以是表达式,还可以是变量、常量、函数等,系统会自动计算出结果并显示。

例 4-5 显示 BookInfo 表中所有书名和出版年数。结果如图 4-4 所示。

分析:出版年数表示从出版日期 publishdate 到现在为止经过的年数,是一个整数。

```
SELECT bookname, year(getdate()) – year(publishdate) as 出版年数
FROM bookinfo
```

使用 DISTINCT 短语可以消除内容相同的行。

例 4-6 查询图书馆买过哪些出版社出版的图书。结果如图 4-5 所示。

```
SELECT DISTINCT publish
FROM bookinfo
```

	bookname	出版年数
1	计算机网络技术实用教程	1
2	大数据分析与应用	1
3	Java程序设计实用教程	2
4	计算机网络技术教程	1
5	商务网页设计与艺术	2

	publish
1	大连理工大学出版社
2	电子工业出版社
3	高等教育出版社
4	清华大学出版社
5	中国经济出版社

图 4-4　表达式的结果　　　　　　　图 4-5　DISTINCT 的使用

注意:不管 SELECT 是使用了别名还是虚拟列名,都不会改变表中数据的存储方式,只是换了另一种显示方式而已。

4.2.2　用 WHERE 子句查询特定的记录

在 SELECT 语句中,通过 WHERE 子句可以查询符合要求的记录,不符合要求的记录将被过滤掉,不显示出来。

例 4-7 查询 BookInfo 中清华大学出版社出版的图书。

```
SELECT *
FROM BookInfo
WHERE Publish = '清华大学出版社'
```

例 4-8 查询 BookInfo 中 2014 年以后出版的图书的书号、书名、作者和出版日期。

```
SELECT BookID,BookName,Writer,PublishDate
FROM BookInfo
WHERE PublishDate >= '2015 – 01 – 01'
条件也可以写成 PublishDate >'2014 – 12 – 31'
```

比较大小时,要用到关系运算符。对于日期型数据,越新的日期越大。对于字符型数据,包括大小写英文字母、数字字符、标点符号、汉字。英文字母、数字字符、标点符号的大小是由它们的 ASCII 码来决定的,记住 4 个关键字符的 ASCII 值,即可递推出其他字符的 ASCII 值,空格:32,'0':48,'A':65,'a':97。汉字比它们都大,汉字的大小由它们的拼音来决定,按照拼音的字母顺序,即可分出大小,比如"刘"<"王",因为"liu"<"wang",同理,"男"<"女";如果前面的部分都相同,则越长的拼音越大,如"李"<"刘",因为"li"<

"liu",同理,"李安"<"李安军"。

各类字符的大小顺序可以表示为:标点符号<数字字符<大写字母<小写字母<汉字。

例 4-9　查询"刘"姓作者或"李"姓作者编写的书。

方法 1:用 like 运算符实现。

```
SELECT *
FROM BookInfo
WHERE Writer like '刘%' or Writer like '李%'
```

方法 2:用系统函数 substring 实现,格式是:substring(s,m,n),s 是字符型量,m 表示起始位置,n 表示长度,如果省略 n,表示取到最后,例如:substring('abcdefg',2,4)的结果是 bcd。

```
SELECT *
FROM BookInfo
WHERE substring(Writer,1,1) = '刘' or substring(Writer,1,1) = '李'
```

方法 3:用 in 运算符实现。

```
SELECT *
FROM BookInfo
WHERE substring(Writer,1,1) in ( '刘', '李')
```

同样的结果,可以用不同的方法实现,看操作者愿意采用哪一种。

例 4-10　查询 2012 年到 2015 年之间出版的图书,只显示书号、书名和出版社。

```
SELECT BookID, BookName, Publish
FROM BookInfo
WHERE PublishDate between '2010 - 01 - 01' and '2015 - 12 - 31'
```

其条件还有多种写法,如:year(PublishDate) between 2010 and 2015、PublishDate>='2010-01-01' and PublishDate<='2015-12-31'等。

例 4-11　查询价格大于 50 而且不是清华大学出版社出版的图书,电子工业出版社的图书也可以。

```
SELECT *
FROM BookInfo
WHERE Publish <> '清华大学出版社' and price > 50 or Publish = '电子工业出版社'
```

本例中,用到了多个逻辑运算符,而运算符有优先级关系,优先级高的运算符先运算,比如:逻辑运算符的优先级由高到低依次是:not、and、or,但一旦加上了小括号,则优先级变成了最高,所以例 4-11 的条件写成(Publish <> '清华大学出版社' and price>50) or (Publish='电子工业出版社')最为保险,这也是用户记不清优先级时常用的方法,即加上小括号让它优先运算。

例 4-12　查询没有备注(Remark)的图书的书号、书名和价格。

```
SELECT BookID, BookName, Price
FROM BookInfo
WHERE Remark is null
```

4.2.3　用 ORDER BY 子句对查询结果排序

在 SELECT 语句中,使用 ORDER BY 子句可以对查询结果进行升序或降序排列,排序时空值(NULL)被认为是最小值。ORDER BY 子句的基本格式是:

```
ORDER  BY  列名  [ASC|DESC], …
```

其中:ASC 表示升序,是默认值,DESC 是降序。如果只对一个列排序,可能会出现值相同的多条记录,这时可以继续设置次要关键字,形成级联排序。

例 4-13　查询 BookInfo 表中清华大学出版社出版的图书,按照价格升序排列。

```
SELECT *
FROM BookInfo
WHERE Publish = '清华大学出版社'
ORDER BY price ASC
```

例 4-14　查询 BookInfo 表中所有图书,按照出版社降序排列,出版社相同的再按照出版时间升序排列。

```
SELECT *
FROM BookInfo
ORDER BY Publish DESC, PublishDate
```

运行结果如图 4-6 所示。

	BookID	BookName	BookType	Writer	Publish	PublishDate	Price	BuyDate	BuyCount	AbleCount	Remark
1	9787442788891	移动商务技术设计	经济管理	胡海龙	中国经济出版社	2016-05-30 00:00:00.000	38.00	2016-08-20	28	27	NULL
2	9787302346913	Java程序设计实用教程	计算机	胡伏湘	清华大学出版社	2014-02-01 00:00:00.000	39.00	2014-09-20	30	29	出版社优秀
3	9787302395775	计算机网络技术教程	计算机	胡伏湘	清华大学出版社	2015-08-01 00:00:00.000	39.00	2015-12-30	30	29	出版社优秀
4	9787220976553	大数据分析与应用	计算机	张安平	清华大学出版社	2015-08-20 00:00:00.000	82.00	2015-12-01	25	24	精品课程配
5	9787322109877	商务网页设计与艺术	艺术设计	张涛	高等教育出版社	2014-09-01 00:00:00.000	55.00	2016-08-20	15	14	专业资源库
6	9787603658891	3D动画设计	艺术设计	刘东	电子工业出版社	2012-10-10 00:00:00.000	42.00	2014-12-20	18	17	NULL
7	9787431546652	电子商务基础与实务	经济管理	刘红梅	电子工业出版社	2015-08-20 00:00:00.000	82.00	2015-12-01	25	24	精品课程配
8	9787121270000	计算机网络技术实用教程	计算机	胡伏湘	电子工业出版社	2015-09-01 00:00:00.000	36.00	2015-10-30	20	19	NULL
9	9787322656678	数据库应用技术	计算机	刘小华	电子工业出版社	2016-04-01 00:00:00.000	35.00	2016-09-20	30	29	NULL
10	9787561188064	Java程序设计基础	计算机	胡伏湘	大连理工大学出版社	2014-11-30 00:00:00.000	42.00	2015-03-10	50	49	"十二五"[

图 4-6　多级排列显示

从图 4-6 可以发现,如果出版社不同,则第二个排列字段(PublishDate)不起作用。

4.2.4　聚合函数

聚合函数是用于对表进行记录统计、数据运算的函数,它返回单个值。聚合函数经常与 SELECT 语句的 GROUP BY 子句一起使用,作为分组依据。聚合函数主要有 COUNT(求记录数)、SUM(求和)、AVG(求平均值)、MAX(求最大值)、MIN(求最小值)5 个。

1. count

count 的功能是求符合条件的记录数。其格式是:count(列名)或者 count(DISTINCT 列名)。

例 4-15　求 BookInfo 表中的记录数。

```
SELECT count( * ) AS 记录数
FROM BookInfo
```

事实上，*也可以用任意列名甚至常量来表示，结果是
记录数
10
。

例 4-16　求出作者"胡伏湘"编写的书数。

```
SELECT count( * ) AS 记录数
FROM BookInfo
WHERE Writer = '胡伏湘'
```

COUNT(DISTINCT 列名)函数返回指定列的不同值的数目，例如求 BookInfo 表中有多少个作者。则命令是：SELECT count(distinct writer) AS 作者数 FROM BookInfo。得到的结果是 7 条记录：
记录数
7
，与例 4-14 不同，因为去掉了重复的记录。

2. MAX 和 MIN 函数

MAX 和 MIN 是用于求某一列的最大值和最小值，其格式是：MAX(列名)、MIN(列名)。要求列的类型是可以比较大小的，常见的是数值型、货币型、字符型和日期型，在统计时，系统会自动忽略 NULL 值。

例 4-17　求 BookInfo 表中的最大价格和最小价格。

```
SELECT MAX(Price) AS 最大价格,MIN(Price) AS 最小价格
FROM BookInfo
```

3. AVG 函数

AVG 来源于 average(平均)，用于求某一列的平均值，其格式是：AVG(列名)，要求列的类型只能是数值型或者货币型。在统计时，AVG 会自动忽略 NULL 值。在列名前面加上 DISDINCT，还可以去掉重复的值。

例 4-18　求 BookInfo 表中清华大学出版社出版的图书的平均价格。

```
SELECT AVG(Price) AS 平均价格
FROM BookInfo
WHERE Publish = '清华大学出版社'
```

4. SUM 函数

SUM 函数用于求某一列的总和，其格式是：SUM(列名)。其要求与 AVG 相同，也会自动忽略掉 NULL 值。

例 4-19　求 BookInfo 表中购买图书(BuyCount)的总数。

```
SELECT SUM(BuyCount) AS 购进图书总数
FROM BookInfo
```

4.2.5　用 GROUP BY 子句对查询结果分组

利用 SELECT 的 GROUP BY 子句，能够快速而简便地将查询结果按照指定的字段进行分组，值相等的记录被分在同一组。GROUP BY 子句往往和 SQL 的聚合函数一起使用。

其基本格式是：

```
SELECT 列名列表
FROM 表名
WHERE 条件
GROUP BY 列名
```

其中：GROUP BY 后面的列名称为分组依据，即根据这个字段的不同值分组显示。

例 4-20 统计从各个出版社购进的图书总数。

```
SELECT Publish as 出版社,COUNT( BuyCount) '图书数量'
FROM BookInfo
GROUP BY publish
```

得到的结果如图 4-7 所示。

如果有 GROUP BY 子句，则在 SELECT 后面的列名必须包含在聚合函数中，或者包含在 GROUP BY 子句中，否则系统拒绝执行。

例如：分析下面命令的执行结果。

```
SELECT bookname '书名',AVG(price) '平均价格'
FROM bookinfo
GROUP BY publish
```

执行后，系统提示：消息 8120，级别 16，状态 1，第 18 行。选择列表中的列 'bookinfo. BookName' 无效，因为该列没有包含在聚合函数或 GROUP BY 子句中。

如果 SELECT 语句中有 GROUP BY 子句，还可以再加上 HAVING 子句，对 GROUP BY 进行限制，让符合要求的分组显示出来，而不符合要求的分组不显示。HAVING 子句的格式是：

```
HAVING(条件)
```

例 4-21 针对 bookinfo 表，将数量不小于两本的每个出版社出版的总图书数显示出来。

```
SELECT publish '出版社',COUNT(bookid) '总数量'
FROM bookinfo
GROUP BY publish
HAVING COUNT(bookid)>= 2
```

其执行结果如图 4-8 所示，仅显示两行信息，与例 4-19 执行的结果不同。

	出版社	图书数量
1	大连理工大学出版社	1
2	电子工业出版社	4
3	高等教育出版社	1
4	清华大学出版社	3
5	中国经济出版社	1

	出版社	总数量
1	电子工业出版社	4
2	清华大学出版社	3

图 4-7　分组显示　　　　　图 4-8　带 HAVING 的分组显示

HAVING 子句必须和 GROUP BY 子句配合，且放在 GROUP BY 子句的后面，表示分组的前提条件。要注意 HAVING 子句和 WHERE 子句的区别：区别在于作用对象不同，

WHERE 子句的作用对象是表,是从表中选择出满足筛选条件的记录,而 HAVING 子句的作用对象是组,是从组中选择出满足筛选条件的记录。

4.3　技能训练6：单表查询

4.3.1　训练目的

(1) 掌握 SELECT 语句的基本组成与单表查询方法。
(2) 掌握常用运算符及在表达式中的方法。
(3) 掌握聚合函数的功能与用法。
(4) 掌握将查询结果进行排序和分组的方法。

4.3.2　训练时间

2 课时。

4.3.3　训练内容

1. SELECT 语句的基本用法

(1) 打开查询窗口,并且确认当前数据库是 scoresys,如果数据库不存在或者表不存在或者表中没有记录,请按照前面 3 章的要求建立此数据库,添加相应的表和记录,本次训练仅用到一个表,即课程表 Course。

建议:将建立 scoresys 数据库(包括表及记录)的 SQL 命令做成一个 SQL 脚本文件,存放在自己的邮箱中,每次操作时,只要用 SQL Server 2014 打开这个文件,执行,即可建立数据库,同时实训环境和数据要求也就搭建好了。

(2) 查询 course 表的全部记录。

(3) 查询表 course 中的所有公共基础课,只显示课程名(CourseName)、学分(Credit)、课时(Period)和开课部门(Owner)。

(4) 查询表 course 中的所有专业核心课,要求在表头行显示为课程名、开课部门、课时、学分,而不是字段名(提示:给列定义别名)。

(5) 从表 course 的快捷菜单中,执行"编辑前 200 行",查看结果,验证查询输出并不会影响到表的存储内容。

2. 运算符及表达式的用法

(1) 查询 Course 表中开课部门是"软件学院"或者是"商学院"的课程号(CourseID)、课程名、任课老师(Teacher)、课时数。要求至少用三种方式写出表达式。

(2) 查询 Course 表中,课时在 48 到 64 范围内的课程号、课程名和课时。

(3) 查询 Course 表中,由"软件学院"开设的且学分在 4.0 以上的课程号、课程名、任课老师及学分。

（4）查询 Course 表中，课程名含有"设计"的课程的全部信息。

（5）查询 Course 表中，姓"李"的任课老师的课程号、课程名、老师名、课时。

3. 聚合函数的用法

（1）求 course 表中，"软件学院"开设的课程门数。

（2）求 Course 表的最大课时数。

（3）求 Course 表课程的最小学分。

（4）输出任课老师中的最大值和最小值，并说明为什么是这个结果。

（5）统计第 1 学期（列名是 Term）的总课时、总学分数、平均课时和平均学分。

4. 查询结果的排序与分组

（1）显示 Course 表的所有记录，并按照课时数升序排列。

（2）在 Course 表中，显示学分数小于 5 的所有课程，要求结果先按课时降序排列，如果课时相同，再按学分降序排列（提示：用级联排序）。

（3）在 Course 表中，将所有记录按照课程的开设部门分组显示。

（4）在 Course 表中，查询各个部门的开课总数，但只有课程数超过 2 门的部门才显示出来。

（5）在 Course 表中，查询部门为"软件学院"的各位老师承担的课程数。

5. SQL 命令的保存

将以上各题的所有 SQL 命令全部保存起来，文件名为"ch2.sql"，存储在"库"的"文档"中。

4.3.4 思考题

（1）如何表示姓名（字段为 Teacher）的第 2 个字为"大"？写出表达式。

（2）如果试图求出字符型字段的平均值，系统会出现什么提示？试试看。

（3）如何理解 SELECT 语句中 WHERE 子句和 HAVING 的区别？自己举两个例子试试。

4.4 多表连接查询

在数据查询时，数据的来源经常是数据库中两个或者两个以上的表，系统先按照一定的条件将这些表连接起来，构成一张大表，可以理解为两个表通过列相加、行组合而形成一个虚拟表。要查找的数据全部来源于这个虚拟表。通常情况下，两个表之间有着公共的字段或者通过外键约束来建立关联关系。如果两个表没有任何相同的字段，则可以通过比较类型相同的两个列的值的大小进行查询。

4.4.1 多表连接方法

可以在 SELECT 语句的 WHERE 子句中使用比较运算符给出连接条件对表进行连接，其基本格式为：

表名1.列名1　运算符　表名2.列名2

列名1和列名2两个列必须是可以比较大小的,运算符可以是<、<=、=、>、>=、!=、<>等。当使用"="时,称为等值连接;若在等值连接中去除结果表中相同的字段名,则为自然连接;若有多个连接条件,则为复合条件连接。若一个表与自身进行连接,称为自连接。

在一个SELECT语句中,如果用到两个以上的表,而两个表中有相同的列名,为了区别列的来源,需要用"表名.列名"的形式。还可以为表名设置一个别名,用"FROM 表名　别名"这样的形式,一旦表有了别名,则既可以用别名代替表名,也可以用表名。

两个表连接的方式包括4种方式:左连接、右连接、完全连接、内连接,其格式是:

```
select 列名列表
from 表名1
XXX join 表名2 on 条件
```

下面分别介绍。

1. 左连接 left join

假设有两个表,一个是学生表student,包括3个列:id(学号,主键)、name(姓名)、age(年龄),另一个是成绩表mark,也有3个列:id(课程号,主键)、mark(成绩)、studentid(学号,主键),其中studentid与student表中的id意义相同。

两个表的结构如图4-9所示,它们的记录如图4-10所示。

列名	数据类型	允许 Null 值
id	char(10)	☐
name	varchar(8)	☑
age	int	☑

列名	数据类型	允许 Null 值
id	char(6)	☐
mark	numeric(5, 1)	☑
studentid	char(10)	☐

图4-9　表student(左边)和表mark(右边)的结构

id	name	age
1	小王	16
2	小红	45
4	张明	45
5	小李子	87
6	王强	58

id	mark	studentid
1	61.0	2
2	45.0	2
3	58.0	3

图4-10　表student(左边)和表mark(右边)的记录

两个表各有5条和3条记录。

左连接是把左边的表的记录全部选出来,例如:

```
select s.name,m.mark
from student s
left join mark m on s.id = m.studentid
```

上面语句中定义了student的别名为s,mark表的别名为m,左连接的结果是把左边的表(student)中的记录全部选出,尽管有些人是没成绩的,也选了出来,值为NULL,结果如图4-11(a)所示。

	name	mark
1	小王	NULL
2	小红	61.0
3	小红	45.0
4	张明	NULL
5	小李子	NULL
6	王强	NULL

(a) 左连接

	name	mark
1	小红	61.0
2	小红	45.0
3	NULL	58.0

(b) 右连接

	name	mark
1	小王	NULL
2	小红	61.0
3	小红	45.0
4	张明	NULL
5	小李子	NULL
6	王强	NULL
7	NULL	58.0

(c) 完全连接

	name	mark
1	小红	61.0
2	小红	45.0

(d) 内连接

图 4-11 各种连接方式比较

2. 右连接 right join

右连接就是把右边表的数据全部取出,不管左边的表是否有匹配的数据。例如:

```
select s.name,m.mark
from student s
right join mark m on s.id = m.studentid
```

其结果如图 4-11(b)所示。

3. 完全连接 full join

完全连接就是把左右两个表的数据都取出来,不管是否匹配,例如:

```
select s.name,m.mark
from student s
full join mark m on s.id = m.studentid
```

其结果如图 4-11(c)所示。

4. 内连接 inner join

内连接就是只把符合条件的记录选出来,不符合条件的记录不显示,例如:

```
select s.name,m.mark
from student s
inner join mark m on s.id = m.studentid
```

得到的结果如图 4-11(d)所示。

内连接简称连接,最常见的写法是采用 SELECT … FORM … WHERE …的形式,如上面的命令也可以写成:

```
select s.name,m.mark
from student s,mark m
where s.id = m.studentid
```

这种通用写法最符合 SELECT 语句的格式,也容易理解,应用最广泛,需要重点学习。

4.4.2 多表连接查询

本部分内容全部采用内连接的通用写法。

多表连接查询用到多张表,原则是:表越少越好,能够用一张表查询到数据就不要用两张表。至于要用到哪些表,主要考虑两个因素:①要输出的列来自于几个表;②在查询条件中,要用到哪些表才能写出表达式。

例 4-22　采用等值连接的方法,列出每本已借出的书及其借阅情况的详细信息。

分析:本例要查询书的情况,用 BookInfo 表即可,但要看借阅情况,则要用到 BorrowInfo 表,且这两个表之间有外键约束关系,因此用这两个表即可实现查询要求。

```
SELECT bookinfo.*,borrowinfo.*
FROM bookinfo, borrowinfo
WHERE bookinfo.bookid = borrowinfo.bookid
```

运行结果如图 4-12 所示。

	BookID	BookName	BookType	Writer	Publish	PublishDate	Price	BuyDate	BuyCount	AbleCount	Remark	ReaderID	BookID	Borr
1	978732...	商务...	艺术...	张海	高...	2014-09-...	55.00	2016...	15	14	专...	M01039546	97873...	2015
2	978743...	电子...	经济...	刘红梅	电...	2015-08-...	82.00	2015...	25	24	精...	S02018786	97874...	2014
3	978722...	大数...	计算机	张安平	清...	2015-08-...	82.00	2015...	25	24	精...	S02028217	97872...	2016
4	978732...	数据...	计算机	刘小华	电...	2016-04-...	35.00	2016...	30	29	NULL	S02028217	97873...	2016
5	978730...	Java...	计算机	胡伏湘	电...	2014-02-...	39.00	2014...	30	29	出...	T01010055	97873...	2015
6	978730...	计算...	计算机	胡伏湘	电...	2015-08-...	39.00	2015...	30	29	出...	T01010055	97873...	2016
7	978712...	计算...	计算机	胡伏湘	电...	2015-09-...	36.00	2015...	20	19	NULL	T01011203	97871...	2015
8	978756...	Java...	计算机	胡伏湘	大...	2014-11-...	42.00	2015...	50	49	"...	T03010182	97875...	2015

图 4-12　例 4-21 的查询结果

在这个例题中,WHERE 子句必不可少,因为条件 bookinfo.bookid＝borrowinfo.bookid 说明了是两个表中的同一本书。如果缺少这个子句,得到的结果会多出很多条记录,且有大量重复的记录,这显然是错误的。

从图 4-12 还会发现,两次出现了 BookID 列,这是因为 bookinfo.* 和 borrowinfo.* 导致的,如果只希望出现一次 BookID,则不能全用"*",而要用列名列表的形式写出来,即:

```
SELECT a.*, b.readerid,b.borrowdate,b.deadline,b.returndate
FROM bookinfo a,borrowinfo b
WHERE a.bookid = b.bookid
```

本例中,给 BookInfo 定义了别名 a,给 BorrowInfo 定义了别名 b,命令更加清晰了。

多表连接查询时,经常在列名前面加上表名加以限制,什么时候必须使用"表名.列名"的形式呢?需要遵守以下 5 条原则:

(1) 当单个查询需要引用多个表时,所有列的来源都必须明确。

(2) 在查询所引用的两个或多个表之间,任何重复的列名都必须用表名限定。

(3) 如果某个列名在查询用到的两个或多个表中不重复,则对这一列的引用不必用表名限定。

(4) 如果所有的列都用表名限定,则能提高查询的可读性,也就是加上表名更好。

(5) 如果使用表的别名,则会进一步提高可读性,特别是在表名自身必须由数据库和所有者名称限定时。

例 4-23　查询所有借了书未还的读者的姓名。

```
SELECT readername
FROM readerinfo,borrowinfo
WHERE readerinfo.readerid = borrowinfo.readerid AND returndate IS NULL
```

例 4-24 查找不同出版社但图书名称相同的图书的书号、书名、出版社、价格和购进数量。

分析：若要在一个表中查找具有相同列值的行，则必须在同一个表中进行比较，做法是：将 1 个表做 2 个复本，通过复本之间的比较找到所需数据，这种方式称为自连接。使用自连接时需为表指定两个别名，且对所有列的引用均要用别名限定。

```
SELECT a.bookid, a.bookname, a.publish, a.price, a.buycount, b.bookid, b.bookname, b.publish, b.price, b.buycount
FROM bookinfo a, bookinfo b
WHERE a.bookname = b.bookname AND a.publish <> b.publish
```

例 4-25 查找借阅了《大数据分析与应用》图书且尚未归还的读者的借书证号、姓名、部门。

分析：本题《大数据分析与应用》是一个书名，要用到 bookinfo 表，而读者的借书证号、姓名、部门来源于读者表，要用到 readerinfo 表，而"尚未归还"的信息只有在借阅表中才有记录，因此还必须用到 borrowinfo 表。其代码是：

```
SELECT readerinfo.readerid, readerinfo.readername, readerinfo.Department
FROM bookinfo, borrowinfo, readerinfo
WHERE bookinfo.bookid = borrowinfo.bookid
   AND borrowinfo.readerid = readerinfo.readerid
   AND bookinfo.bookname = '大数据分析与应用'
   AND borrowinfo.returndate is NULL
```

例 4-26 查询去年 11 月借了书还没有归还的读者的借书证号、姓名、所借书名和借书日期。

分析：要查询的信息包括姓名、书籍名和借书日期三个字段，分别来源于 readerinfo、bookinfo、borrowinfo 表。

```
SELECT readerinfo.readerid, readerinfo.readername, readerinfo.bookname, borrowinfo.borrowdate
FROM bookinfo, borrowinfo, readerinfo
WHERE bookinfo.bookid = borrowinfo.bookid
   AND borrowinfo.readerid = readerinfo.readerid
   AND ((month(borrowdate) = 11) and (year(getdate()) - year(borrowdate) = 1))
   AND borrowinfo.returndate is null
```

例 4-27 查询读者"周依依"的借还书记录，包括书名、借阅日期、归还日期。

```
SELECT a.boonname, b.borrowdate, b.returndate
FROM bookinfo a, borrowinfo b, readerinfo c
WHERE a.bookid = b.bookid
   AND b.readerid = c.readerid
   AND c.readername = '周依依'
```

例 4-28 查询《大数据分析与应用》书箱的去向。

```
SELECT c.*
FROM bookinfo a, borrowinfo b, readerinfo c
WHERE a.bookid = b.bookid
```

```
AND b.readerid = c.readerid
AND a.bookname = '大数据分析与应用'
AND b.returndate is null
```

4.5　技能训练 7：多表连接查询

4.5.1　训练目的

（1）了解多表连接的 4 种方法及区别。
（2）掌握利用多表连接查询数据的方法。
（3）掌握自连接数据查询的方法。
（4）掌握将复合条件转换为表达式的方法。

4.5.2　训练时间

2 课时。

4.5.3　训练内容

1. 多表连接的 4 种方法

（1）执行以下命令，建立数据库 MarkManager，并为它建立两个表 student 和 mark，分别表示学生信息和成绩信息。

```
create database MarkManager
go
use MarkManager
go

create table student
( id char(10) primary key,
  name varchar(8),
  age int
)
go

create table mark
( id char(6) not null,
  mark numeric(5,1),
  studentid char(10),
  primary key(id,studentid)
)
go

insert into student values('1','小王',16)
insert into student values('2','小红',45)
```

```
insert into student values('4','张明',45)
insert into student values('5','小李子',87)
insert into student values('6','王强',58)
go

insert into mark values('1',61,'2')
insert into mark values('2',45,'2')
insert into mark values('3',58,'3')
go
```

（2）分析两个表的结构和记录。

（3）执行下面的命令,分析左连接的结果。

① select s. name,m. mark

② from student s

③ left join mark m on s. id＝m. studentid

（4）将上面代码的第3行分别改成:

```
right join mark m on s. id = m. studentid
full join mark m on s. id = m. studentid
inner join mark m on s. id = m. studentid
```

观察以上三种连接方式产生的结果,并进行相互比较,了解左连接、右连接、完全连接与内连接的区别,想想在什么时候使用这些连接方式。

2. 多表连接查询

（1）打开查询窗口,确认当前数据库是 scoresys,如果数据库不存在或者表不存在或者表中没有记录,请按照前面3章的要求建立此数据库,添加相应的表和记录,本次训练要用到全部三个表,即课程表 Course、成绩表 Score 和学生信息表 Student。

（2）采用自连接的方法,在 Student 表中查询比"刘明明"年龄更大的同学。

（3）采用自连接的方法,在 Student 表中查询和"刘明明"同一个学院的同学。

（4）查询成绩在60及以上的同学的学号、课程号、课程名和成绩。

（5）查询有不及格(小于60)记录的学生姓名、课程名和成绩。

（6）查询参加了"大学语文"课程考试了的同学的姓名、考试时间和成绩。

3. 表的别名的用法

以下三个操作,要求所有表名均采用别名。

（1）查询参加了"C++程序设计"课程考试,成绩为优秀(大于90)的同学名单。

（2）查询在"知行楼501"教室参加考试了的所有同学的姓名、班级、手机号码、课程名。

（3）输出"李学才"同学的成绩表,包括课程名、课程类型、学分、课时、任课老师和成绩。

4.5.4 思考题

（1）某一列的值为 NULL,在进行查询时,如果要比较大小,系统是怎么处理 NULL 值的?

（2）有时候命令没错,但执行结果没有记录,这是正常现象吗?

（3）左连接、右连接和完全连接有什么作用？什么时候会用得到？

4.6　子查询

在多个表中查询所需要的信息，还可以用子查询来实现。子查询也是一个 SELECT 查询，它返回单个值且嵌套在 SELECT、INSERT、UPDATE、DELETE 语句或其他子查询中。用子查询实现多表查询结构会更加清晰，更加容易反映查询的思路。

4.6.1　用子查询实现数据查询

原则上，任何允许使用表达式的地方都可以使用子查询。子查询也称为内部查询或内部选择，而包含子查询的语句也称为外部查询或外部选择。一般格式是：

```
SELECT 列名列表
FROM 表名 1
WHERE 列名 1 运算符
  (SELECT 列名 1
    FROM 表名 2
    WHERE 列名 2 运算符
      (SELECT 列名 2
        FROM 表名 3
        WHERE 条件
      )
  )
```

例 4-29　在 libsys 数据库中查找借阅了书号为"9787220976553"的读者情况。用子查询实现，命令是：

```
SELECT *
FROM readerinfo
WHERE readerid in
    (SELECT readerid
    FROM borrowinfo
    WHERE bookid = '9787220976553'
    )
```

其执行过程是：先执行 SELECT readerid FROM borrowinfo WHERE bookid=' 9787220976553'，其结果（称为中间结果）并不显示出来，而是作为 SELECT * FROM readerinfo WHERE readerid＝的条件，最后返回运行结果。

从上面的例题可以发现：

（1）子查询能够将比较复杂的查询分解为几个简单的查询，而且子查询可以嵌套。嵌套查询的过程是：先执行内部检查再执行外部查询。通过执行内部查询，它查询出来的结果并不显示出来，而是传递给外层语句，并作为外层语句的查询条件来使用。

（2）子查询仅用于查询结果列来源于一张表的情况，如果 SELECT 后面的列来源于多张表，则不能采用子查询实现。

（3）子查询是多表查询的特殊情况，并不能替代多表查询。子查询总是可以转换为多

表连接查询,反过来则不一定。例如例 4-28 用多表连接查询表示为:

```
SELECT readerinfo.*
FROM readerinfo, borrowinfo
WHERE readerinfo.readerid = borrowinfo.readerid
    AND borrowinfo.bookid = '9787220976553'
```

思考一下：查询 2015 年 5 月 1 日借过图书的读者的姓名、部门以及书号、是否归还？如何用子查询实现？如何用多表连接实现？

多表连接查询和子查询可能都要涉及两个或多个表,要注意连接与子查询的区别：多表连接可以合并两个或多个表中数据,而带子查询的 SELECT 语句的结果只能来自一个表,子查询的结果是用来作为选择结果数据时进行参照的,它并不需要将表连接起来。

有的查询既可以使用子查询来表达,也可以使用连接表达,具体使用哪一种要根据具体情况和用户习惯而定。通常使用子查询表示时可以将一个复杂的查询分解为一系列的逻辑步骤,条理清晰。

子查询常用的运算符是：关系运算符(特别是＝)、IN 或 NOT IN、BETWEEN AND。

IN 子查询用于判断一个给定值是否出现在子查询结果集中,格式为：

```
表达式  [NOT]  IN (select 语句)
```

当表达式与子查询的结果表中的某个值相等时,IN 谓词返回 TRUE,否则返回 FALSE；若使用了 NOT,则返回的值刚好相反。

例 4-30　使用子查询来查询《数据库应用技术》图书的外借情况。

分析：外借情况指这本书在什么人手上,哪个部门,电话是多少,让用书人联系得上。条件是书名,要用到 bookinfo 表,要输出的是读者情况,需要 readerinfo 表,这两个表通过 borrowinfo 表建立联系,因此本题要用到三个表才能实现。另外,本题还有一个隐藏条件,即借了未还,这是用户需要通过分析而得到的结论。

```
SELECT readername, Department, mobile
FROM readerinfo
WHERE readerid in
    (
     SELECT readerid
    FROM borrowinfo
    WHERE returndate is null and bookid in
      (SELECT bookid
        FROM bookinfo
        WHERE bookname = '数据库应用技术'
      )
    )
```

从上面的两个例题可以看出,子查询中,用于连接内查询与外查询的运算符经常使用 in,表示一个值在一个集合里面是否出现,子查询很少使用＝,这也是子查询与多表连接查询的显著区别。

例 4-31　查找软件学院没借过书的读者情况。

分析：每借一本书,就会在 borrowinfo 表中留下一条记录,也就是说,借过书的人是能够找得到的,可以构成一个集合,不在此集合的读者自然就是没有借过书的人。

```
SELECT readername, readertype
FROM readerinfo
WHERE department = '软件学院' AND readerid NOT IN
 (
    SELECT readerid
    FROM borrowinfo
    )
```

例 4-32　查找借了《Java 程序设计实用教程》图书的读者名单。

```
SELECT readername
FROM readerinfo
WHERE readerid IN
   (SELECT readerid
     FROM borrowinfo
     WHERE bookid IN
        (SELECT bookid
         FROM bookinfo
         WHERE bookname = 'Java 程序设计实用教程'
         )
    )
```

例 4-33　查找没借过《Java 程序设计实用教程》图书的读者名单。

```
SELECT readername
FROM readerinfo
WHERE readerid NOT IN
   (SELECT readerid
     FROM borrowinfo
     WHERE bookid IN
        (SELECT bookid
         FROM bookinfo
         WHERE bookname = 'Java 程序设计实用教程'
         )
    )
```

说明：本例中,NOT 的位置只能在第 3 行命令中。试一下,如果放在最内层的子查询中,会出现什么结果? 是不是正确的?

4.6.2　利用 SQL 命令建立新的表

在 SELECT 语句中,如果在 SELECT 子句之后、FROM 子句之前,加入 INTO 表名,则可以将查询结果作为一个新表存储起来,其中各列的参数与原表相同。

例 4-34　将借阅了《Java 程序设计实用教程》图书的读者号及书名,插入到新表 javareader 中。

```
SELECT borrowinfo.readerid, bookname
INTO javareader
FROM bookinfo, borrowinfo
WHERE bookinfo.bookid = borrowinfo.bookid and bookinfo.bookname = 'Java 程序设计实用教程'
```

这种方式是建立新表或者复制已有表的便捷方法。

4.7 技能训练 8：子查询

4.7.1 训练目的

（1）掌握子查询的使用方法。

（2）掌握子查询与多表连接查询的转换方法。

（3）掌握 SELECT 命令复制表的方法。

4.7.2 训练时间

2 课时。

4.7.3 训练内容

1. 两个表的子查询

（1）确认数据库 scoresys 已经存在，是当前数据库，而且有 3 个表 Course、Student 和 Score，且都有记录，如果不存在，则需要按照第 3 章的内容重新建立。

（2）用子查询方式，输出学习了课程"高等数学一"的学生学号、成绩、考试时间、地点。

（3）用多表连接查询方式实现第（2）步的功能。

（4）用子查询方式，输出在"致用楼 303"考试的课程号、学号、学生姓名、考试时间、成绩。

（5）用多表连接查询方式实现第（3）步的功能。

2. 三个表的子查询

（1）用子查询，输出考试了课程"数据库应用技术"的学生学号、学生姓名、考试时间和考试地点。

（2）用多表连接查询方式实现第（1）步的功能。

（3）用子查询，输出所有课程的考试情况，包括学生姓名、课程名、成绩。

（4）用多表连接查询方式实现第（3）步的功能。

（5）用子查询方式，输出没有考试课程"C++程序设计"的学生的学号、学生姓名、考试时间和考试地点。

（6）用多表连接查询方式实现第（5）步的功能。

3. 用 SELECT 命令复制表

（1）将表 student 复制成表 stu。

（2）将所有考试了课程"计算机应用基础"的同学的学号、姓名、学分、课时、成绩，复制成新表 computerbasicscore。

（3）将"软件学院"的同学的学号、姓名、课程名、成绩，复制一个新表 software。

4.7.4　思考题

（1）有没有这样的情况，多表连接查询可以实现，但子查询不能实现？举例试试。

（2）如果给表定义了别名，还能不能使用原表名？

（3）可不可以同时给表名和列名都设置别名？试试看。

习题 4

一、填空题

1. 表达一个列 age 的范围是 20～40，则应该表示为（   ）20（   ）40，也可以表示为 age＞＝20（   ）age＜＝40。

2. 表示不等于的运算符有（   ）和（   ）两个。

3. 列 sex 为空，写成表达式是（   ）。

4. 如果 x＝5，y＝10，则（x＞y）or（x＊3＞y）的结果是（   ）。

5. 第一个"刘"，后面的字符随意，用通配符表示为（   ）。

6. 模式匹配符包括（   ）和（   ）两个。

7. 如果 a 表和 b 表中都有相同的列 name，a 表的 name 列表示为（   ），b 表的 name 列表示为（   ）。

8. 在 order by 子句中，常用到 ASC 和 DESC 两个关键字，ASC 表示（   ），DESC 表示（   ），默认值是（   ）。

9. 多表连接方式包括左连接、右连接、（   ）和（   ），最常用的连接方式是（   ）。

10. 如果有 GROUP BY 子句，则在 SELECT 后面的列名必须包含在（   ）中，或者包含在（   ）子句中，否则系统拒绝执行。

二、选择题

1. count 函数的功能是（   ）。

    A. 求列数　　　　　B. 求记录数　　　　　C. 求当前记录号　　D. 求记录值

2. 用 max 函数求最大值，对于空值，系统的处理办法是（   ）。

    A. 被认为是最大值　　　　　　　　　B. 被认为是最小值

    C. 被认为是 0　　　　　　　　　　　D. 被自动忽略

3. 以下（   ）类型不能用 sum 函数求和。

    A. date　　　　　　B. money　　　　　　C. decimal　　　　D. bigint

4. 用 order by 子句将检查结果排序时，用于排序依据的列可以是两个，但只有第一个列的值（   ）时，第二个列才能生效。

    A. 相等　　　　　　B. 不相等　　　　　　C. 较大　　　　　　D. 较小

5. 用 min 函数求最小值，不能使用的数据类型是（   ）。

    A. varchar　　　　B. 汉字　　　　　　　C. datetime　　　　D. image

6. 含有通配符的式子"％s％"，表示（   ）。

A. 中间含有 s 的字符串　　　　　　　　B. 前面含有％的字符串

C. 后面含有％的字符串　　　　　　　　D. 字符串％s％

7. 子句 HAVING 只能用于含有(　　)的 SELECT 命令中。

A. WHERE 子句　　　　　　　　　　　B. FROM 子句

C. ORDER BY 子句　　　　　　　　　　D. GROUP BY 子句

8. 多表连接查询的应用范围比子查询更(　　　)。

A. 大　　　　　　　B. 小　　　　　　　C. 一样　　　　　　D. 不好比较

9. 如果在查询语句中,所有列名前面都加上表名限制,则查询速度比不加表名限制

更(　　)。

A. 快　　　　　　　B. 慢　　　　　　　C. 一样　　　　　　D. 不能确定

10. 多表查询时,一般遵循的原则是(　　　)。

A. 表越少越好　　　　　　　　　　　　B. 表越多越好

C. 不能超过 3 个表　　　　　　　　　　D. 不能超过 2 个表

三、简答与操作题

1. 系统提供了哪些聚合函数? 计算时,各个函数对空值的处理方式是怎么样的?

2. SQL Server 提供了几种多表连接方式? 最常用的是哪一种?

3. 要表示成绩(列名为 mark)在 60～100 之间,有哪几种表达式?

4. WHERE 子句和 HAVING 有什么区别?

5. 多表连接查询与子查询有什么区别?

6. 什么时候需要在列名前面加上表名进行约束? 一般原则是什么?

7. 在 libsys 数据库中,要执行以下查询操作,请写出 SQL 命令。

(1) 求表 bookinfo 中,由"电子工业出版社"出版的书有多少本?

(2) 图书馆一共有多少本书可以外借?

(3) 图书馆中最贵的书是哪一本?

(4) 任意增加一条记录。

(5) 输出所有借了书没有归还的人的姓名。

(6) 输出所有借了《计算机应用基础》的人的姓名和部门。

(7) 查询 2016 年 6 月 1 日这天借了书的人的所有信息。

(8) 查询没有借过《数据库原理与应用》这本书的人的姓名、部门、电话。

第5章

建立视图

 主要知识点

- 视图的功能与建立方法；
- 视图的管理方法；
- 利用视图维护表。

学习目标

掌握建立视图、维护视图的方法，能够运用视图对数据库中的数据进行修改和其他处理。

5.1 视图概述

视图 View 是数据库的另一种对象，与表的级别相同，以表的方式显示，有列名和若干行数据。可以说，视图是一个虚拟表，它的数据来源于表（一个或多个表，称为基表），甚至可以是视图，其内容由 SELECT 语句定义。同真实的表一样，视图的作用类似于筛选，通过视图可以将用户所关心的数据显示出来，而不关心的数据不显示，视图的操作方式与表非常相似。

5.1.1 视图的功能

从用户角度来看，一个视图是从一个特定的角度来查看数据库中的数据。从数据库系统内部来看，一个视图是由 SELECT 语句组成的查询定义的虚拟表，从显示形式看，视图就如同一张表一样，对表能够进行的一般操作都可以应用于视图，例如查询、插入、修改、删除操作等。

视图是存储在数据库中用于查询的 SQL 语句，它主要出于两种原因：一种原因是安全原因，视图可以隐藏一些数据，如职工信息表，可以用视图只显示工号和姓名，而不显示身份证号和手机等，另一种原因是可使复杂的查询易于理解和使用。

使用视图有以下 4 个原因。

（1）视点集中：视图相当于提供了一个特定的"窗口"，用户所看到的数据只跟用户的需求有关系，即看到的数据都有自己关心的，多余的数据都不显示。

（2）方便操作：视图可以将几个表的数据集中到一起，对该视图的操作相当于对表操作，操作界面简洁明了。

（3）数据安全。通过视图，用户只能查询和修改他们所能看到的数据，但不能看到其他没有权限的数据或者敏感信息。

（4）定制数据：视图能够实现让不同的用户以不同的方式看到不同或相同的数据集。

5.1.2 视图的分类

视图有两类：用户视图和系统视图，前者是用户建立的，后者由系统自动建立，伴随数据库存在。系统视图中，一种是 INFORMATION_SCHEMA 开头，视图名全部用大写字母表示，表示与系统信息和模式相关，初始记录为空；还有一种全部用小写字母表示，以 sys（系统）开头，记录了当前数据库的数据信息，图 5-1 是系统视图 sys.objects 的记录内容，即所有对象列表。

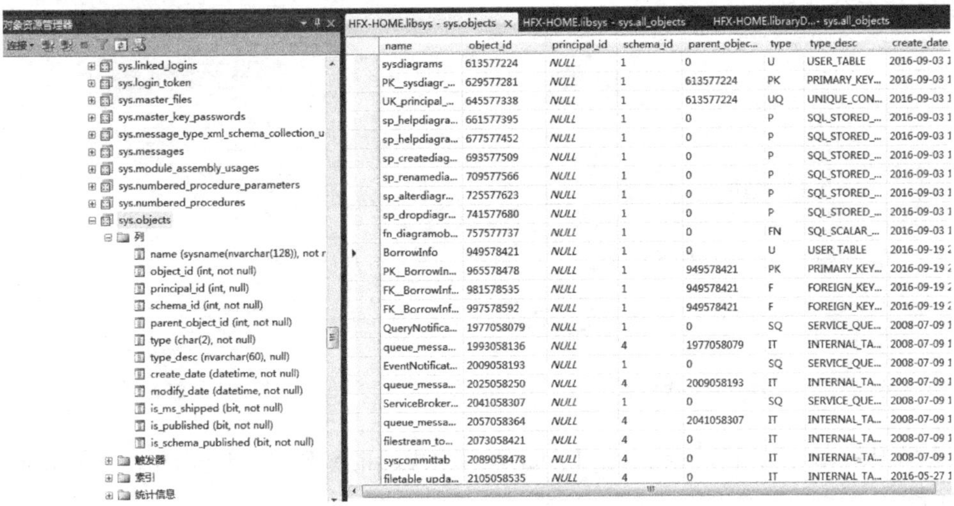

图 5-1 系统视图 sys.objects 的记录内容

从图 5-1 可以看出，系统视图 sys.all_objects 反映的是当前数据库的所有对象，包括对象名（name）、对象编号（object_id）、主编号（principal_id）、模式号（schema_id）、父对象号（parent_object_id）、对象类型（type）、创建日期（create_date）等列。每条记录就是一个对象的相关信息，用户表的类型（type 列）是 U，系统表的类型是 S，主键约束的类型是 PK，外键约束的类型是 FK。

系统视图不可以修改，但可以由 SELECT 语句查询或者编辑前 200 行数据。用户视图不可以修改结构，但可以进行增删改操作，不过会受到一些限制，因为直接影响到表中的数据。

5.2 建立视图

视图的建立方式有两种：SSMS 管理器窗口方式和 SQL 命令方式。本章的例题均以 libsys 数据库为例。

5.2.1　用 SSMS 管理器窗口建立视图

用管理器窗口创建视图主要包括筛选表及字段、输入条件、设置视图名等步骤。

例 5-1　建立视图 V1_BookInfo,功能是存储表 BookInfo 中清华大学出版社出版的图书的书号、书名、类型、作者、出版社、价格、购买数和可借出数。

(1) 添加表。

打开 SSMS 管理器并展开"服务器"→"数据库"→libsys,在"视图"项上右击,执行"新建视图"命令,如图 5-2 所示。选择 bookinfo 表,单击"添加"按钮,然后关闭本窗口。

有时一个视图涉及多个表,则依次选择各个表后,单击"添加"按钮,如果表之间存在外键关系,则系统会以图示方式自动显示它们的关联情况。

(2) 选择需要输出的列。

经过上一步选择表后,系统会自动将表中的所有列显示出来,如图 5-3 所示,粗体表示主键, ＊代表全部列。

图 5-2　选择表

图 5-3　列名列表

选择 BookID、BookName、BookType、Writer、Publish、Price、BuyCount、AbleCount 共 8 个字段。

(3) 设置筛选表达式。

在窗口的下半部分,系统会产生如图 5-4 所示的窗格。

可以设置列名的别名,各个列是否要输出,排序方式等信息。

在 Publish 所在行的"筛选器"文本框中,输出条件: ＝'清华大学出版社'。

列	别名	表	输出	排序类型	排序顺序	筛选器
BookID		bookinfo	☑			
BookName		bookinfo	☑			
Publish		bookinfo	☑			= '清华大学出版社'
Price		bookinfo	☑			

图 5-4　输出筛选条件

从图 5-4 可以看出,用户一边设置,系统会一边显示创建此视图的 SELECT 语句。

```
SELECT  BookID, BookName, BookType, Writer, Publish, Price, BuyCount, AbleCount
FROM  dbo.bookinfo
WHERE  (Publish = '清华大学出版社')
```

（4）保存视图，输入视图名。

单击"保存"按钮，系统弹出窗口，输入视图名 V1_BookInfo，确定。

（5）显示视图的内容。

在代码部分的任意位置右击，选择"执行"，或者在对象资源管理器中，右击视图名 V1_BookInfo，选择"编辑前 200 行"，即可显示视图的数据内容。

从上面的操作过程可以发现，视图的核心命令就是 SELECT 语句，换句话说，就是将SELECT 查询出来的结果保存起来，就是视图。

5.2.2　用命令建立视图

建立视图的命令格式是：

```
CREATE VIEW 视图名
[WITH ENCRYPTION]
AS
    SELECT 语句
[WITH CHECK OPTION]
```

格式说明：

（1）为了保密，可以使用 WITH ENCYPTION 对存放的 CREATE VIEW 的文本加密，ENCYPTION 是加密的意思。但是该选项使用后，创建视图的命令不会再显示了（即使是创建者也没有办法）。

（2）WITH CHECK OPTION 表示对视图进行 UPDATE、INSERT 和 DELETE 操作时，要保证更新、插入或删除的记录满足视图中 SELECT 语句的条件表达式。

（3）SELECT 语句的完整格式：select … from… where…。

例 5-2　建立视图 V2_NoReturnBook，其功能是所有借了书未还的读者的学号、姓名、部门和手机号码。

```
create view V2_NoReturnBook
as
SELECT readinfo.readerid,readername,department,mobile
FROM readerinfo,borrowinfo
WHERE readerinfo.readerid = borrowinfo.readerid AND returndate IS NULL
go
```

例 5-3　建立视图 V3_NoReturnBook，要求对代码加密，其功能是 2016 年 9 月借了书还没有归还的读者的借书证号、姓名、所借书名和借书日期。

分析：要查询的信息包括姓名、书籍名和借书日期三个字段，分别来源于 readerinfo、bookinfo、borrowinfo 表。

```
CREATE VIEW V3_NoReturnBook
WITH ENCRYPTION
AS
SELECT readerinfo.readerid,readerinfo.readername, readerinfo.bookname,borrowinfo.borrowdate
FROM bookinfo,borrowinfo,readerinfo
WHERE bookinfo.bookid = borrowinfo.bookid
```

```
    AND borrowinfo.readerid = readerinfo.readerid
    AND ((month(borrowdate) = 9) and (year(borrowdate) = 2016))
    AND borrowinfo.returndate is null
GO
```

　　视图建立好以后,可以通过视图的快捷菜单"编辑前 200 行"显示其记录,还可以删除视图、重命名视图,显示其属性等操作。

5.2.3　查看视图的代码

　　如果需要查看建立视图的命令,可以从快捷菜单中依次执行"编写视图脚本为"→"CREATE 到"→"新查询编辑器窗口",系统会新开一个窗口显示其代码,并对原来的 SQL 命令进行适当的补充,以变得更加规范。但如果在建立视图时,有 WITH ENCRYPTION 选项(例如例 5-3),则显示脚本时,系统会出现图 5-5 所示的对话框,而拒绝显示对应的 SQL 命令。

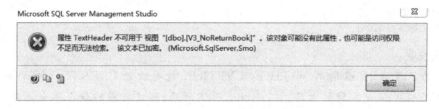

图 5-5　加密的视图无法显示脚本

　　利用系统存储过程 sp_helptext 也可以查看视图代码,格式是:

sp_helptext 视图名

　　例如:sp_helptext V2_NoReturnBook,系统分行显示如图 5-6 所示。

	Text
1	create view V2_NoReturnBook
2	as
3	SELECT readerinfo.readerid, readername, department, mobile
4	FROM readerinfo, borrowinfo
5	WHERE readerinfo.readerid=borrowinfo.readerid AND returndate IS NULL

图 5-6　系统分行显示

　　这些代码可以存储到 CSV 文件或者 TXT 的文本文件中,也可以复制到剪贴板上供以后粘贴用。

5.2.4　删除视图

　　利用 DROP 命令可以删除视图,格式是:

DROP VIEW 视图名 1,视图名 2,…

　　例如:DROP VIEW V2_NoReturnBook

5.3 视图的应用

视图是一个虚拟的表,本身并不存储数据,它的数据来源是表,因此对视图的操作实际上就是对表的操作,利用视图进行增加、删除和修改记录的相关列的值会更加简洁方便,命令的格式与表操作相同,只是将表名改成视图名即可。

5.3.1 通过视图添加表数据

使用 INSERT 语句实现对表增加数据,但有以下 8 个要求:①用户具有向数据表插入数据的权限;②视图只引用表中部分字段,插入数据时只能是明确其应用的字段取值,还要符合建立表的约束,如主键字段和非空字段不能缺少;③未引用的字段应具备以下 4 个条件之一:允许空值、设有默认值、是标识字段、数据类型是 timestamp 或 uniqueidentifer;④视图不能包含多个字段的组合;⑤视图不能包含使用统计函数的结果,即不能有聚合函数;⑥视图不能包含 DISTINCT 或 GROUP BY 子句;⑦定义视图使用 WITH CHECK OPTION,则插入数据时应符合相应条件;⑧若视图引用多个表,一条 INSERT 语句只能使用同一个基表中的数据。

例 5-4 利用例 5-1 所建立的视图 V1_BookInfo(功能是存储表 BookInfo 中清华大学出版社出版的图书的相关信息)向表 BookInfo 添加一条记录。

```
INSERT INTO V1_BookInfo
VALUES('97873344455667788','电子商务基础与应用','经济管理','杨少军','清华大学出版社',100,
20,18)
```

通过上面的命令,系统在视图 V1_BookInfo 中增加了一条记录,打开表 BookInfo,会发现也增加了一条记录,那些没有设置值的列被置为 NULL。

注意:虽然在建立视图的命令中,条件是 Publish='清华大学出版社',但向视图添加记录时,字段 Publish 并不一定要求是"清华大学出版社"。

5.3.2 更新记录中的数据

利用 UPDATE 命令通过视图可以更新基表数据记录,其要求与 INSERT 相同,命令格式与基表修改记录相同。

例 5-5 利用例 5-1 所建立的视图 V1_BookInfo 为表 BookInfo 修改记录,要求将类型(BookType 列)是"经济管理"的书的类型改为"商科类"。

```
UPDATE V1_BookInfo
SET BookType = '商科类'
WHERE BookType = '经济管理'
```

5.3.3 删除记录中的数据

利用 DELETE 命令通过视图可以删除基表中的记录,其要求与 INSERT 相同,命令格式与删除表记录相同。

例 5-6   利用例 5-1 所建立的视图 V1_BookInfo 删除表 BookInfo 的记录,要求删除作者(Writer 列)是"杨少军"的记录。

```
DELETE FROM V1_BookInfo
WHERE Writer = '杨少军'
```

命令执行后,系统提示信息与对表操作都相同,可以说明,对视图的操作表面上在视图中进行,实质上是对表进行的操作。

5.4   技能训练 9:视图的建立与管理

5.4.1   训练目的

(1)了解视图与表的相同点及区别。
(2)掌握建立视图的两种方法。
(3)掌握视图的管理方法。
(4)掌握利用视图对表进行增加、删除和修改记录的方法。

5.4.2   训练时间

2 课时。

5.4.3   训练内容

每执行一个操作,请刷新"视图",观察视图是否已经建立,有哪些列,记录是什么,怎么来的?

1. 使用 SSMS 管理建立视图

(1)确认数据库 scoresys 已经存在,且是当前数据库,而且有 3 个表 Course、Student 和 Score,且都有记录,如果不存在,则需要按照第 3 章的内容重新建立。

建议:将建立 scoresys 数据库(包括表及记录)的 SQL 命令做成一个 SQL 脚本文件,存放在自己的邮箱中,每次操作时,只要用 SQL Server 2014 打开这个文件,执行,即可建立数据库,同时实训环境和数据要求也就部署好了。

(2)用 SSMS 管理器窗口建立视图 View1,功能是显示 Student 表中全部信息。

(3)用 SSMS 管理器窗口建立视图 View2,功能是显示 Student 表中来自"湖南长沙"的学生学号、姓名、班级、电话号码和邮箱。

2. 使用 SQL 命令建立视图

(1)运用 SQL 命令,建立视图 View3,功能是:输出表 course 中的所有公共基础课,只显示课程名(CourseName)、学分(Credit)、课时(Period)和开课部门(Owner)。

(2)运用 SQL 命令,建立视图 View4,功能是:输出表 course 中的专业核心课且学分不低于3的课程的课程号、课程名、所属部门、课时。

（3）运用SQL命令，建立视图View5，功能是：输出表course中的所有课程的全部信息。

3. 视图的管理

（1）用SSMS管理器窗口，查询视图View2的记录内容，然后生成SQL脚本，体会重命名和删除功能的用法。

（2）利用命令显示视图View3的SQL脚本（提示：用系统存储过程sp_helptext）。

（3）利用命令删除视图View4。

4. 利用视图修改表的记录

（1）利用视图View1，将Student表中所有地址为"湖南长沙"的学生的地址改为"湖南省长沙市"。

（2）利用视图View1，向Student表中增加一条记录，内容自定。

（3）利用视图View1，把第（2）步增加的这条记录删除。

（4）利用视图View5，将表course中所有课程的课时数减少8。

5.4.4 思考题

（1）表中某一列为非空约束，而以此为基表的视图中并没有涉及此列，能不能利用这个视图给表增加记录？试试看。

（2）删除视图后，其对应的基表是不是也删除了？试试看。

（3）如果基表对应的视图已经建立，表的记录发生变化，那么视图中的记录是不是也会自动发生改变？试试看。

习题5

一、填空题

1. 视图是一个（   ）表，其数据来源是表，称为基表。

2. 建立视图的命令是（   ），删除视图的命令是（   ）。

3. 视图是（   ）的一个组成成分，它与表的级别（   ）。

4. 建立视图的命令中，核心内容是（   ）语句。

5. 显示视图脚本的系统存储过程是（   ）。

6. 利用视图可以对表进行（   ）、（   ）和（   ）操作。

二、选择题

1. 视图的数据来源可以是（   ）。

    A. 只能是一个表   B. 只能是两个表

    C. 必须是个表   D. 一个或任意多个表

2. 视图的内容显示出来就是（   ）。

    A. 表   B. 数据库   C. 记录   D. 命令

3. 视图的记录数一定(　　)基表中的记录数。

　　A. 大于　　　　　　　　B. 小于　　　　　　　　C. 不大于　　　　　　　　D. 不小于

4. 要删除视图中的记录,命令是(　　)。

　　A. drop　　　　　　　　B. delete　　　　　　　　C. alter　　　　　　　　D. del

5. WITH ENCRYPTION 选项的功能是(　　)。

　　A. 对脚本加密　　　　　　　　　　　　B. 对记录加密

　　C. 设置权限　　　　　　　　　　　　　D. 禁止修改

三、简答与操作题

1. 什么是视图? 创建视图有什么好处?

2. SQL Server 提供了哪几种视图? 有什么区别?

3. 建立视图 Vi1,功能是:在 scoresys 数据库,表示 score 表中成绩(列名为 mark)在 60～100 之间,写出 SQL 命令。

4. 建立视图 Vi2,功能是:在数据库 libsys 中,显示 book 表价格在 50 及以上书的书名、出版社、作者、出版日期,写出 SQL 命令。

5. 如果要删除 libsys 数据库中的视图 V3,你能找到哪几种方式?

6. 建立视图时,如果不想让别人看到脚本,该怎么做?

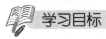

第6章

建立索引

主要知识点

- 索引的功能与类型；
- 视图的建立与管理方法；
- 索引的应用方法。

学习目标

掌握索引的功能与分类，建立和维护索引的方法，能运用索引对数据库中的数据进行快速查询。

6.1 索引概述

视图 Index 是表的对象，它属于表，使用索引可快速访问数据库表中的特定信息，提高检索速度，索引是对数据表中一列或多列的值进行排序的一种结构。

6.1.1 索引的功能

在关系数据库中，一个表的存储由数据页面和索引页面两部分构成，但索引页面很小，主要存储空间分配给了数据页。索引是一种与表有关的数据库结构，它可以使对应于表的 SQL 语句执行得更快。索引的作用相当于图书的目录，可以根据目录中的页码快速找到所需的内容。当表中有大量记录时，若要对表进行查询，第一种搜索方式是查询整个表，将所有记录一一取出，和查询条件一一对比，然后返回满足条件的记录，这样做会消耗大量的系统时间，并频繁访问磁盘；第二种就是在表中建立索引，然后在索引中找到符合查询条件的索引值，最后通过保存在索引中的 ROWID(行号，相当于页码)快速找到表中对应的记录。

索引是一个单独的、物理的数据库结构，它是某个表中一列或若干列值的集合和相应的指向表中物理标识这些值的数据页的逻辑指针清单。

索引提供指向存储在表的指定列中的数据值的指针，然后根据指定的排序顺序对这些指针排序。数据库使用索引的方式与用户使用书籍中的索引的方式很相似：它搜索索引以找到特定值，然后顺指针找到包含该值的行，如图 6-1 所示。

在数据库关系图中，可以在选定表的"索引/键"属性页中创建、编辑或删除每个索引类

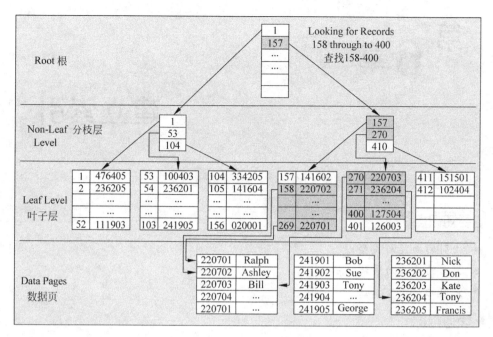

图 6-1　数据索引示意图

型。当保存索引所附加到的表，或保存该表所在的关系图时，索引将保存在数据库中。

使用索引有以下 4 个好处：

（1）大大加快数据的检索速度。

（2）创建唯一性索引，保证数据库表中每一行数据的唯一性。

（3）加速表和表之间的连接。

（4）在使用分组和排序子句进行数据检索时，可以显著减少查询中分组和排序的时间。

创建索引有以下两个缺点：

（1）索引需要占物理空间。

（2）当对表中的数据进行增加、删除和修改的时候，索引也要动态地维护，降低了数据的维护速度。

创建索引时，必须确定要使用哪些列以及要创建的索引类型。

6.1.2　索引的分类

按照存储结构，索引分为普通索引和非聚簇索引，在建立数据库的表时，可以同时建立三类与之配套的索引：聚集索引、唯一性索引、主键索引。

聚集索引是按照数据存放的物理位置为顺序的，能提高多行检索的速度，而非聚集索引则建立专门的索引页和索引文件，对于单行的检索很快。

1．普通索引

这是最基本的索引类型，没有唯一性的限制。可以通过以下三种方式创建：

创建索引：例如 CREATE INDEX　索引名 ON 表名（列名列表）。

修改表：例如 ALTER TABLE 表名 ADD INDEX 索引名（列名列表）。

创建表的时候指定索引：例如 CREATE TABLE 表名（…,INDEX 索引名（列名列表））。

2. 唯一性索引

唯一性索引是不允许其中任何两行具有相同索引值的索引。

当现有数据中存在重复的键值时，大多数数据库不允许将新创建的唯一性索引与表一起保存。数据库还可能防止添加将在表中创建重复键值的新数据。

创建唯一性索引有以下三种方式：

创建索引：例如 CREATE UNIQUE INDEX 索引名 ON 表名（列名列表）。

修改表：例如 ALTER TABLE tablename ADD UNIQUE 表名（列名列表）。

创建表的时候指定索引：例如 CREATE TABLE 表名（［…］, UNIQUE 表名（列名列表））。

3. 主键索引

建立表时，如果指定了主键，系统将自动创建主键索引，主键索引是唯一索引的特定类型。该索引要求主键中的每个值都唯一。当在查询中使用主键索引时，它还允许对数据的快速访问。

4. 聚集索引（也叫聚簇索引）

在聚集索引中，表中行的物理顺序与键值的逻辑（索引）顺序相同。对表的物理数据页中的数据按列排序，然后重新存储在磁盘中，即聚集索引与数据是混在一起的。其存储空间大概是数据空间的120%。聚集索引对于那些经常要搜索范围值的列特别有效，使用聚集索引找到包含第一个值的行后，便可以确保包含后续索引值的行在物理上相邻。

一个表只能包含一个聚集索引。如果某索引不是聚集索引，则表中行的物理顺序与键值的逻辑顺序不匹配，与非聚集索引相比，聚集索引通常提供更快的数据访问速度。

并非所有的表都以相同的方式使用索引。作为通用规则，只有当经常查询索引列中的数据时，才需要在表上创建索引，索引占用磁盘空间，并且降低添加、删除和更新行的速度，但索引对于数据检索的速度优势大大超过它的不足之处。如果应用程序频繁地更新数据或磁盘空间有限，则有必要限制索引的数量。

可以对表中的单列或多列创建索引，多列索引可以区分其中一列可能有相同值的行。如果经常同时搜索两列或多列或按两列或多列排序时，索引也很有帮助。

5. 非聚集索引

具有与表的数据完全分离的结构，使用非聚集索引不用将物理数据页中的数据按列排序，而是存储索引行，每个索引行均包含非聚集索引键值和一个或多个指向包含该值的数据行的行定位器。一个表可以创建多个聚集索引，取决于用户执行的查询要求。

一般情况下，先创建聚集约束，后创建非聚集索引，因为创建聚集索引会改变表中的行的顺序，从而会影响到非聚集索引。

从上可以看出，聚集索引和非聚集索引的区别如下。

聚集索引：一个索引项直接对应实际数据记录的存储页，可"直达"数据页，主键缺省时，可以使用它。索引项的排序和数据行的存储排序完全一致，利用这一点，想修改数据的存储顺序，可以通过改变主键的方法（撤销原有主键，另找也能满足主键要求的一个字段或一组字段，重建主键），一个表只能有一个聚簇索引（因为数据一旦存储，顺序只能有一种）。

非聚簇索引：不能"直达"，可能链式地访问多级页表后，才能定位到数据页，一个表可以有多个非聚簇索引。

6.2　索引的建立

索引的建立和管理方式有两种：SSMS 管理器窗口方式和 SQL 命令方式。本章的例题均以 libsys 数据库为例。

6.2.1　用 SSMS 管理器窗口建立索引

建立索引时，首先需要确定表的索引列。如果表没有主键约束，则可以创建聚集索引，但如果有主键约束，系统禁止创建聚集索引，只能创建非聚集索引，因为系统把主键索引当成聚集索引，而聚集索引只能有唯一的一个。

例 6-1　建立非聚集索引 Index_BookInfo_BookName，功能是对表 BookInfo 按照书名升序索引。

（1）确定表和索引列。

打开 SSMS 管理器并展开"服务器"→"数据库"→libsys→BookInfo→"索引"，在"索引"项上右击鼠标，执行"新建索引"→"非聚集索引"命令，出现如图 6-2 所示的界面。单击"添加"按钮，选择列 BookName，然后返回本窗口。

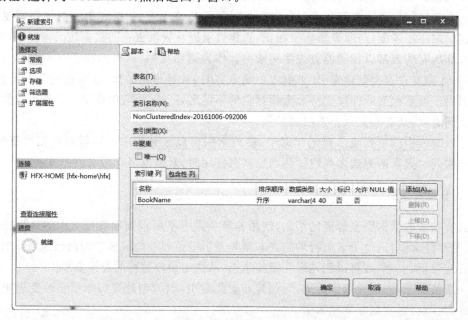

图 6-2　选择表及列

继续单击"添加"按钮,还可以添加次要索引列。

(2) 输入索引名。

在图 6-2 的索引名称处,输入 Index_BookInfo_ BookName,确定,索引就建好了,系统自动标识此索引为不唯一、非聚集,如图 6-3 所示。

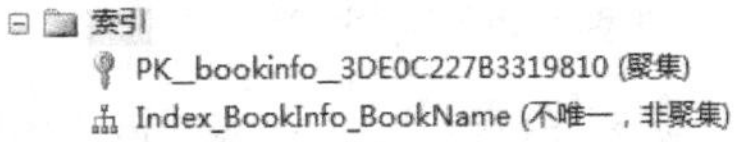

□ 📁 索引
   🔑 PK_bookinfo_3DE0C227B3319810 (聚集)
   🔷 Index_BookInfo_BookName (不唯一,非聚集)

图 6-3 建好的索引

(3) 查看索引。

右击索引名 Index_BookInfo_BookName,选择"属性",可以查看并修改索引的有关参数。

索引一旦创建,执行查询时由数据库管理系统自动启用。再执行与索引列相关的 SELECT 操作,速度将会提高很多。如以下命令:

```
SELECT BookName
FROM bookinfo
WHERE Publish = '清华大学出版社'
```

在索引的快捷菜单中,除了重命名、删除等功能外,还有一个"禁用"项,可以禁用索引,但并不删除索引,用同样的方法可以启用已经禁用的索引。

6.2.2 用命令建立索引

建立索引的命令格式是:

```
CREATE [UNIQUE] [CLUSTERED | NONCLUSTERED]
    INDEX 索引名
    ON 表名 | 视图名(列 [ ASC | DESC ] [,…n])
```

格式说明:

UNIQUE:表示创建一个唯一性索引。

CLUSTERED:指明创建的索引为聚集索引。

NONCLUSTERED:指明创建的索引为非聚集索引。

ASC | DESC:指定特定的索引列的排序方式为升序或降序,默认值是升序(ASC)。

可以使用 CREATE TABLE 或 ALTER TABLE 创建或修改表时创建索引。

例 6-2 对 BookInfo 表建立非聚集索引 Index_BookInfo_Publish,其功能是按照出版社升序排列。

```
CREATE NONCLUSTERED INDEX Index_BookInfo_Publish
ON BookInfo(Publish)
```

如果要创建唯一性的非聚集索引,则命令应为:

```
CREATE UNIQUE NONCLUSTERED INDEX Index_BookInfo_Publish
ON BookInfo(Publish)
```

但在执行此命令时,系统会提示:因为发现对象名称'dbo. bookinfo'和索引名称'Index_BookInfo_Publish'有重复的键,所以 CREATE UNIQUE INDEX 语句终止。重复的键值为(电子工业出版社)。语句已终止。

说明 Publish 列有重复的值时,不能建立唯一性索引,同理,以下命令也不能完成:

```
CREATE CLUSTERED INDEX Index_BookInfo_BookID
ON BookInfo(BookID)
```

系统提示:无法对表'BookInfo'创建多个聚集索引。请在创建新聚集索引前删除现有的聚集索引'PK__bookinfo__3DE0C227B3319810'。

PK__bookinfo__3DE0C227B3319810 是主键约束对应的索引,名称由系统给定。

例 6-3 对 BookInfo 表建立非聚集索引 Index_BookInfo_Publish_Price,功能是先按出版社升序索引,相同出版社的书再按价格降序排列。

```
CREATE NONCLUSTERED INDEX Index_BookInfo_Publish_Price
ON BookInfo(Publish ASC, Price DESC)
GO
```

6.3　索引的管理

索引建立后,可以禁用,也可以启用,还可以进行日常管理和维护工作。

6.3.1　用命令管理索引

1. 查看表中存在哪些索引

用系统存储过程 sp_helpindex 实现,格式是:

```
sp_helpindex 表名
```

例 6-4 sp_helpindex BookInfo

系统显示 BookInfo 表的所有索引,如图 6-4 所示。

	index_name	index_description	index_keys
1	Index_BookInfo_BookID	nonclustered located on PRIMARY	BookID
2	Index_BookInfo_BookName	nonclustered located on PRIMARY	BookName
3	Index_BookInfo_Publish	nonclustered located on PRIMARY	Publish
4	Index_BookInfo_Publish_Price	nonclustered located on PRIMARY	Publish, Price(-)
5	PK__bookinfo__3DE0C227B3319810	clustered, unique, primary key located on PRIMARY	BookID

图 6-4　BookInfo 表的索引列表

2. 重命名索引

用系统存储过程 sp_rename 实现,格式是:

```
sp_rename '表名.索引名','新索引名'
```

例 6-5 将索引 Index_BookInfo_Publish 改名为 Index_BookInfo_Pub。

```
sp_rename 'BookInfo.Index_BookInfo_Publish','Index_BookInfo_Pub'
```

系统提示:注意更改对象名的任一部分都可能会破坏脚本和存储过程。

改名命令中,必须在索引前面加上表名,且引号不可省略。

3. 删除索引

用 DROP 命令实现，格式是：

```
DROP INDEX 表名.索引名[,…]
```

例 6-6 删除表 BookInfo 中的索引 Index_BookInfo_Pub。

```
DROP INDEX bookinfo.Index_BookInfo_Pub
```

说明：可以用一个 DROP 命令同时删除多个索引，且 DROP INDEX 命令不能删除由 CREATE TABLE 或 ALTER TABLE 命令创建的 PRIMARY KEY 或 UNIQUE 约束索引。

6.3.2 索引的维护

用 DBCC SHOWCONTIG 可以显示表中的配置和碎片情况，DBCC 是 Database Console Commands 的缩写，即数据库控制命令。

格式：

```
DBCC SHOWCONTIG(表名,索引名)
```

例 6-7 显示表 BookInfo 的索引 Index_BookInfo_BookID 的相关信息。

```
DBCC SHOWCONTIG (BookInfo,Index_BookInfo_BookID)
```

系统显示如图 6-5 所示的信息：

```
DBCC SHOWCONTIG 正在扫描 'bookinfo' 表…
表：'bookinfo' (277576027)；索引 ID：15，数据库 ID：11
已执行 LEAF 级别的扫描。
- 扫描页数………………………………：1
- 扫描区数………………………………：1
- 区切换次数……………………………：0
- 每个区的平均页数……………………：1.0
- 扫描密度 [最佳计数:实际计数]……：100.00% [1:1]
- 逻辑扫描碎片…………………………：0.00%
- 区扫描碎片……………………………：0.00%
- 每页的平均可用字节数………………：7810.0
- 平均页密度(满)………………………：3.51%
DBCC 执行完毕。如果 DBCC 输出了错误信息，请与系统管理员联系。
```

图 6-5 显示索引的配置信息

在 SQL Server 中，DBCC SHOWCONTIG 不显示数据类型为 ntext、text 和 image 的数据。这是因为 SQL Server 中不再有存储文本和图像数据的文本索引。

6.3.3 重建索引

一旦与索引绑定的表数据有改变，可以利用 DBCC DBINDEX 命令重建索引。格式是：

```
DBCC DBREINDEX(表名,索引名[,填充因子]) [WITH NO_INFOMSGS]
```

填充因子：是创建索引时每个索引页上要用于存储数据的空间百分比，用以替换起始填充因子以作为索引或任何其他重建的非聚集索引（因为已重建聚集索引）的新默认值。如果填充因子为 0，DBCC DBREINDEX 在创建索引时将使用指定的起始值。

WITH NO_INFOMSGS：禁止显示所有信息性消息。

例 6-8　重建 BookInfo 表的 Index_BookInfo_BookID 索引，填充因子设为 80％。

```
DBCC DBREINDEX(BookInfo,Index_BookInfo_BookID,80)
```

系统提示：DBCC 执行完毕。如果 DBCC 输出了错误信息，请与系统管理员联系。如果要重建所有索引，则命令是：

```
DBCC DBREINDEX(BookInfo,'',80)
```

DBCC DBREINDEX 重新生成表的一个索引或为表定义的所有索引。通过允许动态重新生成索引，可以重新生成强制 PRIMARY KEY 或 UNIQUE 约束的索引，而不必删除并重新创建这些约束。DBCC DBREINDEX 可以在一条语句中重新生成表的所有索引，这要比对多条 DROP INDEX 和 CREATE INDEX 语句进行编码更容易。

6.3.4　更新统计信息

利用 UPDATE　STATISTICS 命令可以更新表或索引的统计信息。格式是：

```
UPDATE  STATISTICS 表名 [索引名]
```

例 6-9　更新表 BookInfo 中索引 Index_BookInfo_BookID 的统计信息。

```
UPDATE  STATISTICS BookInfo  Index_BookInfo_BookID
```

如果要更新表 BookInfo 的全部索引的统计信息，则命令是 UPDATE STATISTICS BookInfo。

数据发生改变后，系统本身不会自动更新统计信息，只有执行 UPDATE STATISTICS 语句后，才能得到更新。

6.4　技能训练 10：索引的建立与管理

6.4.1　训练目的

(1) 了解索引的功能与分类。
(2) 掌握建立非聚集索引的两种方法。
(3) 掌握索引的管理方法。
(4) 掌握索引的维护方法。

6.4.2　训练时间

2 课时。

6.4.3　训练内容

每执行一个操作，请刷新"索引"，观察索引是否已经建立，系统给出的类型。

1．使用 SSMS 管理建立索引

（1）确认数据库 scoresys 已经存在，而且是当前数据库，而且有 3 个表 Course、Student 和 Score，且都有记录，如果不存在，则需要按照第 3 章的内容重新建立，或者用脚本文件建立。

（2）用 SSMS 管理器窗口为 Student 表建立非聚集索引 Index_Student_SName，功能是按照姓名字段升序排列。

（3）用 SSMS 管理器窗口为 Student 表建立非聚集索引 Index_Student_Dept_Class，功能是按照所在院部（Dept）字段升序排列，院部相同的再按班级（Class）降序排列。

2．使用 SQL 命令建立索引

（1）运用 SQL 命令，为 Student 表建立非聚集索引 Index_Student_Birthdate，功能是按照出生日期字段（Birthdate）升序排列。

（2）运用 SQL 命令，为 Student 表建立非聚集索引 Index_Student_Sex_Birthdate，功能是先按照性别（Sex）升序索引，性别相同的记录再按照出生日期字段（Birthdate）降序排列。

（3）运用 SQL 命令，查询 Student 表所有记录的出生日期，体会索引的作用。

3．索引的管理

（1）用 SSMS 管理器窗口对 Student 表的非聚集索引 Index_Student_Sex_Birthdate 进行重命名、属性显示和删除操作。

（2）利用命令，查看 Student 表中有哪些索引存在。（用 sp_helpindex 命令）

（3）利用命令将 Student 表中的索引 Index_Student_SName 改名为 Index_Student_ Name。

（4）利用命令将 Student 表中的索引 Index_Student_Name 删除。

4．索引的维护

（1）用命令 DBCC SHOWCONTIG 可以显示 Student 表中的配置和碎片情况。

（2）用命令 DBCC DBREINDEX 重建 Student 表的 Index_Student_Sex_Birthdate 索引，填充因子设为 60%。

（3）利用 UPDATE　STATISTICS 命令可以更新表 Student 的统计信息。

（4）利用 UPDATE　STATISTICS 命令可以更新表 Student 的索引 Index_Student_ Sex_Birthdate 的统计信息。

6.4.4　思考题

（1）表 Student 在建立时，已经有了主键约束，能不能再建立聚集索引？为什么？试试看。

（2）删除索引后，其对应的表是不是也会自动改变？试试看。

（3）如果表的记录发生变化，怎么做才能让索引随之改变？试试看。

习题 6

一、填空题

1. 每个表的聚集索引只能有（　　）个，非聚集索引可以有（　　）个。

2. 如果建表时已经设定了主键约束，则系统会自动创建（　　）索引。

3. 索引属于（　　），它比视图的级别（　　）。

4. 建立聚集索引的命令是（　　），建立聚集索引的命令是（　　）。

5. 显示表中索引情况的命令是（　　），删除索引的命令是（　　）。

6. 索引列有（　　）和（　　）两种排列方式。

7. 重建索引的命令是（　　）。

二、选择题

1. 建立索引的目的是（　　）。

 A. 让数据更加安全   B. 节省存储空间

 C. 提高查询速度   D. 方便操作

2. 聚集索引会影响到（　　）。

 A. 表的存储顺序   B. 表的逻辑顺序

 C. 记录的逻辑顺序   D. 表的名称

3. 查询表中的索引情况，应使用命令（　　）。

 A. sp_helptable   B. sp_helpdb

 C. sp_helptext   D. sp_helpindex

4. 要删除索引，命令是（　　）。

 A. drop   B. delete   C. alter   D. del

5. 以下对象属于数据库的是（　　）。

 A. 索引   B. 键   C. 约束   D. 视图

三、简答与操作题

1. 什么是索引？创建索引有什么用？

2. SQL Server 提供了哪几种索引？有什么区别？

3. 建立非聚集索引 Idx1，功能是：在 scoresys 数据库，让 score 表中成绩（列名为 mark）为降序排列，写出 SQL 命令。

4. 建立非聚集索引 Idx2，功能是：在数据库 libsys 中，使 BookInfo 表的记录先按作者升序排列，相同作者的书名再按出版日期降序排列，写出 SQL 命令。

5. 如果要删除 libsys 数据库 Student 表中的索引 Idx3，你能找到哪几种方式？

6. 在 scoresys 数据库 score 表中有索引 Idx2，如果要生成对应的脚本，该怎么做？

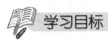

第7章

存储过程

主要知识点

- 存储过程的功能与分类；
- 存储过程的建立与管理方法；
- 存储过程的应用方法。

学习目标

掌握存储过程的功能与分类，建立和维护存储过程的方法，能运用存储过程对数据库进行检索和数据的维护操作。

7.1 存储过程的功能与分类

存储过程(Stored Procedure)简称过程，就是为了完成一定的功能而编写的程序段，由一系列 SQL 语句构成，相当于 C 语言中的函数或者 Java 中的方法，通过过程名调用并执行，它存放在数据库的"可编程性"组件中，属于数据库，与表和视图的级别相同。

7.1.1 存储过程的功能

存储过程是由流程控制和 SQL 语句组成的，允许用户声明变量，可以调用系统函数，经编译后存储在数据库服务器中。存储过程可以接收输入参数，也可以将运行结果带出过程，返回执行存储过程的状态值，还可以嵌套调用。

使用存储过程具有以下 4 个功能：

(1) 减少了网络流量，存储过程执行一次后，其执行规划就驻留在高速缓冲存储器。

(2) 增强了代码的重用性和共享性。

(3) 加快了系统运行速度，因为在服务器端运行。

(4) 使用灵活：带参数调用，利用参数返回，只要修改参数，即可执行不同的操作，而不必重写代码。

7.1.2 存储过程的分类

存储过程分为三类：系统存储过程、用户自定义存储过程和扩展存储过程。

(1) 系统存储过程：在安装 SQL Server 时，系统创建了 200 多个系统存储过程。系统存储过程均以"SP_"开头,如 SP_HELPDB,可以在任何一个数据库中直接执行。前面已经使用过了 SP_HELPDB(显示数据库信息)、SP_HELPTEXT(显示视图的脚本)、SP_HELPINDEX(显示索引),图 7-1 是系统存储过程 sp_helptext 的相关参数。

```
□ □ sys.sp_helptext
  □ □ 参数
      @ @objname (nvarchar(776), 输入, 无默认值)
      @ @columnname (nvarchar(128), 输入, 无默认值)
      ■ 返回 integer
```

图 7-1   系统存储过程 sp_helptext 的相关参数

可以看出,sp_helptext 定义了两个输入参数,都没有定义默认值,执行结果是一个整数。系统存储为用户建立与管理自定义存储过程提供了参照和模板。

(2) 自定义存储过程:也称为本地存储过程,是由用户为完成某一特定功能而编写的存储过程。其名称不能以"sp_"为前缀,它只属于当前数据库。

(3) 扩展存储过程:是对动态链接库(DLL)函数的调用,前缀名是"XP_",使用前需要加载到 SQL 中,才能像普通存储过程那样调用。

按照数据处理的要求,设计自定义存储过程,是本章的主要学习内容。

7.2 存储过程的建立

存储过程的建立和管理主要是通过 SQL 命令完成的。如果采用 SSMS 管理器窗口方式,系统只是提供代码模板供用户修改完善,实际中很少使用。

7.2.1 建立存储过程

建立存储过程前,首先需要确定其功能、要不要在运行时输入参数值,其运行结果要不要输出来,如果需要带出结果,还要设置输出参数。存储过程可以不带参数,也可以带任意多个输入参数,还可以带若干个输出参数,相当于无参函数和有参函数。

建立存储过程的命令格式是:

```
CREATE PROCEDURE 存储过程名
[WITH ENCRYPTION]
[@参数名 类型 [ = 默认值] [OUTPUT]][ , …n ]
AS SQL 语句
```

参数说明:

(1) PROCEDURE 可以简写为 PROC,存储过程名最多 128 个字符,每个存储过程中最多设定 1024 个参数。

(2) WITH ENCRYPTION:将存储过程的代码加密。

(3) @参数名 类型:用于接收指定的实际参数及类型,注意参数前面有@标志,任何时候参数前的@符号都不可省略。

(4) OUTPUT:表示参数是输出参数,若无此项,则参数是输入参数。

(5) SQL 语句:是构造存储过程的 SQL 语句,如果包括多条命令,则可以用"BEGIN

SQL 命令 END"这样的方式。

通常编写存储过程的步骤是：

（1）检查存储过程名是否已经存在，如果存在，则先用 DROP PROCEDURE 命令删除。

判断某个对象（比如存储过程）是否存在的方法有以下两种：

方法1：利用系统函数 OBJECT_ID 判断，OBJECT_ID 的功能是返回对象的标识号（一个整数）。

格式：

```
OBJECT_ID ('对象名' [ ,'对象类型' ])
```

对象类型的代码包括：p-存储过程、TR-触发器、v-视图、s-系统表、u-用户表。

如：判断存储过程 Proc1 是否存在，可以这样写：

```
IF OBJECT_ID ('Proc1','p' ) IS NOT NULL
```

方法2：在系统视图 SYSOBJECTS 中检查 NAME 和 TYPE 的值。

SYSOBJECTS 主要包括3个列：

NAME(SYSNAME)：对象名，如表名，过程名。

ID(INT)：对象 ID，可以通过 OBJECT_ID()函数获取。

TYPE(CHAR(2))：类型（同 OBJECT_ID）。

如：判断存储过程 Proc1 是否存在，可以这样写：

```
IF EXISTS(SELECT NAME FROM SYSOBJECTS WHERE NAME = 'proc1' AND TYPE = 'p')
```

如果确认没有重名的存储过程名，第（1）步可以省略。

（2）编写 SQL 语句。

这是实现存储过程功能的关键内容，编写完成后，单击分析按钮 ✔ 测试命令中有没有语法错误。

（3）补充其他内容，完成存储过程。

按照 CREATE PROCEDURE 命令的语法格式，完成存储过程的编写，单击"执行"按钮。

以下内容以 libsys 数据库为例。

7.2.2　建立无参存储过程

例 7-1　创建存储过程 P1_all，功能是显示 BookInfo 表的清华大学出版社出版的全部图书。

```
USE libsys                      -- 打开 libsys 数据库
GO
/ * 判断是否存在存储过程 P1_all,若存在则删除 * /
IF OBJECT_ID('P1_all','p') IS NOT NULL
DROP PROCEDURE P1_all           -- 删除存储过程
GO
CREATE PROCEDURE P1_all         -- 创建存储过程
AS
```

```
BEGIN
SELECT *
FROM BookInfo
WHERE Publish = '清华大学出版社'
END
```

例 7-2   建立存储过程 P2_THbook,功能是显示清华大学出版社出版的图书的书号、书名、价格、出版日期、外借情况,要求对代码加密。

```
USE libsys
GO
CREATE PROC P2_THbook
WITH ENCRYPTION
AS
BEGIN
   SELECT BookInfo.BookID,BookName,Price,PublishDate,BorrowInfo. *
   FROM BookInfo,BorrowInfo
   WHERE Publish = '清华大学出版社'
   AND BookInfo.BookID = BorrowInfo.BookID
END
```

执行以上代码,即可建立存储过程。

7.2.3   存储过程的调用

调用存储过程产生运行结果,有以下两种方法:

方法 1:如果存储过程名是批处理的第 1 条语句,即选择的语句块中,存储过程名是最前面这条语句,则可以采用以下格式:

存储过程名 [参数值]

例如:P1_all 和 P2_THbook 都没有定义参数,所以运行 P1_all 的命令是:

P1_all

方法 2:如果存储过程名不是批处理的第 1 条语句,则必须采用以下格式:

EXECUTE 存储过程名[参数值]

例如:调用 P2_THbook 的命令是:

EXECUTE P2_THbook

其中 EXECUTE 可以简写为 EXEC。

两种方式中,方法 2 是通用的,即不管存储过程名是不是在批处理的第 1 条语句,都可以执行,而方法 1 虽然简单,但是有条件的。比如下面的代码段不可以执行:

```
USE libsys
P1_all
```

而这样写就没有问题:

```
USE libsys
exec P1_all
```

7.2.4 建立带输入参数的存储过程

存储过程是一个子程序,可以在建立存储过程的代码中设计若干个参数,这种参数名也称为形式参数,而在调用时,给出参数的具体值,称为实际参数。

定义参数时,必须明确是输入参数还是输出参数,参数后面加了 output 关键字的就是输出参数,没加 output 的就是输入参数,带输入参数的存储过程用得更加广泛。

例 7-3 创建存储过程 P3_Writer,功能是显示 BookInfo 表中指定作者编写的全部图书。

分析:指定作者并不知道是谁,必须在运行存储过程时才能知道,所以需要将作者(列名 Writer)设置为输入参数。假设此参数名设为 editor,则其数据类型及长度必须与 BookInfo 表的列名 Writer 的类型和长度匹配。

```
USE libsys
GO
IF EXISTS(SELECT NAME FROM SYSOBJECTS WHERE NAME = 'P3_Writer' and type = 'p')
  DROP PROCEDURE P3_Writer
GO
CREATE PROC P3_Writer
@editor varchar(8)
AS
BEGIN
  SELECT *
  FROM BookInfo
  WHERE Writer = @editor
END
```

如果要查询胡伏湘作者的情况,此过程的调用命令是:

```
exec P3_Writer '胡伏湘'
```

运行结果是显示作者胡伏湘的所有图书,如图 7-2 所示。

	BookID	BookName	BookType	Writer	Publish	PublishDate	Pr
1	9787121270000	计算机网络技术实用教程	计算机	胡伏湘	电子工业出版社	2015-09-01 00:00:00.000	36
2	9787302346913	Java程序设计实用教程	计算机	胡伏湘	清华大学出版社	2014-02-01 00:00:00.000	39
3	9787302395775	计算机网络技术教程	计算机	胡伏湘	清华大学出版社	2015-08-01 00:00:00.000	39
4	9787561188064	Java程序设计基础	计算机	胡伏湘	大连理工大学出版社	2014-11-30 00:00:00.000	42

图 7-2 作者胡伏湘的所有图书

例 7-4 创建存储过程 P4_Writer_Publish,功能是显示 BookInfo 表中指定作者并在指定出版社出版的图书情况。

分析:指定作者和指定出版社都不明确,但调用时会指定,所以设置两个输入参数,一个是表示作者(对应的列名 Writer),另一个是出版社(对应的列名是 Publish)。这两个参数的数据类型及长度必须与 BookInfo 表的列名 Writer 和 Publish 的类型和长度匹配。

```
CREATE PROC P4_Writer_Publish
@editor varchar(8),@press varchar(30)
AS
BEGIN
  SELECT *
  FROM BookInfo
  WHERE Writer = @editor AND Publish = @press
END
```

假如要查询作者刘小华在电子工业出版社出版的图书,则此过程的调用命令是:

```
exec P4_Writer_Publish '刘小华', '电子工业出版社'
```

在使用存储过程时,要注意以下两点:

(1) 定义参数时,形式参数名(如@editor、@press)最好不要与对应的列名完全相同,以免引起混淆,但相同并不会出错。

(2) 调用存储过程时,实际参数要与形式参数的个数相等、类型一致、顺序相同。

例 7-5　创建存储过程 P5_BookName_PublishDate_NOReturn,功能是:查找在指定部门、指定日期、借了指定的书而且没有归还的读者的姓名、部门、应归还日期、联系电话和邮箱。

分析:指定部门(对应的列 Department)、借阅日期(对应的列名 BorrowDate)、图书名(对应的列名 BookName)来源于不同的 3 个表,且都不明确,但在调用时会指定,所以设置 3 个输入参数。

```
CREATE PROC P5_BookName_PublishDate_NOReturn
@bn varchar(40),
@bd date,
@dp varchar(30)
AS
BEGIN
  SELECT ReaderName,Department,Deadline,Mobile,Email
  FROM BookInfo a,BorrowInfo b,ReaderInfo c
  WHERE a.BookName = @bn
    AND b.BorrowDate = @bd
    AND c.Department = @dp
    AND a.BookID = b.BookID
    AND b.ReaderID = c.ReaderID
END
```

如果要查询:商学院会计 1205 班的哪位读者在 2016 年 4 月 6 日借阅了《大数据分析与应用》,还没有归还的相关信息,则调用此存储过程的命令是:

```
USE libsys
GO
EXEC P5_BookName_PublishDate_NOReturn '大数据分析与应用', '2016－04－06','商学院会计1205班'
```

7.2.5　建立带输入和输出参数的存储过程

存储过程可以带输出参数,将运行结果带出存储过程。定义输出参数时,需要在参数后面加上 output 关键字作为标志。

编写存储过程时，经常需要定义变量，以保存中间结果，在 SQL Server 2014 中，定义变量的命令是 DECLARE，其格式是：

DECLARE 变量名 类型(长度)

带输出参数的存储过程在调用时，也需要设计一小段代码，才能将结果保存到指定的变量中，供其他程序使用。

例 7-6 创建一个存储过程 P6_Sex，根据输入的读者姓名，判断此学生的性别，如果是男生，返回"性别为男"，如果是女生，返回"性别为女"，否则返回"性别未知"。

```
1.   USE libsys
2.   GO
3.   CREATE PROCEDURE p6_Sex
4.   @name char(10),@information char(20) output
5.   AS
6.   BEGIN
7.     declare @sex char(2)
8.     set @sex = (select ReaderSex from ReaderInfo Where ReaderName = @name)
9.     if exists(select ReaderSex from ReaderInfo Where ReaderName = @name)
10.      if @sex = '男'
11.        set @information = '性别为男'
12.      else if @sex = '女'
13.        set @information = '性别为女'
14.      else
15.        set @information = '性别未知'
16.    select @information
17. END
```

程序说明：

（1）第 4 行声明了两个参数：@name 是输入参数，@information 是输出参数，用于将运行结果带出存储过程。

（2）第 7 行定义了一个变量@sex，用于保存读者的性别，它不是输入参数，其作用范围局限在本存储过程中，不能在存储过程以外使用，因此不能以输入参数的形式定义。

（3）第 8 行，用 set 命令给@sex 变量赋值。但这个语句有风险，因为如果输入的姓名有重名现象，比如两个读者的姓名相同，则此语句无法执行。解决方案是再写一个存储过程，通过存储过程的嵌套调用，让各个读者的性别分别显示。

（4）第 9 行中，exists 是一个系统函数，格式是：exists(表达式)，返回表达式是否成立的一个逻辑值。

（5）第 16 行，用于输出@information 的值，如果没有本句，则执行存储过程时，并不会显示运行结果，加上这一句，能够让运行结果马上显示出来。

如果要查询读者杨朝阳的性别，则调用方法是：

	无列名
1	性别为男

EXEC p6_Sex '杨朝阳',xxx

图 7-3 查询性别运行结果

运行结果如图 7-3 所示。

事实上，上面命令中的 xxx 没有任何意义，仅仅是为了让实际参数达到两个，与形式参数

的个数相等而已,因此 xxx 可以是任意一个字符串,甚至是常量。比如以下命令也可以执行:

```
EXEC p6_Sex '杨朝阳',9
```

如果要让输出结果保存在变量中,以后还可以调用,则需要编写一段代码,如下这样:

```
DECLARE @result CHAR(20)
EXECUTE p6_sex '杨朝阳',@result OUTPUT
SELECT @result as 性别
```

即通过变量@result 保存了存储过程的运行结果。

7.3　存储过程的管理

存储过程建立后,相当于程序写好了,随时可以调用,还可以进行日常管理和维护工作。

7.3.1　用 SSMS 管理器窗口执行存储过程

右击存储过程名,在快捷菜单中选择"执行存储过程",系统出现对话框,输入参数的值,即可执行存储过程。图 7-4 是执行存储过程 P4_Writer_Publish(由例 7-4 建立)出现的对话框。

图 7-4　P4_Writer_Publish 的参数输入界面

7.3.2　修改存储过程

在 SSMS 管理器窗口中,选择快捷菜单中的"修改"命令,系统打开修改存储过程的代码,用户可以直接修改,然后单击"执行"按钮即可。

以下是 P4_Writer_Publish 的代码:

```
USE [libsys]
GO
/****** Object: StoredProcedure [dbo].[P4_Writer_Publish] Script Date: 2016/10/7 15:24:37 ****** /
SET ANSI_NULLS ON
GO
```

```
SET QUOTED_IDENTIFIER ON
GO
ALTER PROC [dbo].[P4_Writer_Publish]
@editor varchar(8),
@press varchar(30)
AS
BEGIN
   SELECT *
   FROM BookInfo
   WHERE Writer = @editor AND Publish = @press
END
```

第 4 行 SET ANSI_NULLS ON 是设置 ANSI 的空值有效,第 6 行 SET QUOTED_ IDENTIFIER ON 的功能是设置引号标识符有效,它们都是设置系统默认状态的。

可以看出,修改存储过程是用命令 Alter Procedure 实现的,与新建存储过程的格式一样,只是用 Alter 替换了 Create。

用 DROP 命令实现,格式是:

```
DROP PROCEDURE 存储过程名[, …]
```

例 7-7   删除数据库的存储过程 P5_BookName_PublishDate_NOReturn。

```
DROP PROC P5_BookName_PublishDate_NOReturn
```

7.3.3   存储过程脚本的查看

用系统存储过程 sp_helptext 可以显示存储过程的代码。格式是:

```
exec sp_helptext 存储过程名
```

例 7-8   显示数据库的存储过程 P5_BookName_PublishDate_NOReturn 的脚本。

```
exec sp_helptext P5_BookName_PublishDate_NOReturn
```

显示出来的脚本可以复制到剪贴板,也可另存为文件。

7.3.4   存储过程的综合应用

用存储过程可以实现对表中记录的增加、修改和删除操作,它比用 SQL 命令更加简单直观,经常被数据库管理员采用。

例 7-9   创建一个存储过程 P7_Insert_BookInfo,用于向 BookInfo 表插入一条记录。

分析:BookInfo 表中包括 11 个字段:BookID、BookName、BookType、Writer、Publish、PublishDate、Price、BuyDate、BuyCount、AbleCount、Remark,设计存储过程时,需要定义 11 个输入参数与这些列一一对应,类型和长度与它们都相同。

```
CREATE PROC P7_Insert_BookInfo
   @BookID1 char(20),
   @BookName1 varchar(40),
   @BookType1 varchar(20),
```

```
   @Writer1 varchar(8),
   @Publish1 varchar(30),
   @PublishDate1 datetime,
   @Price1 decimal(6,2) = 40 ,
   @BuyDate1 date,
   @BuyCount1 int,
   @AbleCount1 int,
   @Remark1 varchar(100) = NULL
AS
INSERT INTO BookInfo
VALUES(@BookID1, @BookName1, @BookType1, @Writer1, @Publish1, @PublishDate1, @Price1,
@BuyDate1, @BuyCount1,@AbleCount1,@Remark1)
```

上面的代码中，将@Price1 的默认值设为了 40，@Remark1 的默认值设为 NULL。

要插入记录，不必再用系统提供的命令 INSERT 了，只要调用存储过程 P7_Insert_BookInfo，同样也可以实现记录的插入，下面是插入一条记录的命令：

```
EXEC P7_Insert_BookInfo '9787555444333','SQL SERVER 2014 数据库实用教材','计算机','许仙仙',
'中南商贸出版社','2016-05-07',45,'2016-10-07',20,19,'卓越院校系列规划教材'
```

设置了默认值的参数，在调用时，可以用系统变量 default 代替默认值，如：

```
EXEC P7_Insert_BookInfo '9787555444444','SQL SERVER 2014 数据库','计算机','许仙仙', '中南商
贸出版社','2016-05-07',default,'2016-10-07',20,19,default
```

则系统自动将 Price 的值设为默认值 40，将 Remark 列的值设为空 NULL。

例 7-10 创建一个存储过程 P9_Rename，用于修改 BookInfo 表中作者（Writer 列）的姓名。

```
CREATE PROC P8_Rename
   @OldWriter varchar(8),
   @NewWriter varchar(8)
AS
   BEGIN
     UPDATE BookInfo
     SET Writer = @NewWriter
     WHERE Writer = @OldWriter
   END
```

如果要将作者的姓名由"许仙仙"改为"许灿灿"，则可以这样改：

```
EXEC P8_Rename '许仙仙','许灿灿'
```

比用 UPDATE 命令修改要简单，更加好理解。

7.4 技能训练 11：存储过程的建立与调用

7.4.1 训练目的

（1）了解存储过程的功能与分类。

（2）掌握系统存储过程的用法。

（3）掌握无参存储过程、有输入参数存储过程的建立与调用方法。

（4）了解带输出参数存储过程的建立和调用方法。

（5）掌握存储过程的应用方法。

7.4.2 训练时间

3 课时。

7.4.3 训练内容

每建立一个存储过程，请刷新"可编程性"组件下的"存储过程"，观察存储过程是否已经建立好，系统给出的参数名及类型。

1. 系统存储过程的使用

（1）确认数据库 scoresys 已经存在，且是当前数据库，而且有 3 个表 Course、Student 和 Score，且都有记录，如果不存在，则需要按照第 3 章的内容重新建立，或者用脚本文件建立。

（2）依次展开"数据库"→"scoresys"→"可编程性"→"存储过程"→"系统存储过程"，找到 sys.sp_helpdb，查看其参数和返回类型，如图 7-5 所示。

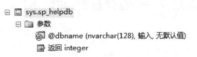

图 7-5 查看参数和返回类型

（3）调用系统存储过程：新建一个查询窗口，输入并执行以下命令：

sp_helpdb scoresys

观察其运行结果，体会系统存储过程的功能和调用方法。

2. 用命令方式建立无参存储过程并调用

（1）建立一个存储过程 Proc1，功能是：显示 Student 表中 1996 年及以后出生的学生的所有信息。

（2）建立一个存储过程 Proc2，功能是：显示 Student 表中软件学院男生的学号、姓名、班级、手机和所在地。

（3）分别用各种方法运行 Proc1 和 Proc2，观察运行结果。

3. 用命令方式建立带输入参数存储过程并调用

（1）建立一个存储过程 Proc3，功能是：输入学生姓名，显示其学号、性别、班级、手机和邮箱。

（2）建立一个存储过程 Proc4，功能是：输入学生姓名和课程名，显示学号、课程号、姓名、班级、考试时间、考试地点和成绩。

（3）分别调用 Proc3 和 Proc4，尝试输入不同值，以显示不同的结果。

4．用命令建立带输入和输出参数的存储过程并调用

（1）建立一个存储过程 Proc5，功能是输入学生姓名和课程名，检查该学生这门课程的成绩，如果＞＝60，显示"成绩合格"，如果＜60，显示"成绩不合格"，如果没有记录，显示"该同学没有参加本课程的考试"。

（2）编写一小段代码，调用 Proc5，观察带输出参数存储过程的调用方法。（参考例 7-6）

5．存储过程的综合应用

（1）建立一个存储过程 Proc6，功能是向 Student 插入一条记录。

（2）建立一个存储过程 Proc7，功能是修改 Score 表中的成绩（Mark 列），即用补考成绩替换原来的成绩。（提示：至少要用到两个输入参数，分别代表学号和课程号）

（3）分别调用 Proc6 和 Proc7，尝试输入不同值，以显示不同的结果。

7.4.4　思考题

（1）观察系统存储过程名和相关参数，你会使用了吗？找一个试试看。

（2）可以把变量变成输入参数吗？编写一个存储过程，观察它们的区别。

（3）试着用 SSMS 管理器建立一个存储过程，并调用它。

习题 7

一、填空题

1．系统存储过程以（　　　）开头，由（　　　）创建。

2．存储过程相当于一个程序，可以不带参数，也可以带（　　　）参数和（　　　）参数。

3．当存储过程是批处理的第（　　　）条语句时，可以直接用存储过程名运行，否则必须在前面加上（　　　）命令，简写为（　　　）。

4．运行存储过程时，实际参数与形式参数必须个数（　　　），类型（　　　），顺序（　　　）。

5．显示存储过程脚本的系统存储过程是（　　　），删除存储过程的命令是（　　　）。

6．存储过程属于（　　　），与表和视图的级别（　　　）。

7．存储过程分为三种：系统存储过程、（　　　）和（　　　）。

二、选择题

1．扩展存储过程以（　　　）开头。

　　A. SP_　　　　　　　　B. XP_　　　　　　　　C. SYS_　　　　　　　　D. SYS.

2．存储过程存放在（　　　）上，可以一次建立，多次执行。

　　A. 服务器　　　　　　B. 客户端　　　　　　C. 表　　　　　　　　　D. 用户机

3．在系统函数 OBJECT_ID 中，用（　　　）表示存储过程的类型。

　　A. S　　　　　　　　　B. U　　　　　　　　　C. P　　　　　　　　　D. Q

4．建立存储过程时，如果在参数后面加上（　　　），则表示是输出参数。

　　A. input　　　　　　　B. output　　　　　　C. display　　　　　　D. select

5. 以下对象属于数据库的是(　　　)。

　　A. 索引　　　　　　　　B. 键　　　　　　　　C. 约束　　　　　　　　D. 存储过程

6. 一个数据库可以带(　　　)个存储过程。

　　A. 1　　　　　　　　　B. 2　　　　　　　　　C. 3　　　　　　　　　D. 多个

三、简答与操作题

1. 什么是存储过程？创建存储过程有什么好处？

2. SQL Server 2014 提供了哪几种存储过程？有什么区别？如何区分？

3. 存储过程提供了哪些类型的参数？如何区别？

4. 如何调用存储过程？有哪些方法？

5. 为 libsys 数据库建立存储过程 Procedure1,功能是：输出所有借了书没有归还的读者编号,写出 SQL 命令。

6. 为 libsys 数据库建立存储过程 Procedure2,功能是：输出所有借了书没有归还的读者编号、读者姓名、图书名、读者部门、手机号码,写出 SQL 命令。

7. 为 libsys 数据库建立存储过程 Procedure3,功能是：根据输入的图书名,输出所有借过此书的读者姓名、读者部门、手机号码,写出 SQL 命令。

8. 为 libsys 数据库建立存储过程 Procedure4,功能是：根据输入的图书名和读者中,查询此读者是否借过这本书,如果借过,输出借阅日期,如果没有借过,输出"此人没借过本书",写出对应的 SQL 命令。

第8章

触发器

主要知识点

- 触发器的功能与分类；
- 触发器的建立与管理方法；
- 触发器的应用方法。

学习目标

掌握触发器的功能与分类，建立和维护触发器的方法，能运用触发器对数据进行完整性检查和数据的维护操作。

8.1 触发器的功能与分类

触发器(Trigger)是用户对某一个表进行插入、更新和删除操作时被触发执行的一段程序，用来检查用户对表的操作是否合乎整个应用系统的需求，是否合乎商业规则，以及维持表内数据的完整性和正确性。

8.1.1 触发器的功能

触发器是表的对象，是由系统自动触发执行的，不要也不能运用命令来执行，它是对表约束(建立表时)的补充。

触发器和存储过程一样，是由一组 SQL 语句写成的程序，触发器是在用户对某一个表进行增加、修改、删除记录时由系统自动触发执行的。

触发器的功能和表内所设置的约束有些重叠，事实上，如果列限制的功能能够达到应用程序的要求，则无须设计触发器，但是，作为约束的补充或者在维护表时，使用触发器会更加方便。

系统为触发器自动创建两个临时表：inserted 和 deleted，由系统自动管理，用户可以查看，但不允许修改，其结构与被触发的表结构相同。触发器工作完成后，与该触发器相关的这两个表也会被自动删除。

使用触发器具有以下三个作用：

(1) 在增加、删除、修改记录前，可以强制检查数据的完整性。

（2）当触发器检查通不过时，对数据的处理会被撤销，恢复成处理前的状态，确保数制的合法性。

（3）对表进行维护操作时，可以利用触发器增加其功能。

8.1.2　触发器的分类

触发器涉及两个动作：一是记录的增删改维护操作，另一个是执行触发器中的代码，按照这两个动作谁先执行谁后执行，可以将触发器分为以下两种。

1. AFTER 触发器

称为之后触发器，即先执行维护操作，然后才检查触发器的语句。AFTER 触发器要求只有执行 INSERT、UPDATE 和 DELETE 中某一操作之后才被触发且只能针对表进行定义，可以针对一个表的同一操作定义多个触发器。

2. INSTEAD OF 触发器

替代触发器，代替触发的语句执行，先检查触发器，没有问题后才对表记录进行维护操作。即当对表进行 INSERT、UPDATE 或 DELETE 操作时，系统不是直接对表执行这些操作，而是把操作内容交给触发器，让触发器检查所进行的操作是否正确，如正确才进行相应的操作。因此，其动作要早于表的维护处理。

两种触发器的比较如下：

AFTER 触发器只能在修改语句执行之后才能执行，如果触发器出现异常或更新操作不满足触发器中定义的规则，则要撤销事务，称为回滚事务（命令是 ROLLBACK TRANSACTION），同一个操作可以定义多个 AFTER 触发器。

INSTEAD OF 触发器可以对表或视图生成，但每个操作只能定义一个 INSTEAD OF 触发器，对于视图，只能一次更新、插入或删除一个基本表数据，INSTEAD OF 触发器能改变这一限制，一旦操作出错，无须撤销事务。

8.1.3　与触发器相关的两个表

触发器除了与数据表相关外，系统还建立了两个临时表：

（1）INSERTED 表：存放由于 INSERT 或 UPDATE 语句的执行而导致要加到该触发器作用的表中去的所有新记录。即保存插入或更新表的新记录，在插入或更新表的同时，也将其副本存入 INSERTED 表中。

（2）DELETED 表：存放由于 DELETE 或 UPDATE 语句的执行而导致要从被该触发器作用的表中删除的记录。

这两个表由系统创建，也由系统管理，只有数据表定义了触发器，而且执行维护操作时，这两个表才会出现，用户不可以修改其内容，但可以查询显示，当数据表的维护操作完成后，这两个表也就自然消失。

执行 INSERT 命令插入记录时，只用到 INSERTED 表，保存插入的新记录；执行 DELETE 命令删除记录时，只用到 DELETED 表，保存被删除的那条记录；当执行

UPDATE 修改记录时，则要用到两个表，相当于删除旧记录，插入新记录。可以看出，两个临时表中，都只保存有一条记录。

8.2　触发器的建立

触发器的建立和管理主要是通过 SQL 命令完成的。如果采用 SSMS 管理器窗口方式，系统只是提供代码模板供用户修改完善，实际中较少使用。

8.2.1　建立触发器

建立触发器之前，首先需要确定触发器对应的表、要触发哪个操作、采用 AFTER 触发器还是 INSTEAD OF 触发器。

建立触发器的命令格式是：

```
CREATE TRIGGER 触发器名
ON 表名
[WITH ENCRYPTION]
FOR | AFTER | INSTEAD OF
 [ INSERT ] [ , ] [ UPDATE ] [ , ] [DELETE]
AS
  [ IF 触发条件 ]
    BEGIN
        SQL 语句
    END
```

参数说明：

（1）CREATE TRIGGER 必须作为批处理的第 1 条语句，才可以执行。

（2）ON 表名：表明了触发的对象是哪个表

（3）WITH ENCRYPTION：将触发器的代码加密。

（4）FOR|AFTER|INSTEAD OF 指明触发器的类型，FOR 与 AFTER 的功能相同。

（5）[INSERT] [,] [UPDATE] [,] [DELETE]：表示执行什么操作时会触发触发器，可以是一个，也可以是两个，也可以是全部三个操作。

（6）IF 触发条件：很多时候，需要设计一个条件，满足条件才会触发触发器，但不是必不可少。

（7）SQL 语句：是构造存储过程的 SQL 语句，如果包括多条命令，则可以用"BEGIN SQL 命令 END"这样的方式。

新建触发器时，最好是先判断此触发器是否已经存在，如果存在，则先删除。方法有两种：一个是利用系统函数 OBJECT_ID，另一个是在系统视图 SYSOBJECTS 中检查 NAME 和 TYPE 的值，触发器的类型代码是 TR，与存储过程名的判断方法相同，参见第 7.2 节。

8.2.2　触发器应用

例 8-1　为 BookInfo 表创建一个触发器 TR1_Del_Book，功能是：如果要删除 BookInfo 表的记录（即某一本书），则需要先检查这本书是否有外借情况，如果有外借，则不可以删除。

分析：在 BookInfo 表中，列 BuyCount 表示买了多少本，AbleCount 表示还有多少本可借,图书上架时,它们的关系是 BuyCount-AbleCount=1,表示留 1 本不外借,判断某本书能不能外借的条件是:BuyCount-AbleCount＞1,因此在触发器中需要定义两个变量 BuyCount1 和 AbleCount1,分别表示当前的 BuyCount 值和 AbleCount 值。

```
1.   USE libsys                          -- 打开 libsys 数据库
2.   GO
3.   /* 判断是否存在触发器 TR1_Del_Book,若存在则删除 */
4.   IF OBJECT_ID('TR1_Del_Book','TR') IS NOT NULL
5.   DROP TRIGGER TR1_Del_Book            -- 删除触发器
6.   GO
7.   CREATE TRIGGER TR1_Del_Book          -- 创建触发器
8.   ON BookInfo
9.   AFTER DELETE
10.  AS
11.    DECLARE @BuyCount1 int
12.    DECLARE @AbleCount1 int
13.    /* 从临时表中检索出被删除记录的 BuyCount 值和 AbleCount 值至变量中 */
14.    SELECT @BuyCount1 = BuyCount FROM DELETED
15.    SELECT @AbleCount1 = AbleCount FROM DELETED
16.    IF @BuyCount1 - @AbleCount1 > 1
17.    BEGIN
18.      RAISERROR('不允许删除这条记录,因为本书还有外借', 16,1)
19.      ROLLBACK TRANSACTION              -- 撤销从表中删除的记录
20.    END
```

程序说明:

(1) 第 14 行和第 15 行是从临时表 DELETED 中取出 BuyCount 和 AbleCount 分别赋给变量@BuyCount1 和@AbleCount1,然后进行运算,不可以省略变量而直接从临时表 DELETED 中对 BuyCount 和 AbleCount 进行运算,即第 14～16 行简写成 IF BuyCount-AbleCount＞1 是不行的。

(2) 第 18 行,是用于显示提示信息的系统函数,也可以写成:SELECT '不允许删除这条记录,因为本书还有外借' 或者 PRINT '不允许删除这条记录,因为本书还有外借' 也是可以的。

触发器的运行:如果记录不违反触发器里的要求,则可以正常删除,但如果违反触发器的条件,则不可以删除。假如有一个记录:BookID= '9787334455667788',BuyCount=20,ABleCount-=18,则删除此记录的命令是:

```
DELETE FROM BookInfo
WHERE BookID = '9787334455667788'
```

当执行删除命令时,系统的提示如图 8-1 所示。

如果直接在 SSMS 管理器窗口中删除这条记录,系统提示如图 8-2 所示。

也就是说,不管采用什么方式删除违反触发器的记录时,系统都会给出提示信息,并禁止删除,因为这本书外借了 1 本。

图 8-2　禁止删除的提示信息

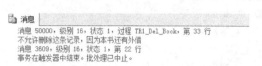

图 8-1　执行删除命令时系统的提示

上面的程序中，用到了一个 RAISERROR 系统函数，功能是产生提示信息并设定错误代码和状态值，格式是：

RAISERROR (提示信息,错误程序代码,状态值)

参数说明：提示信息最多可包含 400 个字符。错误程序代码是用户定义的与消息关联的严重级别，可使用从 0 到 18 之间的严重级别，0 表示正确，18 以上被认为是致命错误，一般为 16。状态值是一个从 1 到 127 的任意整数，表示有关错误调用状态的信息，默认为 1。

例 8-2　为 BookInfo 表创建一个触发器 TR2_Insert_Book，功能是：向 BookInfo 表添加一条记录，如果购买日期（对应的列是 BuyDate）为空，则禁止插入。

```
USE libsys
GO
CREATE TRIGGER TR2_Insert_Book
ON BookInfo
FOR INSERT
AS
  DECLARE @BuyDate1 date
  SELECT @Buydate1 = BuyDate FROM INSERTED
    IF @BuyDate1 IS NULL
    BEGIN
      PRINT '不允许插入这条记录,因为本书没有购买日期'
      ROLLBACK TRANSACTION
  END
```

上面的代码中，FOR 与 AFTER 的功能一样，执行以上代码，即可为 BookInfo 建立触发器，当向表插入记录时，系统会自动检测 BuyDate 的值是否为空（建立表时，这个列是可以为空的），如果为空，则禁止插入。

通过上面两个例题可以发现，在建表时，如果完整性约束没有设计好，采用触发器作为补充，无疑是一种比较理想的办法。

试一试：为表 BookInfo 创建一个触发器 T_Del_Book，功能是：如果图书是近三年出版的新书，则禁止删除。

8.2.3 触发器的综合应用

触发器既可以由一个操作触发,也可以由 INSERT、UPDATE、DELETE 的任意一个动作触发。

例 8-3 为 BookInfo 表创建一个触发器 TR3_Maintain_Book,功能是:给 BookInfo 表添加一条记录或者修改一条启示或者删除一条记录后,系统都会自动显示更新后的全部记录。

```
USE libsys
GO
CREATE TRIGGER TR3_Maintain_Book
ON BookInfo
FOR INSERT,UPDATE,DELETE
AS
 BEGIN
   SELECT *
   FROM BookInfo
   END
```

说明:当必须用 SQL 命令对表进行操作时,才能触发触发器,显示记录内容,如果是在 SSMS 管理器中,用菜单方式插入记录、修改记录或删除记录,则触发器不会执行。

一旦为表建立了触发器,则 INSERTED 表和 DELETED 表也就自动建立了,它们都只有一条记录,可以在触发器中用 SELECT 命令显示出来,但离开触发器,这两个也就自动删除,不会永久存在。

例 8-4 为 BookInfo 表创建一个触发器 TR4_Maintain_Book,功能是:给 BookInfo 表添加一条记录或者修改一条启示或者删除一条记录时,自动显示 INSERTED 表和 DELETED 表的记录内容。

```
USE libsys
GO
CREATE TRIGGER TR4_Maintain_Book
ON BookInfo
FOR INSERT,UPDATE,DELETE
AS
 BEGIN
   SELECT * FROM INSERTED
   SELECT * FROM DELETED
   END
```

例如:删除 BookID= '9787334455667788'的记录,命令是:

```
DELETE FROM BookInfo
WHERE BookID = '9787334455667788'
```

系统显示的结果如图 8-3 所示。

可以看出,在删除记录时,INSERTED 表的记录为空,因为没有插入记录,但 DELETED 表中有一条记录,这条记录就是已经删除的记录。

BookID	BookName	BookType	Writer	Publish	PublishDate	Price	BuyDate	BuyCount	AbleCount	Remark

	BookID	BookName	BookType	Writer	Publish	PublishDate	Price	BuyDate	BuyCount	AbleCount	Remark
1	9787334455667788	hhfdhfgh	fdhgdfhf	fhggfh	fghgfhg	2012-12-12 00:00:00.000	44.00	2013-12-13	20	19	NULL

图 8-3　系统显示的结果

如果修改一条记录,例如把 BookID＝'9787442768891'的记录的书名(BookName 列)的值改为"移动商务应用设计",则命令是:

```
UPDATE BookInfo
SET BookName = '移动商务应用设计'
WHERE BookID = '9787442768891'
```

运行结果如图 8-4 所示。

	BookID	BookName	BookType	Writer	Publish	PublishDate	Price	BuyDate	BuyCount	AbleCount	Remark
1	9787442768891	移动商务应用设计	经济管理	胡海龙	中国经济出版社	2016-05-30 00:00:00.000	38.00	2016-08-20	28	27	NULL

	BookID	BookName	BookType	Writer	Publish	PublishDate	Price	BuyDate	BuyCount	AbleCount	Remark
1	9787442768891	移动商务技术设计	经济管理	胡海龙	中国经济出版社	2016-05-30 00:00:00.000	38.00	2016-08-20	28	27	NULL

图 8-4　运行结果

结果显示:在 INSERTED 表中,显示的内容是新记录,而在 DELETED 表中,显示的是原来的记录。

说明:如果对一个表建立了多个触发器,则各个触发器均会触发执行,是按照触发器建立时的顺序依次执行的。

例 8-5　为 BorrowInfo 表创建一个触发器,功能是插入一条记录时,先要检查该记录的书号在 BookInfo 表中是否存在,且借书证号是否在 ReaderInfo 表中存在,如有一项不成立,则不允许插入。

```
USE libsys
GO
CREATE TRIGGER TR5_Insert_BorrowInfo
ON BorrowInfo
FOR INSERT
AS
IF EXISTS(SELECT *
    FROM inserted a
    WHERE a.BookID NOT IN
      (SELECT b.BookID
      FROM BookInfo b
      )
    OR a.ReaderID NOT IN
      (SELECT c.ReaderID
      FROM ReaderInfo c
      )
    )
BEGIN
    RAISERROR('违背外键约束规则',16,1)
```

```
    ROLLBACK TRANSACTION
END
```

这个例题实际上就是外键约束,不过是用触发器来实现的。可以这样说,如果在建立表结构时,没有来得及定义外键约束,通过触发器也可以完成外键约束的功能。

从上面的 5 个例题不难看出,在使用触发器时,两个临时表 INSERTED 和 DELETED 表起到了非常关键的作用,记录的显示和字段值的读出都必须使用临时表,而不是正式的数据表。

8.2.4　INSTEAD OF 触发器

AFTER 触发器虽然用得非常广泛,但经常要在语句块中加入 ROLLBACK TRANSACTION 以撤销刚刚进行的操作,而 INSTEAD OF 触发器则可以免除这个麻烦,不要嵌入 ROLLBACK TRANSACTION 命令,因为是触发器先执行,然后才执行相应的记录操作。

例 8-6　为 ReaderInfo 表创建一个触发器 TR6_Insert,功能是在插入记录时,必须要保证读者的年龄(对应的列是 age)在 18~50 之间。

```
1.  USE libsys
2.  GO
3.  CREATE TRIGGER TR6_Insert
4.  ON ReaderInfo
5.  INSTEAD OF INSERT
6.  AS
7.  BEGIN
8.  declare @age1 INT
9.  SELECT @age1 = ReaderAGE FROM INSERTED
10. if @age1 < 10 OR @age1 > 50
11. RAISERROR('编者年龄必须在 18 到 50 之间!',16,1)
12. END
```

触发器的运行如下。

向 RedaerInfo 插入一条记录,其年龄是 55,命令如下:

```
INSERT INTO readerinfo
VALUES('T03020999','张龙军','男',58,'财务处', '教师','2013 - 09 - 10','13877889988',
'zhanglongjun@qq.com',NULL)
```

则系统提示如图 8-5 所示。

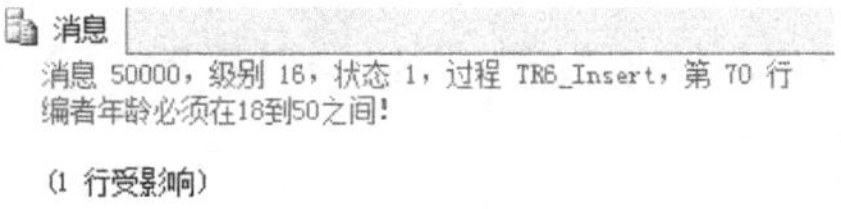

消息 50000, 级别 16, 状态 1, 过程 TR6_Insert, 第 70 行
编者年龄必须在18到50之间!

(1 行受影响)

图 8-5　系统提示

虽然是 1 行受影响,但刷新 RedaerInfo 表可以发现,记录并没有添加进来。也就是说,在执行触发器之前,Insert 命令并没有真正执行,而是被触发器阻止在数据表之外了。

INSTEAD OF 触发器虽然简单,但它的缺陷也很明显,一个表不能带两个及以上这样的触发器,实际使用时并不常用。

8.3　触发器的管理

触发器建立后,相当于给表增加了附带的约束程序,一旦操作发生,即会自动触发触发器中的代码,但可以进行日常管理和维护工作,还可以禁用或者启用触发器。

8.3.1　修改触发器

在 SSMS 管理器窗口中,右击触发器名,选择快捷菜单中的"修改"命令,系统打开修改触发器的代码,用户可以直接修改,然后单击"执行"按钮即可。

以下是 BookInfo 表的 TR1_Del_Book 触发器的代码:

```
USE [libsys]
GO
/ ****** Object: Trigger [dbo].[TR1_Del_Book] Script Date: 2016/10/9 22:31:59 ****** /
SET ANSI_NULLS ON
GO
SET QUOTED_IDENTIFIER ON
GO
ALTER TRIGGER [dbo].[TR1_Del_Book]          -- 创建触发器
ON [dbo].[bookinfo]
AFTER DELETE
AS
DECLARE @BuyCount1 int
DECLARE @AbleCount1 int
/ * 从临时表中检索出被删除记录的 BuyCount 值和 AbleCount 值至变量中 * /
SELECT @BuyCount1 = BuyCount FROM DELETED
SELECT @AbleCount1 = AbleCount FROM DELETED
IF @BuyCount1 - @AbleCount1 > 1
BEGIN
    RAISERROR('不允许删除这条记录,因为本书还有外借', 16,1)
    ROLLBACK TRANSACTION                    -- 撤销从表中删除的记录
END
```

可以看出,修改存储过程是用命令 Alter TRIGGER 实现的,与新建触发器的格式一样,只是用 Alter 替换了 Create。

8.3.2　删除触发器

用 DROP TRIGGER 命令删除触发器,可以同时删除一个或多个触发器,语法如下:

```
DROP TRIGGER 触发器名[ , … n ]
```

例:删除 BookInfo 表的 TR1_Del_Book 触发器,命令是: DROP TRIGGER TR1_Del_Book。

8.3.3　查看触发器

用系统存储过程 sp_helptrigger 可以查看表所带的触发器。格式是:

```
sp_helptrigger '表名'[,'触发器类型']
```

其中触发器类型包括 INSERT、DELETE、UPDATE 三种。

例如：显示 BookInfo 表附带的触发器情况。

```
USE libsys
GO
exec sp_helptrigger BookInfo
```

系统显示如图 8-6 所示。

	trigger_name	trigger_owner	isupdate	isdelete	isinsert	isafter	isinsteadof	trigger_schema
1	TR2_Insert_Book	dbo	0	0	1	1	0	dbo
2	TR3_Maintain_Book	dbo	1	1	1	1	0	dbo
3	TOO_Maintain_Book	dbo	1	1	1	1	0	dbo

图 8-6　系统显示

其中：0 表示否，1 表示是。

例如：显示 BookInfo 表附带的 DELETE 触发器情况，如图 8-7 所示。

```
sp_helptrigger 'bookinfo','delete'
```

	trigger_name	trigger_owner	isupdate	isdelete	isinsert	isafter	isinsteadof	trigger_schema
1	TR3_Maintain_Book	dbo	1	1	1	1	0	dbo
2	TOO_Maintain_Book	dbo	1	1	1	1	0	dbo

图 8-7　DELETE 触发器的情况

8.3.4　触发器的禁用和启用

禁用触发器用 DISABLE TRIGGER 命令实现，格式是：

DISABLE TRIGGER 触发器名|ALL ON 对象名|数据库名|服务器名

例如：下面的命令将禁用 BookInfo 表中的全部触发器。

DISABLE TRIGGER ALL ON BookInfo

启用触发器用 ENABLE TRIGGER 命令实现，格式是：

ENABLE TRIGGER 触发器名|ALL ON 对象名|数据库名|服务器名

例如：下面的命令将启用 BookInfo 表中的触发器 TR2_Insert_Book。

ENABLE TRIGGER TR2_Insert_Book ON BookInfo

8.4　技能训练 12：触发器的建立与使用

8.4.1　训练目的

（1）了解触发器的功能与分类。

（2）掌握触发器的建立和应用方法。

（3）掌握两个临时表 INSERTED 和 DELETED 的功能与用法。

（4）掌握用触发器实现数据完整性约束的方法。

8.4.2　训练时间

3 课时。

8.4.3　训练内容

每建立一个触发器，请刷新表名下的组件"触发器"，确保触发器已经建立好。

1．准备工作

确认数据库 scoresys 已经存在，且是当前数据库，而且有 3 个表 Course、Student 和 Score，且都有记录，如果不存在，则需要按照第 3 章的内容重新建立，或者用脚本文件建立。

2．用命令方式建立 AFTER 触发器并体会其执行过程

（1）建立一个触发器 TR1，功能是：当向 Student 表插入记录时，如果性别（Sex 列）为空，则撤销操作。

（2）建立一个触发器 TR2，功能是：当删除 Student 表中的记录时，如果性别和手机号码（Mobile 列）都不为空，则撤销操作。

（3）为 Student 表增加一个触发器 TR3，当执行插入记录、修改记录、删除记录的任何一个操作时，系统都自动显示全部记录的学号、姓名、性别、班级、手机和邮箱。

（4）试着用命令方式向 Student 表分别插入记录、删除记录、修改记录，观察显示结果，体会触发器的调用情况。

3．用命令方式建立 INSTEAD OF 触发器

（1）为 course 表建立一个 INSTEAD OF 触发器 TR4，功能是：添加记录时，如果学分（Credit 列）超过 10，则显示提示信息，并禁止插入操作。

（2）向 course 表增加一条记录，使 Credit 的值为 15，体会 TR4 的调用过程，并观察记录的变化情况。

4．临时表 INSERTED 和 DELETED 的用法

（1）为 Student 表增加一个触发器 TR5，当执行插入记录、修改记录、删除记录的任何一个操作时，系统都自动显示全部记录情况，同时显示临时表 INSERTED 和 DELETED 的内容。

（2）试着用命令方式向 Student 表分别插入记录、删除记录、修改记录，观察显示结果，体会 INSERTED 和 DELETED 表中的记录情况。

5．管理触发器

（1）右击 Student 表的 TR5 触发器，从快捷菜单中分别执行"修改"、"启用"、"禁用"、

"删除",观察系统提示,体会其功能。

(2) 用命令方式显示 Student 表的所有触发器情况。

(3) 用命令方式禁用和启用 Student 表的所有触发器。

8.4.4　思考题

(1) 一个表中可以有多个 AFTER 触发器后,还可以有 INSTEAD OF 触发器吗? 试试看。

(2) 如果表的结构被修改了,触发器还能起作用吗? 试试看。

(3) 如何让系统显示触发器的脚本?

习题 8

一、填空题

1. 触发器是( )的组成成分,由( )自动触发执行。

2. 一个表只能带一个( )类型的触发器,但可以带多个( )类型的触发器。

3. 能够触发触发器的操作是( )、( )和( )。

4. 触发器可以用于实现数据的( ),相当于设计表时的( )。

5. 表所附带的触发器情况的系统存储过程是( ),删除触发器的命令是( )。

6. 禁用触发器的命令是( ),启用触发器的命令是( )。

7. 设计触发器后,系统会自动建立两个临时表,分别是( )和( )。

二、选择题

1. INSERTED 表与( )操作有关。

　　A. INSERT 和 UPDATE 　　　　　　B. INSERT 和 DELETE

　　C. DELETE 和 UPDATE 　　　　　　D. INSERT、DELETE 和 UPDATE

2. 设计触发器时,AFTER 也可以是( )。

　　A. LATER 　　　　B. WITH 　　　　C. IN 　　　　D. FOR

3. ROLLBACK TRANSACTION 表示撤销事务,用于( )触发器中。

　　A. INSTEAD OF 　　　　　　　　B. AFTER

　　C. INSTEAD OF 和 AFTER 　　　　D. 都不可以

4. 表一旦删除,则( )。

　　A. 触发器也删除了 　　　　　　　B. 存储过程也删除了

　　C. 视频也删除了 　　　　　　　　D. 数据库也删除了

5. 对于因为触发器而建立的临时表,用户可以进行的操作是( )。

　　A. 添加记录 　　　B. 修改记录 　　　C. 删除记录 　　　D. 显示记录

6. 一个表可以带( )个 INSTEAD OF 触发器。

　　A. 1 　　　　　　B. 2 　　　　　　C. 3 　　　　　　D. 多个

三、简答与操作题

1. 什么是触发器? 创建触发器有什么好处?

2．SQL Server 2014 提供了哪几种类型的触发器？有什么区别？

3．触发器可以由哪些操作触发？

4．触发器是怎么调用的？

5．为 scoresys 数据库的 Student 表建立一个触发器 T1，功能是：插入记录时显示全部记录的内容，写出 SQL 命令。

6．为 scoresys 数据库的 Student 建立一个触发器 T2，功能是：执行插入记录、修改记录和删除记录的任何一个操作，都显示学号和姓名，写出 SQL 命令。

7．为 scoresys 数据库的 Student 建立一个触发器 T3，功能是：删除一条记录时，如果此人的性别为“男”，则禁止删除，写出 SQL 命令。

8．为 scoresys 数据库的 Student 建立一个触发器 T4，功能是：修改一条记录时，如果这个学生的家庭住址是“湖南长沙”，则给出提示后撤销操作，写出对应的 SQL 命令。

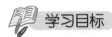

第9章

T-SQL编程

主要知识点

- 变量的定义，常用系统变量和系统函数；
- 运算符与表达式；
- 三种流程控制结构；
- 简单程序的设计。

学习目标

掌握变量的定义和使用方法，掌握常用系统变量和系统函数的功能及用法，掌握顺序结构、选择结构和循环结构的应用方法，能用 T-SQL 语言编写简单的应用程序。

9.1 T-SQL 语法基础

程序是由语句组成的，语句由命令加一些成分组成，这些成分包括标识符、常量、变量、函数、表达式等，前面所学习的 CREATE、SELECT 和系统存储过程都是命令。

9.1.1 标识符

SQL 标识符是由用户定义的 SQL Server 可识别的有特定意义的字符序列，用以表示数据库名、表名、视图名、字段名、用户名、存储过程名、函数名、变量名等。

用户定义标识符时必须遵循以下规则：

（1）标识符的长度为 1~128 个字符。

（2）标识符中使用以下字符：大小写英文字母、汉字、数字、♯、$、@和下画线_，一般以英文字母或者汉字开头，不区分大小写。

（3）标识符不能包含空格，也不能使用 SQL 的关键字。

姓名、Stu_1、MyTbale 都是合法的，但 123plan、Your+5、delete 都是非法的用户标识符。

9.1.2 变量

变量指的是在程序运行过程中值可以发生变化的量，可以用它保存在程序运行过程中的计算结果或者是输入输出结果，使用变量时要注意以下 3 点：

（1）先定义再使用；

（2）定义一个变量时，需使用合法的标识符作为变量名，并指定变量的数据类型；

（3）给变量取名时，一般采用代表变量功能的单词或者汉字，见名知义。

变量可以分为两类：全局变量、局部变量。

1. 系统变量

在 SQL Server 中，全局变量以@@作为前缀，通常被 SQL 服务器用来跟踪服务器范围和特定会话期间的信息，它由系统定义，在任何数据库中均可使用，比较常用的全局变量有以下两个。

@@rowcount：记录前一条 SQL Server 语句处理的记录数。例如执行了一个 SELECT 语句后会得到多条记录，那么这个记录数就由@@rowcount 保存。

例 9-1　查询图书馆是否有《数据结构》这本书，若有，则显示信息"图书馆有这本书！"，否则显示"图书馆没有这本书！"。

分析：语句执行后，检查变量@@rowcount 的值是否为 0，若不为 0，表示存在相应记录，若为 0，则表示没有找到记录。

```
USE libsys
GO
SELECT bookname,publish
FROM bookinfo
WHERE bookname = '数据结构'
IF @@rowcount <> 0
   PRINT '图书馆有这本书!'
ELSE print '图书馆没有这本书!'
```

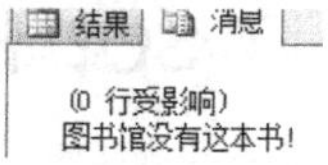

运行后，在结果窗口的消息标签上显示如图 9-1 所示的结果。

图 9-1　例 9-1 运行结果

@@error：表示错误代码，每条 T-SQL 语句执行后，服务器会赋值给这个变量一个整型值：0 表示没有错误，其他整数都表示语句执行失败，系统给出一个错误代码和级别。

例 9-2　执行错误的语句，显示@@error 的值。

```
SELECT name,publish                    -- 列 name 不存在
FROM bookinfo
WHERE bookname = '数据结构'
PRINT @@error
```

系统提示：消息 207，级别 16，状态 1，第 1 行，列名 'name' 无效。

如果第 1 行改为：SELECT bookname,publish，则运行结果是： 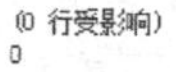　，表示@@error 的值为 0，即没有错误。

2. 局部变量

局部变量一般用在批处理、存储过程和触发器中，其作用范围仅局限于程序内部，在外部不能够使用。局部变量必须先声明后引用，被引用时要加上标志@。

局部变量用命令 DECLARE 声明,格式是:

DECLARE @变量名 数据类型[,…]

在一条语句中,可以同时声明几个变量,彼此间需要用逗号分隔。

如:

declare　x int, y int

局部变量被声明后,通过 SET 来赋值。格式是:

SET @变量名 = 表达式

参数说明:局部变量在没有赋值前,其值为 NULL,一个 SET 语句只能给一个变量赋值。

例 9-3　按要求编写程序。先定义了一个 INT 型 @NUM 变量,CHAR 类型 @CNUM 变量,然后都赋值 2016,最后使用 PRINT 语句将这两个变量的值输出。

```
DECLARE @NUM INT, @CNUM CHAR(10)
SET @NUM = 2016
SET @CNUM = '2016'
PRINT @NUM
PRINT @CNUM
```

虽然执行的结果都是 2016,但类型不同,@NUM 是整数,而 @CNUM 是字符串。

局部变量可以通过 select 输出,也可以通过查询语句给变量赋值,还可以在语句中使用 set 给局部变量赋值。

例 9-4　局部变量通过 select 输出。

```
declare @sentence char(50)
select @sentence = 'This is Microsoft SQL Server 2016'
select @sentence
go
```

系统显示:This is Microsoft SQL Server 2016。如果定义 @sentence 时,长度太小,会有一部分字符被截掉,只显示一部分字符。下面的例子是将 SELECT 的结果赋给变量 @row。

```
declare @rows int
set @rows = (select count( * ) from bookinfo)
print @rows
```

例 9-5　在 select 语句中使用由 set 赋值的局部变量,输出书名前两个字符是“数据”的图书名、作者、出版社。

```
declare @first2char char(2)
set @first2char = '数据'
select bookname + ' ' + writer + ' ' + publish as 书名_作者_出版社,@first2char as 书名前 2 个字符
from bookinfo
where substring(bookname,1,2) = @first2char
```

运行结果如图 9-2 所示。

	书名_作者_出版社			书名前2个字符
1	数据库应用技术	刘小华	电子工业出版社	数据

图 9-2　例 9-5 运行结果

9.1.3　数学运算符

数学运算符用于数值型字段和变量之间的数学运算,包括+、-、*、/、%五个,其中%是取模的意思,m%n 的结果是:从 m 中不停地减去 n,直到不大于 n 的最大正数。

如:10 % 3 的结果是 1,15 % 3 的结果为 0。

再如:今天是星期一,求 10 天后是星期几,则可以表示为 10 % 7,结果是 3,即星期四。

9.1.4　字符串连接运算符

通过字符串连接运算符"+"可以实现多个字符串的连接,形成一个长字符串。

例 9-6　查看 2012 年出版的图书名和作者,要求两者要作为一列结果输出。

```
USE libsys
GO
SELECT (bookname + SPACE(4) + ' -- ' + SPACE(4) + Writer ) AS 书名及作者
FROM bookinfo
WHERE YEAR(publishdate) = '2012'
```

运行结果如图 9-3 所示。

本题中 space 是个系统函数,space(n)表示产生 n 个空格。

	书名及作者
1	3D动画设计　--　刘东

图 9-3　例 9-6 运行结果

9.2　系统函数

系统函数是在安装时就已经由系统定义好了的函数,无论在什么数据库中都可以直接使用。SQL Server 包括大量的系统函数,但常用的并不多,本节主要学习与数据库和表相关的一些系统函数。

9.2.1　CASE 函数

CASE 通常是用作多种情况选择分支的流程控制语句。有简单 CASE 函数和搜索式 CASE 函数两种表达方式。

1. 简单 CASE 函数

```
CASE 表达式
    WHEN 值 1 THEN 结果表达式 1
    [ … n]
    [ELSE 否则结果表达式]
END
```

执行过程：将输入表达式与当前表达式逐个比较，若相等，则返回"结果表达式"，若都不相等，则返回"否则结果表达式"。如果缺省 ELSE 部分，则表示若都不相等，则什么都不用做。

例 9-7 在 libsys 数据库的表 BookInfo 中，根据 Type 的值，判断书的类型，并输出相应的信息。

```
USE libsys
GO
SELECT BookName AS 图书名,Publish as 出版社,图书类型 =
    CASE BOOKTYPE
        WHEN '计算机' THEN '适用于软件学院各专业'
        WHEN '经济管理' THEN '适用于商学院所有专业'
        WHEN '艺术设计' THEN '适用于艺术学院各专业'
        ELSE '图书类型不明'
    END
FROM BookInfo
```

运行结果如图 9-4 所示。

2. 搜索式 CASE 函数

格式是：

```
CASE
    WHEN 条件 THEN 结果表达式
    [ … n]
    [ELSE 否则结果表达式]
END
```

	图书名	出版社	图书类型
1	计算机网络技术实用教程	电子工业出版社	适用于软件学院各专业
2	大数据分析与应用	清华大学出版社	适用于软件学院各专业
3	Java程序设计实用教程	清华大学出版社	适用于软件学院各专业
4	计算机网络技术教程	清华大学出版社	适用于软件学院各专业
5	商务网页设计与艺术	高等教育出版社	适用于艺术学院各专业
6	数据库应用技术	电子工业出版社	适用于软件学院各专业
7	电子商务基础与实务	电子工业出版社	适用于商学院所有专业
8	移动商务技术设计	中国经济出版社	适用于商学院所有专业
9	SQL SERVER 2014 数据库	中南商贸出版社	适用于软件学院各专业
10	Java程序设计基础	大连理工大学出版社	适用于软件学院各专业
11	3D动画设计	电子工业出版社	适用于艺术学院各专业

图 9-4 例 9-7 的运行结果

执行过程：若条件表达式成立，则返回"结果表达式"，否则判断下一个条件表达式，如果所有条件表达式均不成立，则返回"否则结果表达式"。

例 9-8 在 libsys 数据库的表 BookInfo 中，根据 Price 的值，判断书的价格属于什么级别，并输出相应的信息。

```
SELECT BookName,Publish,Price,
    CASE
        WHEN Price >= 50 THEN '价格偏贵'
        WHEN Price >= 45 AND Price < 50 THEN '价格稍贵'
        WHEN Price >= 40 AND Price < 45 THEN '价格适中'
        WHEN Price >= 35 AND Price < 40 THEN '价格偏低'
        ELSE '价格便宜'
    END AS '价格情况'
FROM BookInfo
```

运行结果如图 9-5 所示。

CASE 函数结构清晰、整齐，容易阅读，被经常采用，但 CASE 语句也可以改写成 IF 语句的嵌套形式，具体使用哪一种方式，程序员可以自己决定。

	BookName	Publish	Price	价格情况
1	计算机网络技术实用教程	电子工业出版社	36.00	价格偏低
2	大数据分析与应用	清华大学出版社	82.00	价格偏贵
3	Java程序设计实用教程	清华大学出版社	39.00	价格偏低
4	计算机网络技术教程	清华大学出版社	39.00	价格偏低
5	商务网页设计与艺术	高等教育出版社	55.00	价格偏贵
6	数据库应用技术	电子工业出版社	35.00	价格偏低
7	电子商务基础与实务	电子工业出版社	82.00	价格偏贵
8	移动商务技术设计	中国经济出版社	38.00	价格偏低
9	SQL SERVER 2014 数据库	中南商贸出版社	35.00	价格偏低
10	Java程序设计基础	大连理工大学出版社	42.00	价格适中
11	3D动画设计	电子工业出版社	42.00	价格适中

图 9-5　例 9-8 的运行结果

9.2.2　NULL 值处理函数

NULL 值是比较特殊的一种情况,作为列的值出现有时是必要的,但是在统计数据时会带来一些麻烦。例如成绩管理系统 socresys 中有些学生是因为缺考或者舞弊,成绩按 0 分处理,那么使用 AVG 函数计算平均成绩时就应将这样的成绩排除在外才合乎常理。在 SQL Server 中有 3 个函数可以用来协助处理 NULL 值问题。

1. NULLIF 函数

格式:

NULLIF(表达式 1,表达式 2)

功能:如果两个表达式相等,则返回空值。如果两个表达式不相等,返回表达式 1 的值。

说明:表达式可以是常量、列名、函数、子查询或算术运算符以及字符串运算符的任意组合。

例 9-9　求清华大学出版社出版的图书的平均价格,但当价格为 0 或者为空时,不参与运算。

```
SELECT AVG(NULLIF(Price,0)) AS '平均价格'
FROM BookInfo
WHERE publish = '清华大学出版社'
```

2. ISNULL 函数

格式:

ISNULL(表达式,替换值)

功能:使用指定的值替换空值。

说明:表达式是将被检查是否为 NULL 的表达式,可以是任何类型。

例 9-10　对于 BookInfo 表,对编者为空的图书,显示为"编者不详"。

```
SELECT BookName AS 书名,ISNULL(Writer,'编者不详') AS '编者'
FROM BookInfo
```

3. COALESCE 函数

格式：

COALESCE(表达式1,表达式2[,…n])

功能：返回参数列表中第一个非空表达式。

说明：表达式列表中至少需要有2个表达式。

例 9-11 对于 ReaderInfo 表,输出联系方式,如果电话(Mobile 列)不为空则显示电话,如果电话为空,则显示 Email。

```
SELECT ReadName AS 读者姓名, COALESCE(Mobile,Email) AS 联系方式
FROM Readerinfo
```

9.2.3 系统信息函数

用于获得当前系统的有关信息,例如以什么样的方式登录到服务器上的,在数据库的用户名和拥有的权限等。主要包括：

APP_NAME()：返回当前的应用程序名称。

HOST_ID()：返回主机标识号,返回类型 char(8)。

HOST_NAME()：返回主机名,返回类型 vchar。

USER_NAME([user_id])：返回给定标识号的数据库用户名,返回类型 nvarchar(256)。

例如输出系统信息,命令是：

```
select app_name() as 应用程序名,host_id() 主机标识号,host_name() 主机名,user_name() 用户名
```

运行结果如图 9-6 所示。

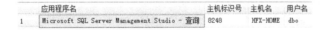

	应用程序名	主机标识号	主机名	用户名
1	Microsoft SQL Server Management Studio - 查询	8248	HFX-HOME	dbo

图 9-6 系统信息函数运行结果

9.2.4 DATENAME 日期函数

DATENAME 函数用来操作 datetime 和 smalldatetime 类型的数据,执行数学运算。

例 9-12 使用 DATENAME 函数输出图书出版的那天是星期几。

```
SELECT BookName as 书名, DATENAME(weekday,PublishDate)   AS 这天是
FROM BookInfo
```

Year 参数还可以改成：year(年份)、q(季度)、month(月份)、week(周)、day(日)。

9.2.5 字符串处理函数

字符串函数用于对字符串进行处理,例如求长度、位置、子字符串、类型转换等。

1. LEN 求字符串长度

格式：

LEN(字符串表达式)

参数说明：该函数以字符形式返回一个字符串的长度，计算长度时会去掉尾随空格。输入参数是任何形式的字符串表达式。

PRINT LEN('这里使用的是 SQL Server 2014   ')

显示结果是 22，说明尾部空格被忽略掉了，而且每个汉字的长度也是 1。

2. 取子字符串函数

包括有 3 个函数：

LEFT(字符串表达式,n)：求左边 n 个字符。

RIGHT(字符串表达式,n)：求右边 n 个字符。

SUBSTRING(字符串表达式,n,m)：从字符串的开始位置第 n 个字符起，连续取出 m 个字符，m 可以缺省，表示取到尾部。

```
DECLARE @ch VARCHAR(30)
SET @ch = '这里使用的是 SQL Server 2014'
SELECT LEFT(@ch,3), RIGHT(@ch,6), SUBSTRING(@ch,3,10)
```

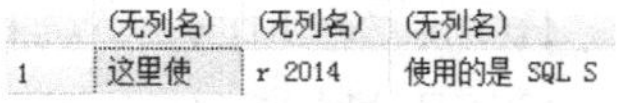

(无列名)	(无列名)	(无列名)
1	这里使	r 2014	使用的是 SQL S

图 9-7　例 9-12 运行结果

运行结果如图 9-7 所示。

3. CHARINDEX 求字符所在位置

CHARINDEX(字符表达式 1,字符表达式 2[,n])

参数说明：函数返回字符串 1 第一次在字符串 2 中出现的位置，结果是一个整数，可选参数 n 用于指定搜索的开始位置，如果不存在，则返回 0。

```
DECLARE @c1 VARCHAR(40),@c2 VARCHAR(10), @i INT
SET @c1 = 'SQL Server is a DATABASE system.'
SET @c2 = 'Server'
SET @i = CHARINDEX(@c2,@c1)
PRINT @i
```

结果是 5。

4. 字符串转换函数

LTRIM(字符串表达式)：将字符串左边的空格压缩掉。

RTRIM(字符串表达式)：将字符串右边的空格压缩掉。

CHAR(n)：求整数 n 对应的 ASCII 字符。

ASCII(字符串表达式)：求字符相对应的 ASCII 值(一个整数)。

例：

```
SELECT CHAR(80),ASCII('k')
```

输出结果如图 9-8 所示。

图 9-8　字符串转换函数运行结果

9.2.6　数值处理函数

数据处理函数用于对数值型数据进行处理,整数型、数字型、货币型数据均可使用。

1. ROUND 四舍五入函数

格式:

```
ROUND(数值表达式,n)
```

例:

```
SELECT ROUND(24.5654,3)
```

运行结果是 24.5650,3 代表的是小数位数。

2. POWER 指数函数

格式:

```
POWER(n,m)
```

功能:求 n 的 m 次方。

例:

```
SELECT POWER(4.00,3)
```

运行结果是 64.00。

9.3　流程控制语句

程序由多条语句构成,任何复杂的程序,都只有三种结构:顺序结构、选择结构和循环结构,在数据库中如此,用其他程序设计语言编程也是如此,程序是按照一定的顺序来执行的,控制程序执行顺序的语句称为流程控制语句。

9.3.1　顺序结构

顺序结构是最常用的结构,按照语句的先后顺序依次执行,无须使用专门的控制语句。有时候,为了区分不同的语句块,可以采用复合语句的形式,即用 begin…end 括起来,使层次更加清晰。其格式是:

```
BEGIN
    SQL 语句 1
    SQL 语句 2
    …
END
```

BEGIN…END 可以嵌套使用,顺序结构是选择结构和循环结构的基础,前面几章编写的小程序大多是顺序结构。

9.3.2　选择结构

选择结构表示有不同的路径,但需要根据一个条件来判断执行哪条路径,因此,必须含有 IF 语句,用以确定执行的路线。IF 语句的格式有两种格式:

格式 1:

```
IF 条件
    SQL 语句
```

功能是:条件成立时,执行 SQL 语句,条件不成立时,什么都不执行。

格式 2:

```
IF 条件
    SQL 语句 1
ELSE
    SQL 语句 2
```

功能是:条件成立时,执行 SQL 语句 1,条件不成立时,执行 SQL 语句 2。SQL 语句 1 和 SQL 语句 2 都可以是多条语句,建议用复合语句的形式表示。

IF…ELSE 语句可以嵌套,即 ELSE 后面的 SQL 语句又可以是 IF 语句。IF 语句嵌套后,需要注意嵌套的层次以及 IF 与哪一个 ELSE 配对的问题。

例如:将成绩转变为等级,对应的 IF 语句是:

```
if 成绩>= 90
    等级 = '优秀'
    else if 成绩>= 80
            等级 = '良好'
          else if 成绩>= 60
                  等级 = '及格'
                else
                  begin
                      等级 = '不及格'
                      select 等级
                  end
```

在 SQL Server 中,ELSE 总是与最近的 IF 语句配对。

例 9-13　编写程序完成如下功能:在 libsys 数据库中,查看 BookInfo 表中有无"刘建军"编写的书,有则将这个书的全部信息输出,否则输出提示用户没有找到的信息。

```
1.  USE libsys
2.  GO
3.  IF EXISTS(SELECT * FROM BookInfo WHERE Writer = '刘建军')
4.      BEGIN
5.          SELECT *
6.          FROM BookInfo
7.          WHERE Writer = '刘建军'
8.      END
9.  ELSE
```

```
10.    PRINT '没有找到相关信息'
```

也可以用系统变量@@rowcount 完成，即：

```
select * from BookInfo where Writer = '刘建军'
if @@rowcount >= 1
  BEGIN
    SELECT *
    FROM BookInfo
    WHERE Writer = '刘建军'
  END
ELSE
    PRINT '没有找到相关信息'
```

还可以这样写：

```
declare @n int
set @n = (select count( * ) from BookInfo where Writer = '刘建军')
if @n > 0
  BEGIN
    SELECT *
    FROM BookInfo
    WHERE Writer = '刘建军'
  END
ELSE
    PRINT '没有找到相关信息'
```

可见，解决同样的问题，程序可以有多种写法，只要能实现要求的功能即可。

9.3.3 循环结构

循环就是重复执行的意思，有的语句需要反复执行才能结束，这就是循环语句，循环结构中必须含有循环语句。在 SQL Server 中，循环语句是 WHILE，格式是：

```
WHILE 条件
  SQL 语句
```

功能是：当条件成立时，一直执行 SQL 语句，直到条件不成立为止。这时的 SQL 语句是循环语句的受限语句，称为循环体。

例 9-14 求 1 到 100 之和。

```
1.  DECLARE @NUM INT, @SUM INT
2.  SET @NUM = 0
3.  SET @SUM = 0
4.  WHILE @NUM <= 100
5.  BEGIN
6.    SET @SUM = @SUM + @NUM
7.    SET @NUM = @NUM + 1
8.  END
9.  PRINT @SUM
```

这个程序的执行过程是：先定义 2 个 INT 类型变量@NUM 和@SUM，并赋初值为 0，循环条件是@NUM<=100，先执行一次循环体 SET @SUM=@SUM+@NUM，SET @NUM=@NUM+1；然后回到循环条件，判断@NUM<=100 是否成立，如果成立，继

续执行循环体；这样，每执行一次循环体，都要返回循环条件，判断条件是否还是成立，一直到@NUM 的值为 101，循环条件不再满足了，才退出循环，执行第 9 条语句输出结果。

循环语句中，有一个非常关键的变量@NUM，称为循环控制变量，它的值是不断变化的，朝着条件不满足的方向逐步改变，直到条件不成立时才退出循环。

如果没有循环控制变量，或者循环控制变量的值越来越向条件满足的方向变化，这时永远都不可能退出循环，称为死循环。如果上面的程序缺少第 7 行，就会是死循环。一旦出现死循环，必须由操作者单击 ▇ 按钮(取消执行查询，快捷键是 Alt＋Break)强制中止程序，否则程序一直处于运行状态。

编程时，一定要避免出现死循环。

9.3.4　WAITFOR 语句

WAITFOR 语句的功能是：当程序执行到该语句时，暂时停止程序执行，直到所设定的等待时间已过或到了所设定的时间，才继续向下执行程序。格式有 2 种：

格式 1：

```
WAITFOR  DELAY  时间
```

格式 2：

```
WAITFOR  TIME  时间
```

DELAY 用来设定等待的时间，TIME 用来设定等待结束的时间点。time 时间必须为 datetime 类型的数据，如 14:25:36，不能包括日期。

下面的程序的作用是系统等待 2 小时 30 分钟后执行 SELECT 操作。

```
WAITFOR DELAY '2:30:00'
SELECT *
FROM book
```

下面的程序是等到下午 3:20 才开始执行 SELECT 操作。

```
WAITFOR TIME '15:20'
SELECT *
FROM book
```

例 9-15　编写一个程序，针对数据库 libsys，读者刘小丽准备从图书馆借一本《计算机网络技术教程》，请检查是否还有这本书借，如果有，请对各个表完成相关的数据更新工作。

分析：如果 BookInfo 表中 AbleCount 的值＞0，则表示可以外借；借阅图书涉及三个表，一个是 BookInfo，借走一本书，则 AbleCount 要减少 1；第二个表是 ReaderInfo，根据读者姓名找到 ReaderID；还有一个表是 BorrowInfo，需要填写 ReaderID、BookID、BorrowDate、Deadline 和 ReturnDate 的值。

基本思路：

(1) 在 BookInfo 表中，根据书名(BookName)找到书号(BookID)，并保存到变量 BookID1 中。

(2) 在 ReaderInfo 表中，根据姓名(ReaderName)找到读者号(ReaderID)，并保存到变

量 ReaderID1。

（3）在 BorrowInfo 表中，借阅日期（BorrowDate）就是系统日期（getdate（）），列 Deadline 表示应归还日期，图书馆通常规定借阅后 60 天归还，ReturnDate 为空。

（4）数据更新包括两个操作：修改 BookInfo 的记录内容，向 BorrowInfo 中插入一条记录。

```
1.   USE libsys
2.   GO
3.
4.   DECLARE @BookID1 char(20)
5.   DECLARE @AbleCount1 int
6.   DECLARE @ReaderID1 char(10)
7.   DECLARE @BorrowDate1 date
8.   DECLARE @Deadline1 date
9.   SET @BookID1 = (SELECT BookID FROM BookInfo WHERE BookName = '计算机网络技术教程')
10.  SET @AbleCount1 = (SELECT AbleCount FROM BookInfo WHERE BookID = @BookID1 )
11.  SET @ReaderID1 = (SELECT ReaderID FROM ReaderInfo WHERE ReaderName = '刘小丽')
12.  IF (@BookID1 IS NOT NULL) AND @AbleCount1 > 0
13.    BEGIN
14.      UPDATE BookInfo
15.      SET AbleCount = AbleCount − 1
16.      WHERE BookID = @BookID1

17.      SET @BorrowDate1 = getdate()
18.      SET @Deadline1 = getdate() + 60
19.      INSERT INTO BorrowInfo
20.      VALUES(@ReaderID1,@BookID1,getdate(),@Deadline1,NULL)
21.    END
22.  ELSE
23.    PRINT '对不起,图书馆没有这本书!'
```

9.4　技能训练 13：数据库编程

9.4.1　训练目的

（1）掌握变量定义与使用方法。
（2）掌握运算符和表达式的应用方法。
（3）掌握常用系统函数的功能与用法。
（4）掌握程序的三种结构与简单程序的设计方法。

9.4.2　训练时间

3 课时。

9.4.3　训练内容

1. 准备工作

确认数据库 scoresys 已经存在，且是当前数据库，而且有 3 个表 Course、Student 和

Score,且都有记录,如果不存在,则需要按照第 3 章的内容重新建立,或者用脚本文件建立。

2. 变量的使用

（1）运用@@rowcount 函数编写程序,功能是：检查 Student 表中有没有一个叫"张高丰"的学生,如果有,显示其班级和电话,如果没有,显示"查无此人"。

（2）分别写一个正确的 SELECT 语句和一个错误的语句,运行,体会错误级别、状态值的功能以及@@error 的值。

（3）通过自定义变量,运用 len 函数,编写一个程序段,体会 char、varchar、nvarchar 三种数据类型的区别。

3. 系统函数的使用

（1）编写一个程序段,运用 CASE 函数,判断 Score 表中的成绩字段（Mark 列）的等级。

（2）编写一个程序段,运用 CASE 函数对 course 表处理,根据学期（Period 列）的值,输出"这门课程在第 n 个学期开设"的提示,n 是 Period 的值。

（3）编写一个程序段,对 course 表处理,求平均成绩,要求为 0 或者为空的成绩,不参与运算。

（4）编写一个程序段,对 Student 表处理,对家庭住址（Home 列）为空的学生,显示为"家庭住址不详"。

（5）编写一个程序段,对 Student 表处理,根据出生日期（Birthday 列）,输出每个学生出生时是星期几。

（6）编写一个程序段,对 Student 表处理,根据姓名（SName 列）,输出每个学生姓什么。分别用 LEFT 函数和 SUBSTRING 函数实现。

4. 三种程序控制结构编程

（1）分别用 IF 语句和 CASE 函数编程实现以下功能：对 Score 表中的成绩字段（Mark 列）,输出相应信息,若成绩在 90 以上,输出"获得优秀学生称号",若成绩在 60 以下,输出"不及格,要补考",中间成绩,输出"还要努力,离优秀不远了"。

（2）写程序完成如下功能：查看 Student 表中有无"李明"的学生,有则将这个学生的全部信息输出,否则输出提示用户没有找到信息。

（3）编程实现：求 1 到 100 中所有偶数的和。

（4）编程实现：求 20!（阶乘）。

9.4.4　思考题

（1）如果有一个日期型数据,如何让月份增加 3,而年和日不变？

（2）如果有一个数值表示多少钱,如 167.8,怎么求出各种面值钞票的张数？编程试试。

（3）如何求出两个日期相隔的天数？

习题 9

一、填空题

1. 系统变量以（　　）开头，用户自定义变量以（　　）开头。

2. 表示记录数的系统变量是（　　），用户自定义变量的命令是（　　）。

3. LEN('长沙市火星街 120 号')的值是（　　），substring('长沙市火星街 120 号'，5,4)的值是（　　）。

4. Space(5)表示（　　），100%8 的结果是（　　）。

5. 用（　　）符号将两个字符串连起来，CASE 函数总是可以用（　　）语句来改写。

6. 常用（　　）、（　　）、COALESCE 函数来处理空值。

7. HOST_NAME()表示（　　），USER_NAME()表示（　　）。

8. ROUND(242.565,1)的结果是（　　），POWER(5,3)的结果是（　　）。

9. 程序的三种结构是（　　）、（　　）和（　　）。

10. 循环结构中一定要有一个（　　），否则会导致（　　）。

二、选择题

1. 下面合法的标识符是（　　）。
   A. ＊myfile
   B. INSERT_RECORD
   C. UPDATE
   D. X＋Y

2. 输出一个提示信息，不可以用（　　）命令。
   A. SELECT　　　　B. LET　　　　C. PRINT　　　　D. RAISERROR

3. DATENAME(month,'09/12/2016')的值是（　　）。
   A. 9　　　　B. 12　　　　C. 2016　　　　D. 09

4. RIGHT('ABCD1234',4)的值是（　　）。
   A. ABCD　　　　B. 1234　　　　C. D1234　　　　D. CD12

5. CHAR(97)的值是（　　）。
   A. 空格　　　　B. A　　　　C. a　　　　D. 回车

6. 循环结构中一定有（　　）语句。
   A. IF　　　　B. SET　　　　C. WHILE　　　　D. CASE

7. 下面（　　）命令表示等待 5 分钟后运行。
   A. WAITFOR DELAY '0:5:00'
   B. WAITFOR TIME '5:00'
   C. WAIT FOR DELAY '0:5:00'
   D. WAIT FOR TIME '5:00'

三、简答与操作题

1. 系统变量和用户变量有什么不同？

2. 程序包括哪些结构？有什么功能？

3. CASE 和 IF 有哪些异同？

4. 循环结构和选择结构的什么不同？

5. 编程实现 2～200 中，求单数的和，写出 SQL 命令。

6. 编程实现，libsys 数据库的表 BookInfo 做出处理，清华大学出版社的书价上涨 10%，其他出版社的书，价格上涨 8%，如果原来的价格为空，则不做处理，写出 SQL 命令。

第10章 数据库备份与还原

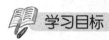 主要知识点

- 数据库备份与还原的意义及类型；
- 数据库备份的方法；
- 数据库还原方法。

学习目标

掌握数据库备份与还原的意义和分类，掌握数据库备份和还原的主要方法，能根据具体情况运用 T-SQL 命令备份和恢复数据库。

10.1 数据库备份与恢复概述

俗话说，天有不测风云，人有旦夕祸福，数据库系统更是如此，机器故障、软件破坏、病毒、误操作都有可能导致数据丢失，做好数据的备份和还原工作是 DBA 的必备技能。

10.1.1 备份和恢复需求分析

数据库中的数据，通常不会出现问题，但是一旦出现意外情况，数据破坏或者完全丢失，如果事先没有备份，就需要重建数据库，耗费大量的时间，严重者造成难以估量的经济损失。例如以下情况：

(1) SQL Server 服务器瘫痪或者计算机崩溃；

(2) 无意或者恶意的数据删除及修改；

(3) 硬盘、主板等设备遭到破坏；

(4) 病毒或者木马的入侵；

(5) 不可预测的因素，例如断电、火灾、地震等。

因此对于数据库管理员来说，备份是日常工作的一部分，需要定期进行。利用备份数据，通过恢复操作能把数据复原到破坏前的状态。

10.1.2 备份概述

数据库备份工作主要由数据库管理员来完成，数据库备份是指制作数据库结构、对象和数据的复制，以便在数据库遭到破坏的时候能够修复数据库，在对数据库进行完全备份时所

有未完成的事务或者发生在备份过程中的事务都不会被备份。

备份的目的是还原,也称为恢复,是将数据库副本加载到服务器中的过程,使数据库进入正常运行状态的过程。

一般在以下情况下需要还原数据库:存储介质损坏、用户操作错误、服务器崩溃、在不同的服务器之间移动数据库。

10.1.3　备份的类型

数据库备份有三种类型:完整备份、差异备份和事务日志备份。还可以只备份文件和文件组。

完整备份:备份整个数据库的所有内容,包括事务日志。该备份类型需要比较大的存储空间来存储备份文件,备份时间也比较长,在还原数据时,也只要还原一个备份文件。

完整备份是最基本的备份方式,但耗费时间长,占用存储空间大。

默认的备份文件名是:数据库名.bak,存放的默认位置是:C:\Program Files\Microsoft SQL Server\MSSQL10.MSSQLSERVER\MSSQL\Backup\。

差异备份:差异备份是完整备份的补充,只备份上次完整备份后更改的数据。相对于完整备份来说,差异备份的数据量比完整数据备份小,备份的速度也比完整备份要快。因此,差异备份通常作为常用的备份方式。在还原数据时,要先还原前一次做的完整备份,然后还原最后一次所做的差异备份,这样才能让数据库里的数据恢复到与最后一次差异备份时的内容相同。

事务日志备份:事务日志备份只备份事务日志里的内容。事务日志记录了上一次完整备份或事务日志备份后数据库的所有变动过程。事务日志记录的是某一段时间内的数据库变动情况,因此在进行事务日志备份之前,必须要进行完整备份。与差异备份类似,事务日志备份生成的文件较小,占用时间较短,但是在还原数据时,除了先要还原完整备份之外,还要依次还原每个事务日志备份,而不是只还原最后一个事务日志备份,这是它与差异备份的区别。

每一个SQL Server数据库在硬盘上包含至少两个物理文件,一个MDF文件和一个LDF文件。MDF文件包含所有被存储的实际数据,而LDF日志文件只包含了每一个数据变化的记录,这种机制使撤销操作和"时间点"备份成为可能,一个时间点的备份可以让用户恢复到所希望的任何时间点的数据库,如3天前、2个小时前、30分钟前。

文件和文件组备份:如果在创建数据库时,为数据库创建了多个数据库文件或文件组,可以使用该备份方式。使用文件和文件组备份方式可以只备份数据库中的某些文件,该备份方式在数据库文件非常庞大时十分有效,由于每次只备份一个或几个文件或文件组,可以分多次来备份数据库,避免大型数据库备份的时间过长。另外,由于文件和文件组备份只备份其中一个或多个数据文件,当数据库里的某个或某些文件损坏时,可能只还原损坏的文件或文件组备份。

10.1.4　还原的类型

一旦数据库出现问题,那么系统管理员就要使用数据库恢复技术使损坏的数据库还原到备份时的那个状态。数据库还原模式是指通过使用数据库备份和事务日志备份将数据库恢复到发生失败的时刻,因此几乎不造成任何数据丢失,或者将损失减少到最小。数据库还原有以下三种模式。

- 数据库还原:也叫完整还原,是通过使用数据库备份和事务日志备份,将数据库还原到发生失败的时刻,因此几乎不造成任何数据丢失。
- 事务日志还原:根据原来事务日志备份的数据,将数据库恢复到指定的时间点那个状态。
- 文件和文件组还原: 只恢复指定的文件或者文件组。

在进行还原时,系统会根据备份文件的情况自动识别可以采用哪些方式还原。

10.2　数据库备份

数据库的备份可以用 SSMS 管理器进行,也可以通过命令完成。

10.2.1　用 SSMS 管理器备份

右击数据库名(如 libsys),从快捷菜单中依次执行"任务"→"备份",系统出现备份对话框,如图 10-1 所示。

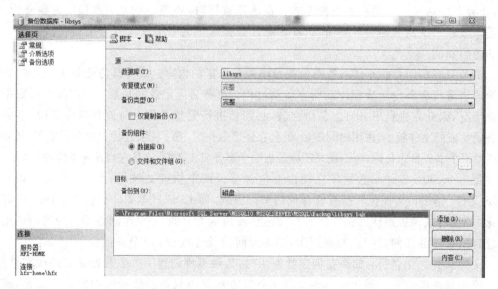

图 10-1　数据库备份对话框

在图 10-1 中,可以通过数据库列表选择备份其他数据库,恢复模式由系统自动识别,备份类型可以选择"完整"、"事务日志"、"文件和文件组"三种方式。

备份组件一般是数据库,如果选择"选择文件和文件组"方式,则系统提供"选择文件和文件组"对话框,让用户选择要备份的文件和文件组,如图 10-2 所示。

备份目标包括本机磁盘和 URL(远程数据库服务器地址)两种,备份文件的地址及文件名可以通过"添加"和"删除"按钮修改,单击"内容"可以看到备份文件的内容,如图 10-3 所示。单击"确定"按钮即可进行备份,备份文件存放在指定位置,其类型名是:数据库名.bak。

图 10-2　选择文件和文件组

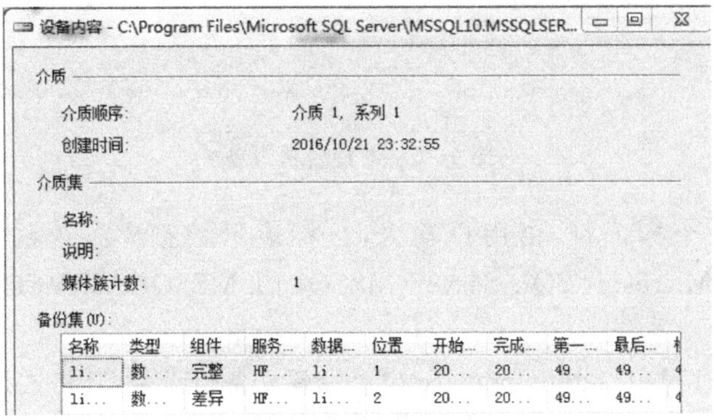

图 10-3　备份设备的内容

在图 10-1 中，还包括"介质选项"和"备份选项"两个选项卡，介质选项如图 10-4 所示，备份选项如图 10-5 所示。

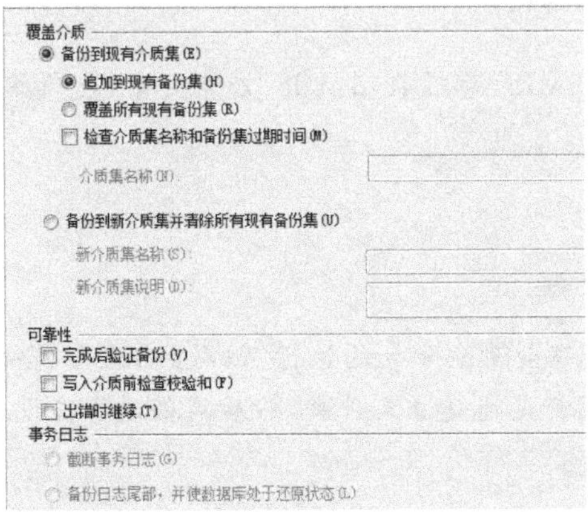

图 10-4　介质选项　　　　　　　　图 10-5　备份选项

10.2.2　用命令备份数据库

用命令备份数据库先要创建备份设备,然后才能执行备份命令。备份设备是用来存储数据库事务日志或文件和文件组备份的存储介质,一个备份设备可以包含若干备份文件,可以同时存储多个数据库的备份,因此备份设备是数据库服务器的对象,它不属于某一个数据库。

备份设备主要是硬盘,也可以是远程服务器,用 URL 地址表示。

1. 创建备份设备

创建备份设备可以用 SSMS 和命令两种方式进行。

从 SSMS 管理器窗口中展开"服务器对象",找到"备份设备",执行"新建备份设备",系统出现图 10-6 所示的对话框。

图 10-6　新建备份设备

设备名称是一个标识符,由用户输入,目标表示数据库备份的存储位置,默认是 C:\Program Files\Microsoft SQL Server\MSSQL10. MSSQLSERVER\MSSQL\Backup,可以修改。

利用系统存储过程 sp_addumpdevice 也可以建立备份设备,其格式是:

sp_addumpdevice '备份设备类型', '逻辑名', '物理名'

其中:备份设备类型:没有默认值,可以是 disk(磁盘文件)、tape(磁带)。

逻辑名:用于 BACKUP 和 RESTORE 语句中,没有默认值,且不能为 NULL。

物理名:是一个带路径的文件名,表示备份文件的所在位置,即图 10-6 中的目标,没有默认值,也不能为 NULL。

例 10-1　为 libsys 数据库创建备份设备 libMIS,存放在 d:\db 文件夹中,文件名为 libsys. bak。

```
USE libsys
GO
EXEC SP_ADDUMPDEVICE 'DISK','libMIS','d:\db\libsys.bak'
```

说明:本例中,即使 d:\db 文件夹不存在,也不会影响命令的执行,但用 BACKUP 命令备份数据库时,则系统会提示路径不存在,因此最好是先建立文件夹,然后再创建备份设备,这样比较稳妥。

创建一个远程磁盘备份设备的命令是:

```
SP_ADDUMPDEVICE 'disk','networkdevice','\\服务器名\共享名\路径\文件名.bak'
```

例 10-2　在远程服务器 SQLSVR 上有一个共享文件夹 database，要求在这个位置的 SchoolMIS 文件夹下创建一个备份设备 ScoreSys，准备用来存储数据库 scoresys 的备份 scoresys. bak。

```
EXEC SP_ADDUMPDEVICE 'DISK','ScoreSys','\\SQLSVR\database\SchoolMIS\scoresys.bak'
```

2. 备份数据库

用 BACKUP 命令实现数据库的备份，格式是：

```
BACKUP DATABASE 数据库名 TO 备份设备名
[ WITH [PASSWORD = 密码 ] [, STATS = 百分比 n ] ]
```

说明：PASSWORD 表示为数据库的备份设置密码，STATS 表示进度提示，默认值是 10%。

例 10-3　利用例 10-1 创建的备份设备 libMIS 对 libsys 数据库进行备份。

```
BACKUP DATABASE libsys TO libMIS
```

执行后，系统在 d:\db 文件夹下建立了备份文件 libsys. bak，并显示相关信息：

```
已为数据库 'libsys'，文件 'libsys' (位于文件 1 上)处理了 352 页。
已为数据库 'libsys'，文件 'libsyslog' (位于文件 1 上)处理了 2 页。
BACKUP DATABASE 成功处理了 354 页，花费 0.305 秒(9.067 MB/秒)。
```

例 10-4　建立一个备份设备 ScoreMIS，并利用此设备对 scoresys 数据库进行备份。

```
USE scoresys
GO
EXEC SP_ADDUMPDEVICE 'DISK','ScoreMIS','d:\db\scoresys.bak'
BACKUP DATABASE scoresys to ScoreMIS
```

10.2.3　用命令实现事务日志备份

必须至少有一个完整备份或一个等效文件备份集，才能进行任何日志备份。通常 DBA 定期（如每天）创建数据库完整备份，以更短的间隔（如每个小时）创建事务日志备份。备份间隔取决于系统的安全状态，如数据的重要性、数据库的大小和服务器的工作负荷等。

如果事务日志损坏，则将丢失自最新的日志备份后所执行的工作。建议经常对关键数据进行日志备份，并注意将日志文件存储在容错设备中，事务日志备份顺序独立于完整备份。可以生成一个事务日志备份顺序，然后定期生成用于开始还原操作的完整备份。

用 BACKUP 命令实现事务日志备份，格式是：

```
BACKUP LOG 数据库名　TO　备份设备名
```

例 10-5　新建备份设备 backup1，并对数据库 libsys 进行事务日志备份。

```
USE libsys
GO
EXEC SP_ADDUMPDEVICE 'DISK','backup1','d:\db\libsysbak1.bak'
BACKUP DATABASE libsys to backup1
```

```
BACKUP LOG libsys to backup1
```

说明：备份事务日志前，先要进行数据库的备份。

10.2.4 删除备份设备

用系统存储过程 SP_DROPDEVICE 删除备份设备，格式是：

```
sp_dropdevice '备份设备逻辑名'[,'delfile']
```

说明：如果加上 delfile，表示连同备份设备上的文件一起删除。

例 10-6　删除例 10-4 建立的备份设备 ScoreMIS。

```
exec sp_dropdevice 'ScoreMIS'
```

说明：备份设备已经删除，但备份文件仍然存在。

例 10-7　删除由例 10-5 建立的备份设备 backup1，连同备份文件一起删除。

```
exec sp_dropdevice 'backup1','delfile'
```

10.3　数据库还原

恢复模式旨在控制事务日志维护，它总是与备份模式相对应，有三种恢复模式：简单恢复模式、完整恢复模式和大容量日志恢复模式，其区别如表 10-1 所示。通常使用完整恢复模式或简单恢复模式。

表 10-1　各种恢复模式对比

恢复模式	说　明	工作丢失的风险	能否恢复到时点
简单恢复	无日志备份。自动回收日志空间以减少空间需求，实际上不再需要管理事务日志空间	最新备份之后的更改不受保护。在发生灾难时，这些更改必须重做	只能恢复到备份的结尾
完整恢复	需要日志备份。数据文件丢失或损坏不会导致丢失工作，可以恢复到任意时点（例如应用程序或用户错误之前）	正常情况下没有。如果日志尾部损坏，则必须重做自最新日志备份之后所做的更改	如果备份在接近特定的时点完成，则可以恢复到该时点
大容量日志恢复	需要日志备份。是完整恢复模式的附加模式，允许执行高性能的大容量复制操作。通过使用最小方式记录大多数大容量操作，减少日志空间使用量	如果在最新日志备份后发生日志损坏或执行大容量日志记录操作，则必须重做自该上次备份之后所做的更改，否则不丢失任何工作	可以恢复到任何备份的结尾。不支持时点恢复

10.3.1 还原数据库的任务

还原数据库主要是完成以下两项任务：

第一：进行安全检查，即确认数据库备份的完整性，当出现以下情况时，系统将不能恢复数据库：

(1) 使用与被恢复的数据库名称不同的数据库名去恢复数据库；

(2) 服务器上的数据库文件组与备份的数据库文件组不同；

(3) 需恢复的数据库名或文件名与备份的数据库名或文件名不同。

第二：重建数据库。从数据库完整备份中恢复数据库时，SQL Server 会自动重建数据库文件，并把所重建的数据库文件置于备份数据库时这些文件所在的位置，所有的数据库对象都将自动重建，用户无须重建数据库的结构。

在 SQL Server 中，恢复数据库的语句是 RESTORE。检查备份完整性的命令是：

```
RESTORE VERIFYONLY FROM 备份设备名
RESTORE VERIFYONLY FROM DISK = '备份文件名'
```

例 10-8 检查备份设备 libMIS 的完整性，命令是：

```
RESTORE VERIFYONLY FROM libMIS
```

系统提示"文件 1 上的备份集有效。"，表示通过了完整性检查。

例 10-9 检查备份文件 libsys.bak 的完整性。

```
RESTORE VERIFYONLY FROM DISK = 'libsys.bak'
```

若系统提示"文件 1 上的备份集有效。"，则表示备份文件没有问题。

10.3.2 用 SSMS 还原数据库

右击"数据库"，选择"还原数据库"，或者右击数据库名，执行"任务"下的"还原"，再进一步选择"数据库"，出现"还原数据库"对话框，如图 10-7 所示。

图 10-7 "还原数据库"对话框

从图 10-7 可以看出,SQL Server 会完整记录下操作数据库的每一个步骤。通常来说,对数据可靠性要求比较高的数据库需要使用完整恢复模式,如银行、通信、财务等单位或部门的数据库系统,任何事务日志都是必不可少的,是 SQL Server 默认的恢复模式。

如果"源"设置为"设备",系统会打开对话框确定备份设备的物理位置,然后把该设备下的所有备份集显示出来,选择某一个备份集或者某一些备份集进行还原操作。

单击"时间线"按钮,可以将数据库还原到某一个指点的时间点,如图 10-8 所示。

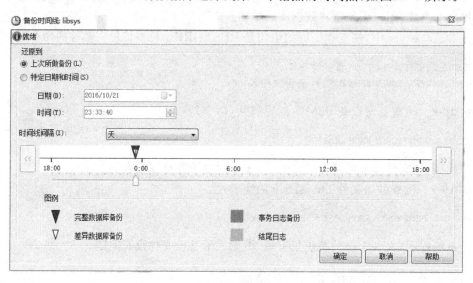

图 10-8　时间线

使用完整恢复模式可以将整个数据库恢复到一个特定的时间点。这个时间点可以是最近一次可用的备份、一个特定的日期和时间或标记的事务。在该模式下应该定期做事务日志备份,否则日志文件将会变得很大。

右击数据库名,执行"任务"下的"还原",再进一步选择"文件和文件组",还可以还原数据库对应的文件和文件组,如图 10-9 所示。

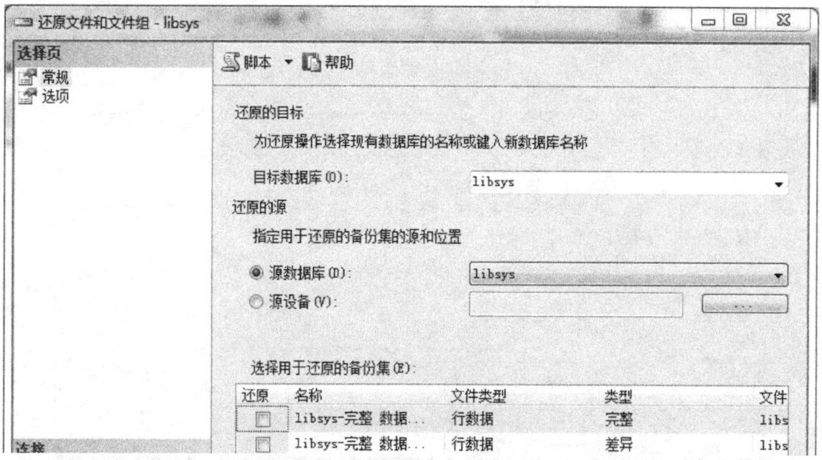

图 10-9　还原文件和文件组

从上面的操作不难发现,执行恢复前,要明确4个组件:①源数据库,即数据从哪里来。②备份设备的名称和位置,备份文件是什么,对应的备份集是什么。③目标数据库,即恢复到哪里去。通常,源和目标都是同一个数据库名,也可以不同名,但内容要一致,否则无法恢复。④恢复到什么程度,是全部恢复还是只恢复到某一个时间点。

10.3.3 用命令还原数据库

恢复数据库的命令是 RESTORE,格式是:

```
RESTORE DATABASE 数据库名 FROM 备份设备名
  [ WITH
  [PASSWORD = 密码]
  [ [ , ]{ NORECOVERY | RECOVERY | STANDBY = 恢复文件名} ]
  [ [ , ] FILE = n ]
  [ [ , ] RESTART ]
  [ [ , ] REPLACE]
  [ [ , ] STOPAT = date_time ]
  ]
```

参数说明:

PASSWORD=密码:提供备份集的密码。

NORECOVERY:指示还原操作不回滚任何未提交的事务,可以还原其他事务日志。

RECOVERY:回滚未提交的事务,使数据库处于可以使用状态。无法还原其他事务日志。

STANDBY:使数据库处于只读模式。撤销未提交的事务,但将撤销操作保存在备用文件中,以便可以恢复效果逆转。

RESTART:指定 SQL Server 重新启动被中断的还原操作,RESTART 从中断点重新启动还原操作。

FILE=n:用备份设备的第 n 个备份集来恢复数据库。

REPLACE:覆盖所有现有数据库以及相关文件,包括已存在的同名的其他数据库或文件。

STOPAT = date_time:还原到指定的日期和时间。

例 10-10 利用备份设备 libMIS 完整恢复数据库 libsys。

```
RESTORE DATABASE libsys FROM libMIS
```

执行后系统提示:

```
消息 3102,级别 16,状态 1,第 22 行
RESTORE 无法处理数据库'libsys',因为它正由此会话使用。建议在执行此操作时使用 master 数据库。
消息 3013,级别 16,状态 1,第 22 行
RESTORE DATABASE 正在异常终止。
```

表示命令并没有成功执行,因为不能恢复当前数据库,因此要把当前数据库修改为其他,即:

```
USE master
GO
RESTORE DATABASE libsys FROM libMIS
```

执行后,系统还是不能正确执行,提示如下:

```
消息 3159，级别 16，状态 1，第 22 行
尚未备份数据库"libsys"的日志尾部。如果该日志包含您不希望丢失的工作，请使用 BACKUP LOG WITH
NORECOVERY 备份该日志。请使用 RESTORE 语句的 WITH REPLACE 或 WITH STOPAT 子句来只覆盖该日志的内容。
消息 3013，级别 16，状态 1，第 22 行
RESTORE DATABASE 正在异常终止。
```

上面的意思是:只有覆盖所有现有数据库以及相关文件时,才能恢复,即命令改为:

```
USE master
GO
RESTORE DATABASE libsys FROM libMIS WITH REPLACE
```

执行后系统提示:

```
已为数据库'libsys'，文件'libsys'（位于文件 1 上）处理了 352 页。
已为数据库'libsys'，文件'libsyslog'（位于文件 1 上）处理了 2 页。
RESTORE DATABASE 成功处理了 354 页，花费 0.259 秒(10.678 MB/秒)。
```

表示恢复成功。WITH REPLACE 也可以用 WITH NORECOVERY 替代。

例 10-11 利用备份文件 d:\db\scoresys.bak(参见例 10-4)完整恢复数据库 scoresys。与从备份设备恢复不同的是:用"FROM DISK＝文件名"替换"FROM 备份设备名"。

```
USE master
GO
RESTORE DATABASE scoresys FROM DISK = 'd:\db\scoresys.bak' WITH REPLACE
```

例 10-12 利用备份设备 libMIS 恢复数据库 libsys,只恢复到 2016 年 10 月 22 日 18 点为止。

```
USE master
GO
RESTORE DATABASE libsys FROM libMIS WITH REPLACE, STOPAT = '2016 - 10 - 22 18:00:00'
```

执行结果是:

```
已为数据库'libsys'，文件'libsys'（位于文件 1 上）处理了 352 页。
已为数据库'libsys'，文件'libsyslog'（位于文件 1 上）处理了 2 页。
此备份集包含在指定的时间点之前记录的记录。数据库保持为还原状态，以便执行更多的前滚操作。
RESTORE DATABASE 成功处理了 354 页，花费 0.206 秒(13.425 MB/秒)。
```

说明:执行本命令前,请先关闭 libMIS 数据库,否则不能执行。

例 10-13 利用备份设备 backup1(参见例 10-5)恢复数据库 libsys 的事务日志备份。

```
USE master
GO
RESTORE LOG libsys FROM backup1 WITH NOREVOERY
```

说明:在恢复数据库时,待恢复的数据库不能处于活动状态。

10.3.4　数据库的导出

数据库中的表可以导出到其他数据库管理系统(如 MySQL、Oracle)中,也可以导出为 Excel 表,方便在其他软件中处理。通常用 SSMS 管理器窗口操作。

例 10-14 将数据库 libsys 中三个表导出为 Excel 表,文件名是 libsys.xlsx。

(1) 右击 libsys,依次执行"任务"→"导出数据",系统出现操作向导,第一个页面是欢迎

页,介绍导入导出的功能,直接单击"下一步"按钮。

(2)选择数据源。即数据的来源,这里是数据库 libsys,系统提供的数据源有很多类型,此处需要选择 Microsoft OLE DB Provider for SQL Server,系统会自动显示服务器名称、身份验证方式和数据库名,单击"下一步"按钮,如图10-10所示。

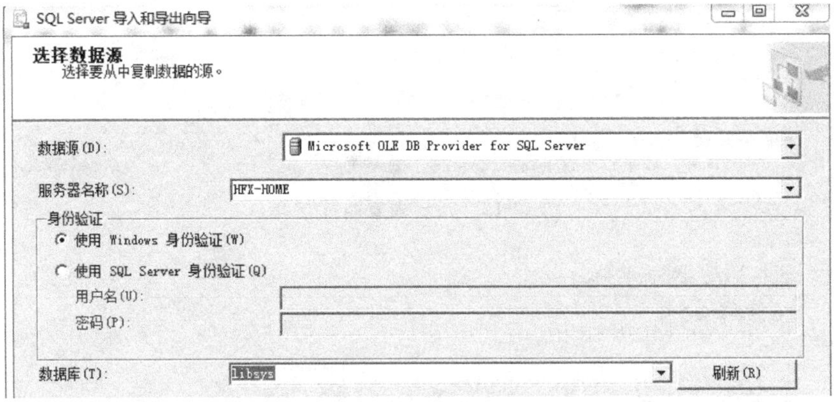

图 10-10 选择数据源

(3)选择目标。即将数据库导出到哪儿去,可以是文件或者其他数据库系统,系统提供的目标有很多种,此处选择 Microsoft Excel,如图10-11所示。

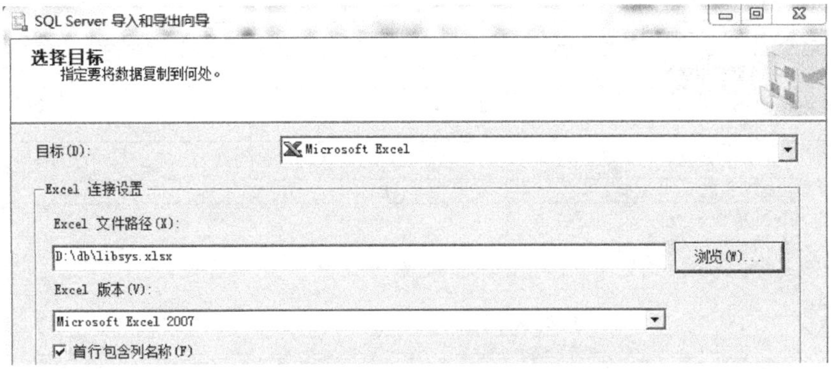

图 10-11 选择目标

单击"浏览"按钮选择目标文件的存储位置,此处是 D:\db 文件夹,并输入文件名 libsys.xlsx,返回图10-11,系统自动确定 Excel 版本为2007。单击"下一步"按钮。

(4)指定表复制或者查询。即直接显示表内容还是通过查询命令显示表的内容。如图10-12所示。因为要显示全部记录内容,因此选择"复制一个或多个表或视图的数据",单击"下一步"按钮。

(5)选择源表和源视图。系统自动打开当前数据库中的所有表和视图供用户选择,如图10-13所示,选择全部表,单击"下一步"按钮。

(6)查看数据类型映射。即将数据库中的数据输出到 Excel 表中,如果发生错误,系统的处理办法如图10-14所示,可以只选择部分列输出,默认是全部列都输出,出错时可以选择"失败"或者"忽略",单击"下一步"按钮。

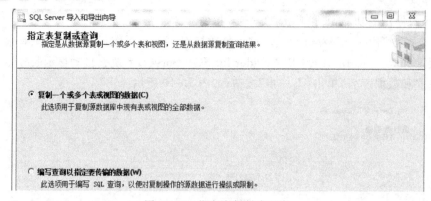

图 10-12　指定表复制或查询

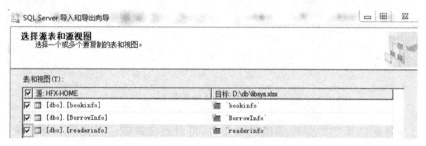

图 10-13　选择源表或源视图

图 10-14　查看数据类型映射

（7）保存并运行包。可以立即运行，也可以保存 SSIS 包，让用户确定包保护等级，还可以设置密码，如图 10-15 所示，一般选择立即运行，不必保存 SSIS 包，单击"下一步"按钮。

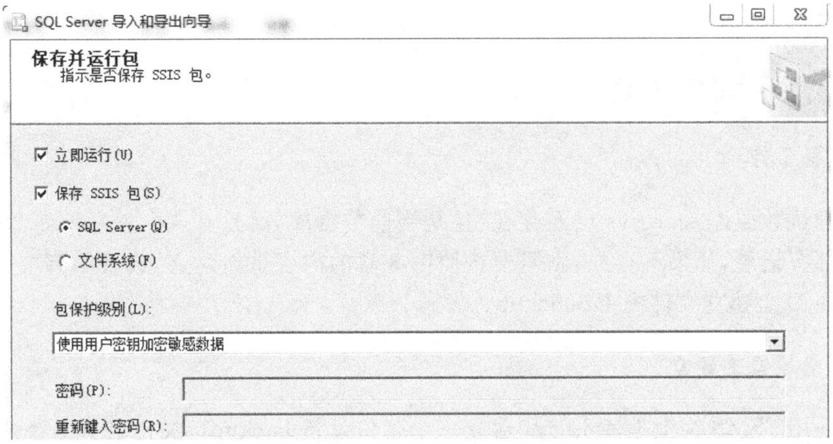

图 10-15　保存并运行包

（8）完成该向导，系统出现操作过程的一个总结性界面，单击"完成"按钮，开始输出，完成后再显示进展情况及有关错误的界面。

数据库导出后，打开 libsys.xlsx 文件，可以发现，每一个表在 Excel 电子表格中变成了一个表页，表页名就是数据库中的表名，如图 10-16 所示。

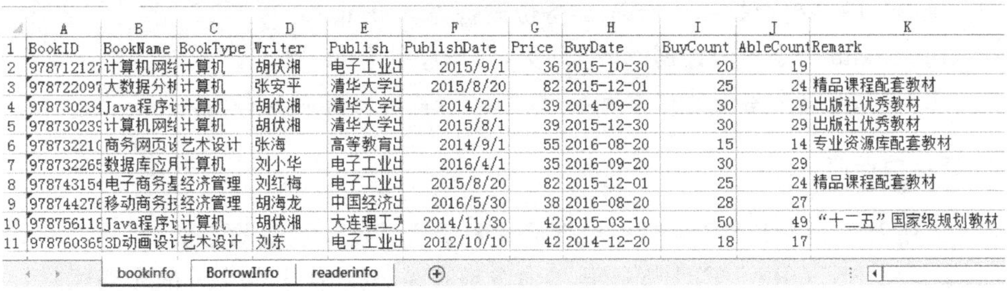

	A	B	C	D	E	F	G	H	I	J	K
1	BookID	BookName	BookType	Writer	Publish	PublishDate	Price	BuyDate	BuyCount	AbleCount	Remark
2	9787121271	计算机网络	计算机	胡伏湘	电子工业出	2015/9/1	36	2015-10-30	20	19	
3	9787220971	大数据分析	计算机	张安平	清华大学出	2015/8/20	82	2015-12-01	25	24	精品课程配套教材
4	9787302341	Java程序设	计算机	胡伏湘	清华大学出	2014/2/1	39	2014-09-20	30	29	出版社优秀教材
5	9787302391	计算机网络	计算机	胡伏湘	清华大学出	2015/8/1	30	2015-12-30	30	29	出版社优秀教材
6	9787322210	商务网页设	艺术设计	张海	高等教育出	2014/9/1	55	2016-08-20	15	14	专业资源库配套教材
7	9787322265	数据库应用	计算机	刘小华	电子工业出	2016/4/1	35	2016-09-20	30	29	
8	9787431541	电子商务基	经济管理	刘红梅	电子工业出	2015/8/20	82	2015-12-01	25	24	精品课程配套教材
9	9787442781	移动商务技	经济管理	胡海龙	中国经济出	2016/5/30	38	2016-08-20	28	27	
10	9787561181	Java程序设	计算机	胡伏湘	大连理工大	2014/11/30	42	2015-03-10	50	49	"十二五"国家级规划教材
11	9787603653	3D动画设计	艺术设计	刘东	电子工业出	2012/10/10	42	2014-12-20	18	17	

bookinfo　BorrowInfo　readerinfo　⊕

图 10-16　数据库导出后形成的 Excel 表

利用导入导出功能，还可以将类似于 Excel 文件或者其他数据库管理系统（如 MySQL、Oracle）的数据库导入为 SQL Server 数据库，其操作过程基本相同。

10.4　技能训练 14：数据库备份与还原

10.4.1　训练目的

（1）掌握数据库备份和还原的类型。
（2）掌握用 SSMS 和命令备份数据库的方法。
（3）掌握用 SSMS 和命令还原数据库的方法。
（4）掌握数据库导入和导出的方法。

10.4.2 训练时间

2 课时。

10.4.3 训练内容

1. 准备工作

(1) 确认数据库 scoresys 已经存在,且是当前数据库,而且有 3 个表 Course、Student 和 Score,且都有记录,如果不存在,则需要按照第 3 章的内容重新建立,或者用脚本文件建立。

(2) 在 D 盘建立文件夹 DBbackup。

2. 备份设备的建立

(1) 运用 SSMS 为数据库 libsys 建立一个备份设备 backup1,文件名为 scoresys1. bak,位置是 D:\DBbackup。

(2) 运用系统存储过程为数据库 scoresys 建立一个备份设备 backup2,文件名为 scoresys2. bak,位置是 D:\DBbackup。

(3) 检查 backup1 和 backup2 的属性。

3. 数据库备份

(1) 用 SSMS 备份数据库 scoresys,备份设备为 backup1。

(2) 用 backup 命令备份数据库 scoresys,备份设备为 backup2。

(3) 用 backup 命令备份数据库 scoresys 日志,备份设备为 backup2。

4. 还原数据库

(1) 运用 RESTORE VERIFYONLY 命令检查 backup1 设备的完整性。

(2) 运用 RESTORE VERIFYONLY 命令检查 scoresys1. bak 文件的完整性。

(3) 用 SSMS 还原数据库 libsys。

(4) 用命令还原数据库 scoresys。

(5) 用命令还原数据库 scoresys,只恢复到当天当前时间的前 1 个小时。

5. 数据的导入导出

(1) 将数据库 scoresys 导出为 Excel 表格,文件名为 scoresys. xlsx。

(2) 在 Windows 中,查看 scoresys. xlsx 文件的位置和内容。

(3) 将第 1 步形成的 scoresys. xlsx 文件导入 SQL Server,建立数据库 test。

6. 备份设备的删除

(1) 查看备份设备 backup1 上有哪些备份集。

(2) 用 SSMS 删除存储设备 backup1,连同文件一起删除。

(3) 用命令删除存储设备 backup2。

10.4.4 思考题

（1）备份数据库与复制数据库对应的物理文件有什么不同？

（2）在 SQL Server 中，还有一种备份类型，即差异备份，虽然没有这个菜单，但在对话框中出现了这种类型，用百度网站搜索一下，什么是差异备份？

（3）如果每天都要使用 scoresys 数据库，请教你们学校教务处的成绩系统管理员，他们的备份策略是怎么样的？

习题 10

一、填空题

1. 数据库备份的目的是为了（   ），以便在发生意外时，让数据库恢复（   ）。

2. 数据库备份包括（   ）、（   ）和（   ）三种类型，还可以只备份（   ）。

3. 备份文件的类型名是（   ），存储在备份设备上的备份称为（   ）。

4. 备份目标有（   ）和（   ）。

5. 执行备份操作前，先要建立（   ），它是属于（   ）的对象。

6. 备份和还原命令分别是（   ）和（   ）。

7. 用系统存储过程（   ）删除备份设备。

8. 数据库恢复模式包括（   ）、（   ）和（   ）三种，常用的是（   ）。

9. 还原数据库主要是完成两个任务，即（   ）和重建数据库。

10. 一个备份设备可以备份（   ）个文件。

二、选择题

1. 在以下（   ）情况下，可以考虑恢复数据库。
   A. 添加表　　　　　　　　　　　　B. 修改记录
   C. 表破坏　　　　　　　　　　　　D. 建立了新视图

2. 备份数据库的操作在（   ）进行。
   A. 只有在数据库破坏时　　　　　　B. 任何一次对数据库的操作后
   C. 定期　　　　　　　　　　　　　D. 需要恢复数据库时

3. 备份设备的本质是（   ）。
   A. 磁盘　　　　B. 文件　　　　C. 文件夹　　　　D. 设备

4. （   ）是数据库备份的最基本方式。
   A. 差异备份　　　　　　　　　　　B. 完整备份
   C. 日志备份　　　　　　　　　　　D. 文件和文件组备份

5. 如果备份文件破坏了，则恢复过程（   ）。
   A. 没问题　　　　B. 不成功　　　　C. 不能确定　　　　D. 可以成功

6. 用于恢复数据库的备份集最多有（   ）个。
   A. 1　　　　B. 2　　　　C. 3　　　　D. 多

7. 下面(　　)备份方式最占存储空间。

    A. 文件和文件组备份　　　　　　　　B. 事务日志备份

    C. 差异备份　　　　　　　　　　　　D. 完整备份

8. 将数据库转换为 Excel 文件的过程称为(　　)。

    A. 导入　　　　　　B. 导出　　　　　　C. 备份　　　　　　D. 还原

三、简答与操作题

1. 为什么要进行数据库的备份？

2. 在哪些情况需要还原数据库？

3. 备份数据库有哪些方式？它们有什么区别？

4. 还原数据库有哪些模式？它们有什么不同？

5. 将数据库 TempDB 备份出来，请写出 SQL 命令。

6. 如果有一个数据库 StudentMIS 不能正常运行了，你会怎么处理？说出你的想法。

7. 请为你们学校的图书馆管理系统制订一个数据备份策略。（要与图书馆管理员合作）

第11章

数据库安全管理

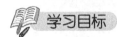

主要知识点

- 数据库安全相关理论;
- 登录管理;
- 用户管理;
- 角色管理;
- 权限管理。

学习目标

掌握数据库 SQL Server 的安全机制,掌握登录管理、用户管理、角色管理和权限管理的主要方法,培养安全意识,并能根据实际需要制订合理的安全策略。

11.1 数据库安全概述

安全性是数据库管理系统的重要特征,能否提供全面、完整、有效、灵活的安全机制,往往是衡量数据库管理系统是否可靠的重要标志,也是用户选择数据库产品的重要判断指标。SQL Server 2014 提供了一整套保护数据安全的机制,包括登录、用户、角色、权限等手段,可以有效地实现对系统访问和数据访问的控制。

11.1.1 SQL Server 数据库安全等级

数据库的安全性是指保护数据库,以防非法的使用造成数据泄密、更改、破坏。数据库管理系统 DBMS 的安全性保护,就是通过各种防范措施以防止用户越权使用数据库。数据库的安全性和操作系统、网络系统的安全性是紧密联系、相互支持的。

SQL Server 的安全性机制可分为三个等级:操作系统级、SQL Server 级、数据库级。

1. 操作系统级的安全性

在用户使用客户机通过网络访问 SQL Server 服务器时,用户首先要获得操作系统的使用权,就是说,必须是 Windows 的合法用户,登录到 Windows 后才能调用 SQL Server 资源。

2. SQL Server 级的安全性

SQL Server 的服务器级安全性建立在控制服务器登录账号和口令的基础上,它采用了标准 SQL Server 登录和集成 Windows 登录两种方式。无论是使用哪种登录方式,用户在登录时提供的登录账号和口令,决定了用户能否获得 SQL Server 的访问权,以及在获得访问权以后,访问 SQL Server 时可以拥有的权力。SQL Server 事先设计了一些固定服务器角色,用来为具有服务器管理员资格的用户分配使用权力。这种拥有固定服务器角色的用户可以拥有服务器级的管理权限。它允许用户在数据库级上建立新的角色,然后为该角色授予权限,再通过该角色将权限赋予其他用户。SQL Server 级的安全性是在 SQL Server 服务器层次提供的安全控制,该层次通过验证来实现。

3. 数据库级的安全性

在用户通过 SQL Server 服务器的安全性检验以后,将直接面对不同的数据库入口,这是用户将接受的第三次安全性检验。在建立用户的登录账号信息时,SQL Server 会提示用户选择默认的数据库,以后每次连接上服务器,都会自动转到默认的数据库上。对任何用户来说,master 数据库的门总是打开的,设置登录账号时如果没有指定默认的数据库,则其权限局限在 master 数据库以内。

在默认的情况下只有数据库的拥有者才可以访问该数据库的对象,数据库的拥有者可以分配访问权限给别的用户,以便让别的用户也拥有针对该数据库的访问权力,在 SQL Server 中并不是所有的权力都可以转让分配。在创建数据库对象时,SQL Server 自动把该数据库对象的拥有权赋予该对象的所有者,对象的拥有者可实现对该对象的安全控制。

默认情况下,只有数据库的拥有者才能对该数据库进行操作,当一个非数据库拥有者想访问数据库中的对象时,必须先由数据库拥有者赋予权限。如果某个用户想访问 libsys 数据库中的 BookInfo 表的信息,必须先成为数据库合法用户,然后再获得 libsys 数据库拥有者对其分配的针对 BookInfo 表的访问权限才可以。

数据库级安全性是在数据库层次提供的安全控制,该层次通过授权来实现。

11.1.2 登录模式

在 SQL Server 中,其安全性是通过登录管理、用户管理、角色管理、权限管理实现,涉及登录主体、操作、对象、用户、架构等概念。

主体是可以请求系统资源的个体、组合过程。例如,数据库用户是一种主体,可以按照自己的权限在数据库中执行操作和使用相应的数据。SQL Server 有多种不同的主体,不同主体之间的关系是典型的层次结构关系,位于不同层次上的主体其在系统中影响的范围也不同。位于层次比较高的主体,其作用范围比较大;位于层次比较低的主体,其作用范围比较小。

SQL Server 系统管理者可以通过权限保护分层实体集合,这些实体被称为安全对象。安全对象是 SQL Server 系统控制对其进行访问的资源,通过验证主体是否已经获得适当的权限来控制主体对安全对象的各种操作。就像主体的层次一样,安全对象之间的关系类似层次结构关系。

操作是指主体可以执行的行为，它通过安全对象和权限设置来解决这个问题。主体与对象的关系如图 11-1 所示。

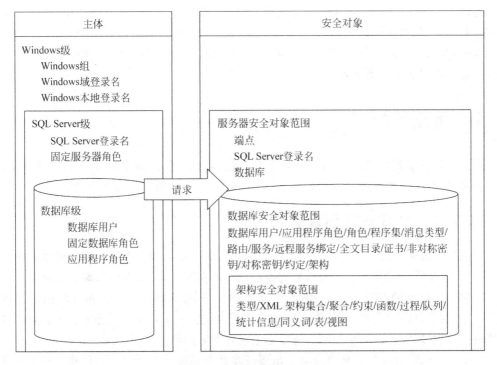

图 11-1　主体与对象的关系

数据库中的对象归谁所有？如果是由用户所有，那么当用户被删除时，其所拥有的对象怎么处理？在 SQL Server 通过用户和架构分离来解决这个问题。架构（Schema）是一组数据库对象的集合，它被单个负责人（可以是用户或角色）所拥有并构成唯一命名空间，可以将架构看成是对象的容器。数据库对象、架构和用户之间的关系如图 11-2 所示。

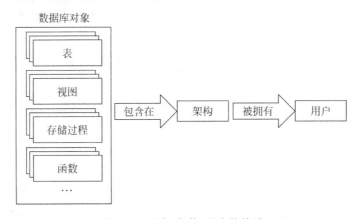

图 11-2　对象、架构、用户的关系

身份验证模式是 Microsoft SQL Server 系统验证客户端和服务器之间连接的方式。SQL Server 2014 系统提供了两种身份验证模式：Windows 身份验证模式和混合模式。在

Windows身份验证模式中,用户通过 Windows 用户账户连接时,SQL Server 使用 Windows操作系统中的信息验证账户名和密码。Windows 身份验证模式通过强密码的复杂性验证提供密码策略强制、账户锁定支持、支持密码过期等。在混合模式中,当客户端连接到服务器时,既可能采取 Windows 身份验证,也可能采取 SQL Server 身份验证。当设置为混合模式时,允许用户使用 Windows 身份验证 SQL Server 身份验证进行连接。关于两种登录方式的用法参见第 2 章。

11.2　管理登录名

登录名指登录到 SQL Server 系统的名称,其管理内容包括创建登录名、设置密码策略、查看登录名信息、修改和删除登录名,可以用 SSMS 实现,也可以通过命令完成。

11.2.1　用 SSMS 创建登录名

登录名是服务器对象,与数据库级别相同,它不属于某一个数据库。在数据库服务器下依次展开"安全性"→"登录名",可以看到目前已经存在的登录名,也可以新建登录名。

sa 是一个默认的 SQL Server 登录名,拥有操作 SQL Server 系统的所有权限。不能被删除,当采用混合模式安装 SQL Server 系统之后,需要为 sa 指定一个密码,该登录名默认为禁用,可以在属性对话框中"状态"选项卡上设置为启用状态。

右击"登录名",选择"新建登录名",出现新建登录名对话框,如果采用 SQL Server 身份验证,则可以新建任意登录名,如图 11-3 所示。

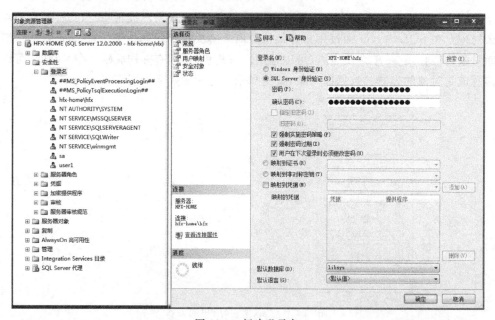

图 11-3　新建登录名

单击"默认数据库"下拉列表框,选择该用户组或用户访问的默认数据库。

单击"服务器角色"选项卡,可以查看或修改登录名在固定服务器角色中的成员身份。

单击"用户映射"选项卡,可以查看或修改登录名到数据库用户的映射。

单击"安全对象"选项卡,可以查看或修改安全对象。

单击"状态"选项卡,可以查看或修改登录名的状态信息。

强制实施密码策略:表示对该登录名强制实施 Windows 密码策略。密码策略包括 5 条:①长度至少 6 字符(SQL 服务器支持的密码的长度为 1~128 字符)。②必须使用不同类型的字符(大写字母、小写字母、数字、特殊符号等,最好混用)。③不用采用完整的单词,密码中间不能出现 Admin、Administrator、Password、sa 或 sysadmin。④机器对大小写敏感。⑤不能为空。

用户在下次登录时必须更改密码:表示在首次使用新登录名时提示用户输入新密码。

强制密码过期:表示是否对该登录名实施密码过期策略,系统将提醒用户及时更改旧密码和登录名,并且禁止使用过期的密码。

如果采用 Windows 身份验证,则登录名必须是已存在的 Windows 用户,假如在 Windows 中有一个用户名 hfx,则可以将 Windows 中的用户名设置为 SQL Server 的登录名,在当前对话框中单击"搜索"按钮查询,可以找到用户名 hfx,显示格式是:数据库服务器名\用户名,如图 11-4 所示。

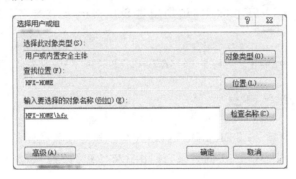

图 11-4 选择用户或组

11.2.2 用命令创建登录名

用 CREATE LOGIN 命令创建登录名,格式是:

```
CREATE LOGIN 登录名 <WITH PASSWORD = '密码' | FROM WINDOWS>
    [,DEFAULT_DATABASE = 默认数据库]
    [,DEFAULT_LANGUAGE = 默认语言]
    [, CHECK_EXPIRATION = ON|OFF]
    [, CHECK_POLICY = ON|OFF][ MUST_CHANGE]
```

参数说明:

SQL Server 系统使用了 Windows 的密码策略,当用 Windows 登录名创建登录名时,不需要指定密码,因为 Windows 登录名本身有 Windows 密码。但是,在创建 SQL Server 登录名时,如果依然希望使用 Windows 的密码策略,那么需要通过使用一些关键字来明确指定。

CHECK_EXPIRATION:检查登录名的期限,仅适用于 SQL Server 登录名,表示是否对登录名强制实施密码过期策略,默认为 OFF。

CHECK_POLICY:检查密码策略,仅适用于 SQL Server 登录名,表示是否对登录名强制实施运行 Windows 密码策略,默认为 ON。

默认数据库:若缺省本项,则默认为 Master 数据库。

例 11-1 创建名为 libsyslogin1 的登录名,初始密码为 123456,默认数据库为 libsys。

```
CREATE LOGIN libsyslogin1 WITH PASSWORD = '123456', DEFAULT_DATABASE = libsys
```

例 11-2 假设 SQL Server 服务器名为 SQLSVR2014,在 Windows 中有一个用户名 Teacher,创建对应的登录名 Teacher。

```
CREATE LOGIN [SQLSVR2014\Teacher] FROM WINDOWS
```

说明:登录名要用"服务器名\登录名"的格式,且方括号[]不可缺省。

例 11-3 假设当前机器的 SQL Server 服务器名为 605-25,Windows 的用户名为 Student,为数据库 libsys 创建对应的登录名 Student。

```
CREATE LOGIN [605 - 25\Student] FROM WINDOWS WITH DEFAULT_DATABASE = 'libsys'
```

例 11-4 使用 CREATE LOGIN 语句创建 SQL Server 登录名 Peterson,并且设置密码过期策略。

```
CREATE LOGIN Peterson WITH PASSWORD = 'MyQQis1059702586' MUST_CHANGE, CHECK_EXPIRATION = ON
```

11.2.3 维护登录名

修改登录名的命令是 ALTER LOGIN,格式与新建登录名相同。

例 11-5 将名为 libsyslogin1 的登录密码由 123456 修改为 88888888。

```
ALTER LOGIN libsyslogin1 WITH PASSWORD = '88888888'
```

禁用和启用登录名的命令也是 ALTER LOGIN,如禁用登录名 Peterson 的命令是:

```
ALTER LOGIN Peterson DISABLE
```

启用登录名 Peterson 的命令是:

```
ALTER LOGIN Peterson ENABLE
```

删除登录名的命令是 DROP LOGIN,格式是:

```
DROP LOGIN 登录名
```

例 11-6 删除登录名 Peterson。

```
DROP LOGIN Peterson
```

说明:需要用户对服务器具有 ALTER ANY LOGIN 权限的用户才能执行此操作,可以删除数据库用户映射的登录名,但不能删除正在使用的登录名。

可以用系统存储过程 sp_helplogins 查询登录名信息,可以看到默认数据库、默认语言等内容。

11.3　管理用户

通过登录名登录到 SQL Server 服务器后,还不能对数据库进行操作,在一个用户可以访问数据库之前,管理员必须在数据库中为他建立一个用户名。一个登录名必须与每个数据库中的一个用户关联后,用这个数据库用户才能访问数据库对象。如果登录名没有与数据库中的任何用户关联,则自动与 Guest(来宾)用户关联,如果数据库中没有 Guest 用户账户,则此登录名不能访问本数据库。用户是数据库级的主体,是登录名在数据库中的映射,是在数据库中执行操作和活动的行动者。

登录名和数据库用户的关系是:登录名和数据库用户是用于权限管理的不同对象,一个登录名可以与所有数据库关联,而数据库用户是登录名在指定数据库中的映射;一个登录名可以映射到不同的数据库,产生多个用户名,而一个数据库用户只能对应一个登录名;数据库用户在定义时必须与一个登录名相关联;数据库用户是定义在数据库层次的安全控制手段。

在 SQL Server 系统中,数据库用户不能直接拥有表、视图等数据库对象,而是通过架构 Schema 拥有这些对象。

11.3.1　使用 SSMS 管理用户

用户是数据库级的对象,需要展开具体的数据库,在"安全性"对象中才能看到当前数据库中的用户,系统已经为每个数据库建立了 dbo(数据库所有者)、Guest(来宾)、INFORMAYION_SCHEMA(信息架构)和 sys(系统)4 个用户,可以将服务器级的登录名设置为用户,每一个用户必须和一个登录名相关联。

例 11-7　将 libsyslogin1 的登录名设置为 libsys 数据库的用户,用户名为 libsysuser1。

依次展开 libsys→"安全性"→"用户",右击"用户",执行"新建用户",出现新建用户的对话框,输入用户名 libsysuser1,登录名可以通过单击 ····· 按钮查询到,默认架构一般选择[DBO]或[db_owner],也可以缺省,缺省时不拥有任何架构,如图 11-5 所示。

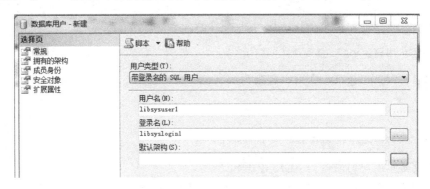

图 11-5　新建用户

用户类型包括 Windows 用户、不带登录名的 SQL 用户、带登录名的 SQL 用户等 5 种,默认是带登录名的 SQL 用户。"不带登录名的 SQL 用户"表示新添加的用户没有登录名。

添加新用户后,此用户不属于任何角色,没有权限,也没有任何安全对象,需要加入一种角色或者赋权后才可以对数据库进行访问。

11.3.2　用命令建立用户

使用 CREATE USER 语句在指定的数据库中创建用户。格式是:

```
CREATE USER 用户名 {[FOR|FROM] { LOGIN 登录名 } | WITHOUT LOGIN }
```

参数说明:WITHOUT LOGIN 子句可创建不映射到 SQL Server 登录名的用户,它可以作为 guest 连接到其他数据库。可以将权限分配给这一没有登录名的用户,当上下文更改为没有登录名的用户时,原始用户将收到无登录名用户的权限。

例 11-8　创建与登录名 libsyslogin1 关联的数据库用户 libsysuser1。

命令:

```
USE libsys
GO
CREATE USER libsysuser1 FROM LOGIN libsyslogin1
GO
```

说明:如果 libsysuser1 用户已经存在,请先删除。而且一个登录名只能映射为一个用户名。

例 11-9　创建与登录名 libsyslogin1 同名的数据库用户,用户名也是 libsyslogin1。

```
USE libsys
GO
CREATE USER libsyslogin1
```

例 11-10　创建一个无登录名的用户名 libsysuser2。

```
CREATE USER libsysuser2 WITHOUT LOGIN
```

则此用户名没有登录名,但可以直接作为当前数据库的用户。

11.3.3　维护用户

修改用户属性的命令是 ALTER USER,格式是:

```
ALTER USER 用户名 WITH   修改项[,…]
```

例 11-11　将 libsysuser2 用户名改为 newuser2。

```
USE libsys
GO
ALTER USER libsysuser2 WITH NAME = newuser2
```

删除数据库用户的命令是: DROP USER。

例如:删除用户 newuser2 的命令是: DROP USER newuser2。

用系统存储过程 sp_helpuser 可以查看当前数据库中用户的信息,如图 11-6 所示。

可以看出,新增加的用户 libsysuser1 和 libsysuser2 的角色都是 public,还可以显示默认的数据库名和默认的架构名等信息。

	UserName	RoleName	LoginName	DefDBName	DefSchemaName	UserID	SID
1	dbo	db_owner	hfx-home\hfx	libsys	dbo	1	0x0105000(
2	guest	public	NULL	NULL	guest	2	0x00
3	INFORMATION_SCHEMA	public	NULL	NULL	NULL	3	NULL
4	libsyslogin1	public	libsyslogin1	libsys	dbo	5	0x5251612
5	libsysuser2	public	NULL	NULL	dbo	6	0x0105000(
6	sys	public	NULL	NULL	NULL	4	NULL

图 11-6　数据库用户信息

11.4　管理角色

角色(role)也叫服务器角色,是具有相同权限的多个用户所组成的集合。对一个角色授予、拒绝或废除的权限也适用于该角色的任何成员。可以建立一个角色来代表单位中一类工作人员所执行的工作,然后给这个角色授予适当的权限。当工作人员开始工作时,只需将他们添加为该角色成员,当他们离开工作时,将他们从该角色中删除。而不必在每个人接受或离开工作时,反复授予、拒绝和废除其权限。权限在用户成为角色成员时自动生效。

角色与用户的关系:角色是用户所在的组,用户是使用数据库的人,具体该用户能做什么,要通过角色来决定。

角色是服务器级的主体,它们的作用范围是整个服务器,分为固定服务器角色、用户自定义数据库角色、应用程序角色三种类型。

11.4.1　固定数据库角色

固定数据库角色是由系统设定的,已经具备了执行指定操作的权限,可以把其他登录名作为成员添加到固定服务器角色中,这样该登录名可以继承固定服务器角色的权限。

SQL Server 2014 提供的固定数据库角色包括 9 类,如表 11-1 所示。

表 11-1　固定数据库角色

角 色 名	说　明	功 能 描 述
bulkadmin	BULK INSERT 操作员	可以执行 BULK INSERT(大容量数据插入)语句
dbcreator	数据库创建者	可以创建、更改、删除和还原任何数据库
diskadmin	磁盘管理员	可以管理磁盘文件
processadmin	进程管理员	可以管理在 SQL Server 中运行的进程
public	公共角色	初始状态时没有权限,所有的数据库用户都是其成员
securityadmin	安全管理员	管理登录名及其属性;可以 GRANT、DENY 和 REVOKE 服务器级权限和数据库级权限,也可以重置 SQL Server 登录名的密码
serveradmin	服务器管理员	可以设置服务器范围的配置选项和关闭服务器
setupadmin	安装程序管理员	可以添加和删除连接服务器,并且也可以执行某些系统存储过程
sysadmin	系统管理员	可以在服务器中执行任何活动;默认情况下,Windows BUILTIN\Administrators组(本地管理员组)的所有成员都是 sysadmin 固定服务器角色的成员

固定数据库角色都有预先定义好的权限,而且不能为这些角色增加或删除权限。虽然初始状态下 public 角色没有任何权限,但是可以为该角色授予权限。由于所有的数据库用户都是该角色的成员,并且这是自动的、默认的和不可改变的,因此数据库中的所有用户都会自动继承 public 角色的权限。

可以把登录名添加到固定服务器角色中,使登录名作为固定服务器角色的成员继承固定服务器角色的权限。对于登录名来说,可以判断其是否为某个固定服务器角色的成员。

在数据库创建时,系统为固定数据库角色创建了 9 种身份。

(1) db_owner:进行所有数据库角色的活动,以及数据库中的其他维护和配置活动。该角色的权限跨越所有其他的固定数据库角色。

(2) db_accessadmin:成员有权通过添加或者删除用户来指定谁可以访问数据库。

(3) db_securityadmin:成员可以修改角色成员身份和管理权限。

(4) db_ddladmin:成员可以在数据库中运行任何数据定义语言(DDL)命令。

(5) db_backupoperator:成员可以备份该数据库。

(6) db_datareader:成员可以读取所有用户表中的所有数据。

(7) db_datawriter:成员可以在所有用户表中添加、删除或者更改数据。

(8) db_denydatareader:成员不能读取数据库内用户表中的任何数据,但可以执行架构修改(比如在表中添加列)。

(9) db_denydatawriter:成员不能添加、修改或删除数据库内用户表中的任何数据。

如果一个登录名同时属于几个角色,则拥有所有角色的权限之和。

用户可以用 SSMS 来管理角色,也可以用 SP_ADDSRVROLEMEMBER、SP_HELPSRVROLEMEMBER、SP_DROPSRVROLEMEMBER 等系统存储过程和 IS_SRVROLEMEMBER 函数来执行有关固定服务器角色和登录名之间关系的操作。但 sa 是一个特殊的登录名,由系统创建,不能更改 sa 登录名的角色成员身份。

系统存储过程 SP_ADDSRVROLEMEMBER 用于向角色添加成员(登录名),格式是:

```
SP_ADDSRVROLEMEMBER '登录名', '角色名'
```

例 11-12　将登录名 libsyslogin1 添加到 sysadmin 角色中。

```
EXEC SP_ADDSRVROLEMEMBER 'libsyslogin1', 'sysadmin'
```

则 libsyslogin1 是 sysadmin 角色的一员了,具有 sysadmin 角色的所有权限。

在固定服务器角色属性中可以查看选定服务器角色所包含的登录名。

在登录名的属性中,通过"服务器角色"标签页可以查看该登录名隶属于哪些服务器角色。

系统存储过程 SP_DROPSRVROLEMEMBER 用于从角色中删除成员(登录名),格式是:

```
SP_DROPSRVROLEMEMBER '登录名', '角色名'
```

例 11-13　将登录名 libsyslogin1 从 sysadmin 角色中删除。

```
EXEC SP_DROPSRVROLEMEMBER 'libsyslogin1', 'sysadmin'
```

系统存储过程 SP_HELPSRVROLEMEMBER 用于查询登录名所属的角色，IS_SRVROLEMEMBER 用于查询某一个登录名是不是某一类角色的成员。

例 11-14 用 IS_SRVROLEMEMBER 函数查询登录名 libsyslogin1 是不是 sysadmin 角色的成员。

```
SELECT IS_SRVROLEMEMBER('sysadmin','libsyslogin1')
```

结果为 0 表示不是，1 表示是。

11.4.2 用户自定义数据库角色

固定数据库角色是由系统设定的，已经具备了执行指定操作的权限，如果希望修改权限的内容，则需要定义服务器角色。

用 SSMS 定义角色的方法是：展开数据库名，依次找到"安全性"→"角色"，右击"数据库角色"，执行"新建数据库角色"，即可打开新建服务器角色的对话框。

例如：给 libsys 数据库增加服务器角色 libsysrole1，对话框如图 11-7 所示。

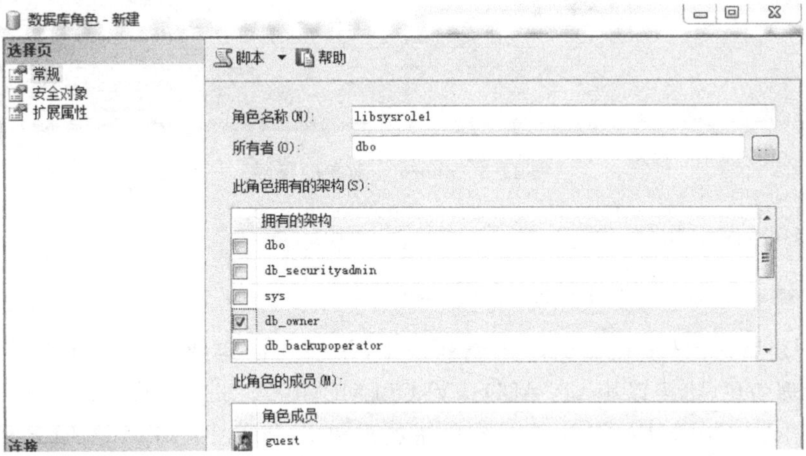

图 11-7 新建数据库角色

在这个对话框中，可以选择所有者，可以选择此角色拥有的架构，还可以向该角色添加用户成员。单击"安全对象"标签，可以看到更多的信息，安全对象不同，则可以赋予的权限也不一样，图 11-8 是 dbo 安全对象可以赋予的权限，可以选择。

可以使用 CREATE ROLE 语句创建角色。实际上，创建角色的过程就是指定角色名称和拥有该角色的用户的过程。如果没有明确地指定角色的所有者，那么当前操作的用户默认是该角色的所有者。

例 11-15 给 libsys 数据库添加服务器角色。

```
USE libsys
GO
CREATE ROLE Manager
```

如果要创建一个服务器角色 Manager，同时给用户 libsysuser2 赋所有者权限，则需要

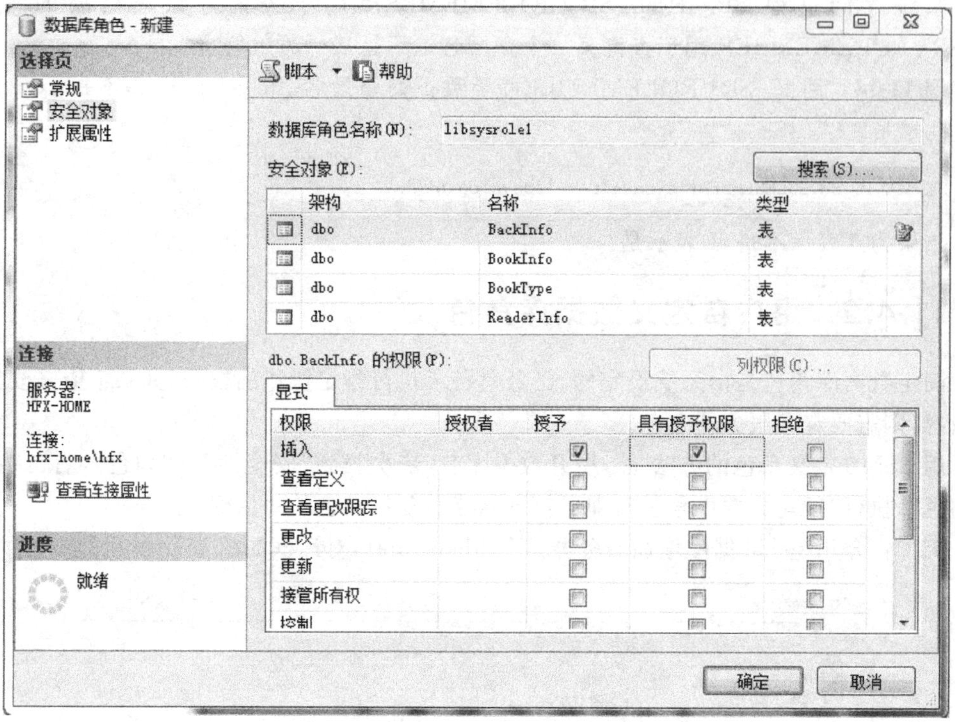

图 11-8   dbo 安全对象的权限

加上 AUTHORIZATION 成分,即:

```
CREATE ROLE Manager AUTHORIZATION libsysuser2
```

角色创建后,会显示在数据库角色列表中,用法与固定数据库角色相同,既可以用 SSMS 来管理角色,也可以用 SP_ADDSRVROLEMEMBER、SP_HELPSRVROLEMEMBER、SP_DROPSRVROLEMEMBER 等系统存储过程和 IS_SRVROLEMEMBER 函数来执行有关固定服务器角色和登录名之间关系的操作。

例 11-16   使用 T-SQL 在 libsys 数据库中创建用户定义数据库角色 db_role,并将所建的数据库用户 newuser 添加到该角色中。

```
USE libsys
GO
CREATE ROLE db_user
GO
EXEC SP_ADDROLEMEMBER 'db_user', 'libsysuser2'
GO
```

11.4.3 应用程序角色

应用程序角色是一个数据库主体,它可以使应用程序能够用其自身的、类似用户的权限来运行,在使用应用程序时,仅允许特定用户来访问数据库中的特定数据,如果不使用这些特定的应用程序连接,就无法访问这些数据,从而实现安全管理的目的。

与数据库角色相比来说,应用程序角色有三个特点:①在默认情况下该角色不包含任何成员;②在默认情况下该角色是非活动的,必须激活之后才能发挥作用;③该角色有密码,只有拥有应用程序角色正确密码的用户才可以激活该角色。当激活某个应用程序角色之后,用户会失去自己原有的权限,转而拥有应用程序角色的权限。

创建应用程序角色的命令是:CREATE APPLICATION ROLE,激活应用程序角色是 sp_setapprole 存储过程。

例 11-17　给数据库 libsys 创建应用程序角色 lib_Manager,密码是 Wearemanagersoflibrary!

```
USE libsys
CREATE APPLICATION ROLE lib_Manager WITH PASSWORD = 'Wearemanagersoflibrary!'
```

激活应用程序角色 LIB_MANAGER 的方法是:

```
EXEC SP_SETAPPROLE lib_Manager , 'Wearemanagersoflibrary!'
```

修改应用程序角色的命令是 ALTER APPLICATION ROLE,与创建应用程序角色的命令相似。

11.5　管理权限

权限是执行操作、访问数据的通行证。只有拥有了针对某种安全对象的指定权限,才能对该对象执行相应的操作,不同的对象有不同的权限。

11.5.1　权限的分类

在 SQL Server 系统中,权限有不同的分类方式。如果依据权限是否预先定义,可以把权限分为预先定义的权限和预先未定义的权限。预先定义的权限是指系统安装之后,不必通过授予权限即拥有的权限。例如,固定服务器角色和固定数据库角色所拥有的权限即是预定义的权限,对象的所有者也拥有该对象的所有权限以及该对象所包含的对象的所有权限。预先未定义的权限是指那些需要经过授权或继承才能得到的权限。大多数的安全主体都需要经过授权才能获得对安全对象的使用权限。

如果按照权限是否与特定的对象有关,可以把权限分为针对所有对象的权限和针对特殊对象的权限。针对所有对象的权限表示这种权限可以针对 SQL Server 系统中所有的对象,例如 CONTROL、ALTER、ALTER ANY、TAKE OWNERSHIP、INPERSONATE、CREATE、VIEW DEFINITION 等。针对特殊对象的权限是指某些权限只能在指定的对象上起作用,例如 INSERT 可以是表的权限,但不能是存储过程的权限,而 EXECUTE 可以是存储过程的权限,但不能是表的权限。

在使用 GRANT(授权)、REVOKE(撤销)、DENY(拒绝)语句执行权限管理操作时,经常使用 ALL 关键字表示指定安全对象的常用权限,不同的安全对象往往具有不同的权限。

11.5.2　对象权限

在 SQL Server 中,所有对象都可以授予权限。可以是特定的对象、特定类型的所有对象和所有属于特定架构的对象管理器。在服务器级别,可以为服务器、端点、登录和服务器角色授予对象权限,也可以为当前的服务器实例管理权限;在数据库级别,可以为应用程序角色、数据库角色、数据库、函数、架构等管理权限。

一旦有了保存数据的结构,就需要给用户授予开始使用数据库中数据的权限,可以通过给用户授予对象权限来实现。利用对象权限,可以控制谁能够读取、写入或者以其他方式操作数据。安全对象的常用权限包括:

控制(CONTROL):赋予安全对象的所有可能的权限,使主体成为安全对象的虚拟拥有者。这包括将安全对象授予权限给其他主体。

创建(CREATE):赋予创建一个特定对象的能力,这取决于它被授予的范围。例如,CREATE DATABASE 权限允许主体在 SQL Server 实例创建新的数据库。

更改(ALTER):赋予更改安全对象属性的权限,除了更改所有者。这个权限包含了同范围的 ALTER、CREATE、DROP 对象的权限(比如,用户对表 A 有更改权限,那么它能够ADD/ALTER/DROP 列、CREATE/DROP 索引约束等)。例如,一个数据库级别的更改权限,包括更改表和架构权限。

删除(DELETE):允许一个主体删除任何或所有存储在表中的数据。

模拟登录或者模拟用户名:赋予主体模拟另一个登录/用户。通常用于改变存储过程的执行上下文。

插入(INSERT):允许主体往表中插入新记录。

选择(SELECT):授予主体从一个特定的表读取数据,便于在表上执行查询操作。

接管(TAKE OWNERSHIP):接管所有权。

更新(UPDATE):允许主体更新表中的数据。

查看定义(VIEW DEFINITION):赋予主体权限查看安全对象的定义。

引用(REFERENCES):表可以借助于外部关键字关系在一个共有列上相互链接起来;外部关键字关系设计用来保护表间的数据。当两个表借助于外部关键字链接起来时,该权限允许用户从主表中选择数据,即使它们在外部表上没有"选择"权限。

执行(EXECUTE):该权限允许用户执行被应用了该权限的存储过程。

11.5.3　语句权限

语句权限是用于控制创建数据库或数据库中的对象所涉及的权限。只有 sysadmin、db_owner 和 db_securityadmin 角色的成员才能够授予用户语句权限。主要包括:

CREATE DATABASE:创建数据库。

CREATE TABLE:创建表。

CREATE VIEW:创建视图。

CREATE PROCEDURE:创建过程。

CREATE INDEX:创建索引。

CREATE ROLE：创建规则。

CREATE DEFAULT：创建默认值。

可以对登录名、角色和用户进行权限管理，但它们的权限会有所不同，因为登录名是服务器对象，而角色和用户是数据库对象，运用 SSMS 和 SQL 命令都管理权限。

例 11-18　用 SSMS 为角色 libsysrole1 授予 CREATE TABLE(创建表)权限和授予权限权，而不授予 INSERT(插入记录)权限。

(1) 展开数据库，右击 libsys，从快捷菜单中执行"属性"，打开属性对话框。

(2) 切换到"权限"选项页面，从"用户或角色"列表中单击"搜索"，找到角色 libsysrole1。

(3) 在"libsysrole1 的权限"列表中，启用 CREATE TABLE 后面选择"授予"和"具有授予权限"，而插入后面的"授予"列的复选框一定不能启用，如图 11-9 所示。

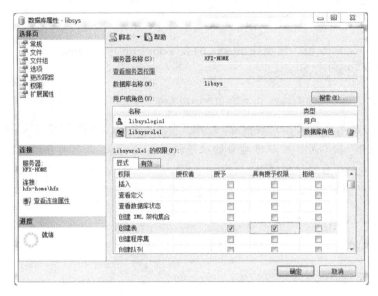

图 11-9　授权操作

(4) 单击"确定"按钮，设置完成。

(5) 验证权限。假设有个登录名 libsyslogin，关联的用户是 libsysuser，此用户是 libsysrole1 角色的成员(如果不是，可以创建登录名和用户并加入到 libsysrole1 角色中)。断开当前 SQL Server 服务器的连接，重新打开 SQL Sever Management Studio，设置验证模式为 SQL Server 身份验证模式，使用 libsyslogin 登录，由于该登录账户与数据库用户 libsysuser 关联，而此用户是 libsysrole1 的成员，所以该登录账户拥有该角色的所有权限。在创建表结构时正常运行，而输入记录时，系统报错。

用 GRANT 命令授权，将安全对象的权限授予指定的安全主体。这些可以使用 GRANT 语句授权的安全对象包括应用程序角色、数据库、端点、角色、架构、服务器、服务、存储过程、系统对象、表、类型、用户、视图等，不同的安全对象有不同的权限，因此也有不同的授权方式。

一般格式是：

```
GRANT 权限　ON 对象 TO 用户　[WITH GRANT OPTION]
```

其中：[WITH GRANT OPTION]表示授权权，用户也可以是角色。

例如：将控制权授予 libsysuser1，命令是：

```
GRANT CONTROL TO libsysuser1
```

将创建表权授予 libsysuser2，命令是：

```
GRANT CREATE TABLE TO libsysuser2
```

将创建表权和授权权授予 libsysuser3，命令是：

```
GRANT CREATE TABLE TO libsysuser3 WITH GRANT OPTION
```

给用户 libsysuser4 授予数据库 libsys 的表 BookInfo 具有选择权，命令是：

```
GRANT SELECT ON libsys.BookInfo TO libsysuser4
```

给用户 libsysuser5 授予数据库 libsys 的表 BookInfo 中的 BookID 和 BookName 列具有选择权和插入记录权，命令是：

```
GRANT SELECT, INSERT ON libsys.BookInfo(BookID,BookName) TO libsysuser5
```

说明：必须显式地指定用户对对象的"授予"、"具有授予权限"和"拒绝"权限。用户获得"具有授予权限"表示用户可以将对应的权限授予其他对象，改变对象的权限后，需要刷新对象才能查看其更改后的权限属性。

授予权限后，还可以用 ROVOKE 命令撤销其权限。格式是：

```
REVOKE 权限 ON 对象　FROM 用户
```

例如：取消 libsysuser4 用户的 SELECT 权限，命令是：

```
REVOKE SELECT ON libsys.BookInfo FROM libsysuser4
```

撤销用户 libsysuser5 对数据库 libsys 的表 BookInfo 中的 BookID 和 BookName 列的插入记录权，命令是：

```
REVOKE SELECT ON libsys.BookInfo(BookID,BookName) FROM libsysuser5
```

安全主体可以通过两种方式获得权限，第一种方式是直接使用 GRANT 语句为其授予权限，第二种方式是通过作为角色成员继承角色的权限。

使用 REVOKE 语句只能删除安全主体通过第一种方式得到的权限，要想彻底删除安全主体的特定权限，必须使用 DENY 语句。DENY 命令的功能是拒绝权限，但 DENY 命令与 GRANT 及 REVOKE 是相互排斥的，即一旦赋予 DENY 权，则需要取消 GRANT 权和 REVOKE 权。格式是：

```
DENY 权限　ON 对象 TO 用户
```

例如：拒绝 libsysuser1 用户的控制权，命令是：

```
DENY CONTROL TO libsysuser1
```

拒绝用户 libsysuser2 的创建表权，命令是：

```
DENY CREATE TABLE TO libsysuser2
```

拒绝用户 libsysuser4 对数据库 libsys 的表 BookInfo 的选择权,命令是:

```
DENY SELECT ON libsys.BookInfo TO libsysuser4
```

语句权限命令涉及安全主体、安全对象、权限等内容,对服务器、数据库、表、列范围不同的对象均可以赋权,以适应不同应用程序的要求,命令比较复杂,可以从 MSDN 文档中获取更多的帮助。

11.6　技能训练 15:数据库安全管理

11.6.1　训练目的

(1) 掌握登录名的建立和管理方法。
(2) 掌握用户的建立和管理方法。
(3) 掌握角色的建立和管理方法。
(4) 掌握授权、回收权限和拒绝权限的方法。

11.6.2　训练时间

2 课时。

11.6.3　训练内容

1. 准备工作

确认数据库 scoresys 已经存在,且是当前数据库,而且有 3 个表 Course、Student 和 Score,且都有记录,如果不存在,则需要按照第 3 章的内容重新建立,或者用脚本文件建立。

2. 登录名的建立与维护

(1) 运用 SSMS 建立三个登录名,分别是 login1、login2、login3。
(2) 运用 SQL 命令建立三个登录名,分别是 login4、login5、login6。
(3) 查看当前的 Windows 用户,用命令创建与 Windows 用户相同的登录名 user。
(4) 检查 login1 和 login4 的属性,并设置密码,然后启用所有登录名。
(5) 分别用 SSMS 和 SQL 命令删除登录名 login5 和 login6.

3. 用户管理

(1) 确认当前数据库是 scoresys。
(2) 用 SSMS 创建用户 user1,与登录名 login1 关联。
(3) 用命令创建用户 user2,与登录名 login2 关联。
(4) 查看 user1 和 user2 的属性,观察各个选项页的内容。

4. 角色管理

（1）查看 scoresys 数据库中各个固定数据库角色的名称，分析其权限。

（2）将用户 user1 和 user2 加入固定数据库角色 sysadmin 中。

（3）用 SSMS 创建角色 role1，任意赋权，然后将 user3 和 user4 用户加入这个角色。

（4）用命令创建角色 role2，并将用户 user5 加入这个角色。

（5）检查角色 role1 和 role3 的属性，任意修改它们的权限。

（6）从 role2 中删除用户 user5。

5. 权限管理

（1）用 SSMS 为角色 srole2 授予 CREATE TABLE（创建表）权限和授予权限权，而不授予 INSERT（插入记录）权限。

（2）用命令将控制权授予 user3。

（3）用命令将创建表权授予 user4。

（4）用命令将创建表权和授权权授予 user3。

（5）用命令将创建表权和授权权授予 user4。

（6）用命令给用户 user4 授予数据库 scoresys 的表 Student 中的 SID 和 SName 列具有选择权和插入记录权。

（7）取消 user4 用户的 SELECT 权。

（8）拒绝 user3 用户的建表权。

11.6.4　思考题

（1）如果一个用户同时属于多个角色，则这个用户的权限有哪些？

（2）能不能重新设置固定服务器角色的权限？试试看。

（3）如果用户已经赋予了权限，能不能删除这个用户对应的登录名？试试看。

习题 11

一、填空题

1. SQL Server 的安全性机制可分为（　　）、（　　）和（　　）三个等级。

2. 服务器级安全性建立在（　　）的基础上，它采用（　　）和（　　）两种方式。

3. 数据库级安全性通过（　　）实现。

4. 主体与对象的关系是通过（　　）完成的。

5. 数据库对象包含在（　　）中，被（　　）拥有，（　　）是对象的容器。

6. （　　）是默认的 SQL Server 登录名，拥有操作 SQL Server 系统的（　　）权限，不能删除。

7. 修改登录名的命令是（　　），查询登录名信息的命令是（　　）。

8. 一个登录名必须与每个数据库中的一个（　　）关联，如果没有关联对象，则自动与（ ）关联起来。

9. 角色是（ ）的用户集合,一个用户可以同时属于（ ）个角色。

10. 角色是（ ）级的主体,它们的作用范围是（),分为（)、（ ）和（ ）三种类型。

11. 固定数据库角色是由（ ）设定的,其中（ ）权限最高,可以执行任何操作。

12. 授权命令是（),取消权限命令是（),拒绝权限命令是（ ）。

二、选择题

1. 下面（ ）角色属于服务器。

　　A. 服务器角色　　　　　　　　　　　B. 数据库角色

　　C. 应用程序角色　　　　　　　　　　D. Windows 用户

2. 设置登录账号时如果没有指定默认的数据库,则其权限局限在（ ）数据库。

　　A. master　　　　　B. msdb　　　　　C. tempDB　　　　　D. userDB

3. 以下（ ）描述符合强制实施密码策略。

　　A. 长度最多 12 个字符　　　　　　　B. 必须使用不同类型的字符

　　C. 不区分字母的大小写　　　　　　　D. 超过 6 个字符的单词可以作为密码

4. 创建登录账号时,命令中出现 CHECK_EXPIRATION,表示（ ）。

　　A. 检查密码策略　　　　　　　　　　B. 必须修改密码

　　C. 检查登录名是否过期　　　　　　　D. 检查密码是否有效

5. 一个数据库用户只能对应（ ）个登录名。

　　A. 1　　　　　　　B. 2　　　　　　　C. 3　　　　　　　D. 多

6. 当用户从角色中退出,则他的权限（ ）。

　　A. 仍然保留　　　　　　　　　　　　B. 不变

　　C. 全部删除　　　　　　　　　　　　D. 自动删除角色中的权限

7. 下面（ ）角色没有任何权限。

　　A. bulkadmin　　　B. processadmin　　C. setupadmin　　D. public

8. 用于向服务器角色添加成员的命令是（ ）。

　　A. SP_ADDSRVROLEMEMBER　　　　B. SP_HELPSRVROLEMEMBER

　　C. SP_DROPSRVROLEMEMBER　　　　D. IS_SRVROLEMEMBER

9. 应用程序角色的特点是（ ）。

　　A. 默认成员只有 public 一个　　　　B. 需要激活才能使用

　　C. 属于服务器　　　　　　　　　　　D. 任何人都可以使用

10. 如果希望允许其他用户也有授权的权限,这种权限称为（ ）。

　　A. 授予　　　　　　　　　　　　　　B. 具有授予权限

　　C. 拒绝　　　　　　　　　　　　　　D. 撤销

三、简答与操作题

1. 简述安全对象、安全主体、权限的关系。

2. SQL Server 的安全机制可分为哪些等级?

3. SQL Server 的强制密码策略有哪些?

4. 角色分为哪几种,什么不同?

5. 说明登录名、角色、用户之间的相互关系。

6. 固定数据库角色包括哪几种？各有哪些功能？

7. 如何创建用户自定义角色？

8. 应用程序角色有什么特点？

9. 安全对象的常用权限有哪些？

第12章

SQL Server数据库程序开发

✎ **主要知识点**

- 应用程序架构：C/S 模式和 B/S 模式；
- 常用的数据库访问技术；
- ADO.NET 数据库操作类；
- WinForm 使用 ADO.NET 访问数据库；
- WebForm 使用 ADO.NET 访问数据库。

📖 **学习目标**

本章将学习 SQL Server 2014 数据库应用开发的相关知识，主要包括数据库应用程序的结构模式、常用的数据库访问技术、.NET 平台下 SQL Server 2014 数据库程序开发方法和过程。同时，本章以 Visual Studio 2010 作为应用程序的开发工具，以基于 WinForm 或 WebForm 的教学案例为载体来介绍以 C/S 模式和 B/S 模式的数据库应用程序开发的过程。

12.1 数据库应用程序结构

应用程序是指使用某种程序设计语言编写，运行于某种目标体系结构上的一组指示计算机每一步动作的指令。数据库应用程序是指向后台特定数据库中添加、修改、查看和删除数据的应用程序。数据库应用程序一般由三个部分组成：一是提供给用户进行操作，实现人机交互的前台界面，即表示层；二是实现程序具体功能的业务逻辑组件，即业务逻辑层；三是为应用程序提供数据的后台数据库，即数据层。在软件项目开发领域中，目前最流行的程序结构模式有 C/S 模式、B/S 模式、三层（或 N 层）模式等，下面对这三种模式进行简单介绍。

12.1.1 C/S（客户端/服务器端）结构

C/S（Client/Server）模式，即客户端/服务器端模式，是最简单的一种程序开发模式，也是早期项目开发最常使用的一种开发模式。在这种模式下，通过把任务合理分配到客户端和服务器端来降低系统运行时的通信开销，充分利用两端硬件环境优势，提高系统运行的效率和可靠性。

为了降低应用程序在开发过程中和程序运行时所依赖的硬件设备的双重成本,提高项目的性价比,推出了前期最简单的C/S客户端/服务器端模式。在C/S模式中,后台数据库的管理由数据库服务器负责。而应用程序的一些数据处理,如数据访问规则、业务逻辑规则、数据校验等操作,则可以放在两个不同的处理机上来完成。如果把这些数据处理的操作放在客户端来完成,这种模式称为胖客户端;否则,如果把这些数据处理的操作放在服务器端来完成,这种模式称为瘦客户端。

C/S结构的优点是能充分发挥客户端PC的处理能力,很多工作可以在客户端处理后再提交给服务器。对应的优点就是客户端响应速度快。具体表现在以下两点:

(1) 应用服务器运行数据负荷较轻。最简单的C/S模式的数据库应用程序由两部分组成,即客户端应用程序和数据库服务器程序。两者分别称为前台程序和后台程序。运行数据库服务器程序的计算机称为应用服务器,一旦服务器程序被启动,就随时等待响应客户程序发来的请求;客户程序运行在用户的计算机上,相对于服务器,被称为客户机。当需要对数据库中的数据进行相应操作时,客户程序就会自动地寻找服务器程序,并向服务器程序发出请求,服务器程序根据预定的规则作出应答,并将结果返回给相应的客户程序,应用服务器运行数据负荷较轻。

(2) 数据的存储管理功能较为透明。在数据库应用程序中,数据的存储管理功能是由服务器程序和客户应用程序分别独立进行的,并且通常把那些不同的前台应用所不能违反的规则,在服务器程序中集中实现,例如访问者的权限,编号可以重复、必须有客户才能建立订单这样的规则。所有这些,对于工作在前台程序上的最终用户,是"透明"的,他们无须过问背后的过程,就可以完成自己的一切工作。在客户服务器架构的应用中,前台程序不是非常"瘦小",麻烦的事情都交给了服务器和网络。在C/S体系下,数据库不能真正成为公共、专业化的仓库,它受到独立的专门管理。

由于C/S模式通信方式简单,软件开发过程容易,目前许多企业内部使用的中小型信息管理系统都采用这种程序结构体系。但是这种模式的软件存在以下几个不足:

(1) 性能较差。在一些情况下,需要将比较多的数据从服务器端传送到客户端进行处理;一方面会出现网络阻塞,另一方面会消耗客户端大量的系统资源,从而使整个系统的运行性能下降。

(2) 伸缩性差。在数据交换的过程中,服务器端与客户端联系相当紧密,如果在修改服务器端或客户端时,不能修改相应的另一端,这将导致这个软件不易伸缩、维护量大,软件互操作性差。

(3) 代码可重用性差。在程序开发过程中,数据库访问、业务逻辑规则等通常固化在客户端或服务器端的应用程序中。如果客户想扩展程序的相关功能,而这些功能具有相同的业务规则,程序开发人员将不得不重新编写相应的代码,导致原有的代码可重用性差。

(4) 可移植性差。当程序中某些功能是在服务器端由存储过程或触发器来实现时,其适应性和可移植性较差。因为这样的程序可能只能运行在特定的数据库平台下,当数据库平台发生变化时,这些应用程序可能需要重新开发。

12.1.2 B/S(浏览器端/服务器端)结构

B/S(Browser/Server)模式即浏览器/服务器模式,是随着 Internet 的发展,对 C/S 模式的一种改进的结构。在 B/S 模式中,用户界面完全通过 WWW 浏览器实现,一部分事务逻辑在前端实现,但是主要事务逻辑在服务器端实现。客户机上只要安装一个浏览器,如 Internet Explorer 或 Netscape Navigator,服务器安装 SQL Server、Oracle、MySQL 等数据库。浏览器通过 Web Server 同数据库进行数据交互。

B/S 模式主要是利用了不断成熟的 Web 浏览器技术:结合浏览器的多种脚本语言和 ActiveX 技术,用通用浏览器实现原来需要复杂专用软件才能实现的强大功能,同时节约了开发成本。B/S 模式最大的优点就是可以在任何地方进行操作而不用安装任何专门的软件,只要有一台能上网的计算机就能使用,客户端零安装、零维护。系统的扩展非常容易。目前这种模式已经成为当今应用软件的首选程序体系结构。

B/S 模式与 C/S 模式相比,C/S 模式是建立在局域网基础上的,而 B/S 模式是建立在 Internet 基础上的;两者的区别主要表现在硬件环境、安全控制、程序架构、可重用性、可维护性和用户界面等方面。

(1) 硬件环境不同。C/S 模式一般建立在专用的网络上,小范围里的网络环境,局域网之间再通过专门服务器提供连接和数据交换服务。而 B/S 模式建立在广域网之上,不必是专门的网络硬件环境,例如电话上网、租用设备、信息自己管理,有比 C/S 模式更强的适应范围,一般只要有操作系统和浏览器就行。

(2) 对安全要求不同。C/S 模式一般面向相对固定的用户群,对信息安全的控制能力很强。一般高度机密的信息系统采用 C/S 模式结构适宜。可以通过 B/S 模式发布部分可公开信息。而 B/S 模式建立在广域网之上,对安全的控制能力相对弱,可能面向不可知的用户。

(3) 对程序架构不同。C/S 模式程序可以更加注重流程,可以对权限多层次校验,对系统运行速度可以较少考虑。而 B/S 模式对安全以及访问速度的多重考虑,建立在需要更加优化的基础之上,比 C/S 模式有更高要求的 B/S 模式的程序架构是发展的趋势,从 MS 的 .NET 系列的 BizTalk 2000 Exchange 2000 等开始全面支持网络的构件搭建的系统。Sun 和 IBM 推出的 JavaBean 构件技术等使 B/S 模式更加成熟。

(4) 软件可重用性不同。C/S 模式的程序出于不可避免的整体性考虑,构件的重用性不如在 B/S 模式要求下的构件的重用性好。而 B/S 模式的多重结构,要求构件相对独立的功能,能够相对较好地重用。

(5) 系统可维护性不同。C/S 模式程序由于整体性,必须整体考察,处理出现的问题以及系统升级都比较困难,通常是再做一个全新的系统。而 B/S 模式由构件组成,方便构件个别的更换,实现系统的无缝升级。系统维护开销减到最小,用户从网上自己下载安装就可以实现升级。

(6) 处理问题不同。C/S 模式的程序可以处理用户面固定,并且在相同区域,安全要求高,需求与操作系统相关,应该都是相同的系统。而 B/S 模式建立在广域网上,面向不同的用户群,分散地域,这是 C/S 模式无法做到的。与操作系统平台关系最小。

(7) 用户接口不同。C/S 模式多是建立的 Windows 平台上,表现方法有限,对程序员普遍要求较高。而 B/S 模式建立在浏览器上,有更加丰富和生动的表现方式与用户交流,并且大部分难度减低,降低开发成本。

12.1.3　三层(或 N 层)结构

所谓三层体系结构,是在客户端和数据库之间加入一层"中间层",也叫组件层。通常情况下,与数据库进行交互是通过中间层(动态链接库,Web 服务或 JavaBean)实现对数据库的存取操作的。三层体系结构将两层结构中的应用程序处理部分进行分离,将其分为用户界面服务程序和业务逻辑处理程序。分离的目的是使客户机上的所有处理过程不直接涉及数据库管理系统,分享的结果将应用程序在逻辑上分为以下三层。

(1) 用户表示层。实现用户界面,并保证用户界面的友好性、统一性。

(2) 业务逻辑层。实现数据库的存取及应用程序的商业逻辑计算。

(3) 数据服务层。实现数据定义、存储、备份和检索等功能,主要由数据库系统实现。

在三层结构中,中间层起着双重作用,对于数据层是客户机,对于用户层是服务器。

三层结构的系统具有如下特点。

(1) 业务逻辑层放在中间层可以提高系统的性能,使中间层业务逻辑处理与数据层的业务数据结合在一起,而无须考虑客户的具体位置。

(2) 添加新的中间层服务器,能够满足新增客户机的需求,大大提高了系统的可伸缩性。

(3) 业务逻辑层放在中间层,从而使业务逻辑集中到一处,便于整个系统的维护和管理及代码的复用。

12.1.4　数据库访问技术

随着计算机技术的不断发展,程序开发中的数据库访问方式也在不断地发展变化。目前最常用的数据库访问技术包括 OLEDB、ADO、ADO. NET 和 ODBC/JDBC 等。这里将把 OLEDB、ADO 两种数据库访问技术做一个简单介绍。

1. OLEDB 技术

OLEDB(Object Linking and Embedding,Database,又称为 OLE DB 或 OLE-DB),一个基于 COM 的数据存储对象,能提供对所有类型的数据的操作,甚至能在离线的情况下存取数据。

OLEDB 是微软的战略性的通向不同的数据源的低级应用程序接口。OLE DB 不仅包括微软资助的标准数据接口开放数据库连接(ODBC)的结构化查询语言(SQL)能力,还具有面向其他非 SQL 数据类型的通路。作为微软的组件对象模型(COM)的一种设计,OLE DB 是一组读写数据的方法。OLE DB 中的对象主要包括数据源对象、阶段对象、命令对象和行组对象。使用 OLE DB 的应用程序会用到如下的请求序列:初始化 OLE、连接到数据源、发出命令、处理结果、释放数据源对象并停止初始化 OLE。

OLEDB 为一种开放式的标准,目的是提供一种统一的数据访问接口,并且设计成 COM(ComponentObject Model,一种对象的格式。凡是依照 COM 的规格制作出来的组件,皆可以提供功能让其他程序或组件所使用)组件。OLE DB 最主要是由三个部分组合而成的。

（1）Data Providers 数据提供者

凡是透过 OLEDB 将数据提供出来的,就是数据提供者。例如 SQL Server 数据库中的数据表,或是附文件名为 mdb 的 Access 数据库档案等,都是 Data Provider。

（2）Data Consumers 数据使用者

凡是使用 OLEDB 提供数据的程序或组件,都是 OLEDB 的数据使用者。换句话说,凡是使用 ADO 的应用程序或网页都是 OLE DB 的数据使用者。

（3）Service Components 服务组件

数据服务组件可以执行数据提供者以及数据使用者之间数据传递的工作,数据使用者要向数据提供者要求数据时,是通过 OLEDB 服务组件的查询处理器执行查询的工作,而查询到的结果则由指针引擎来管理。

2. ADO 技术

ADO（ActiveX Data Objects,ActiveX 数据对象）是 Microsoft 提出的应用程序接口（API）用以实现访问关系或非关系数据库中的数据。ADO 是一种面向对象的编程接口,旨在向程序开发人员提供一个能够访问不同数据库的统一接口。

ADO 是对当前微软所支持的数据库进行操作的最有效和最简单直接的方法,它是一种功能强大的数据访问编程模式,从而使得大部分数据源可编程的属性得以直接扩展到你的 Active Server 页面上。可以使用 ADO 去编写紧凑简明的脚本以便连接到 Open Database Connectivity（ODBC)兼容的数据库和 OLE DB 兼容的数据源,这样 ASP 程序员就可以访问任何与 ODBC 兼容的数据库,包括 MS SQL Server、Access、Oracle 等。

ADO 具有非常简单的对象模型,该模型中共有 7 个对象和 4 个集合,其中 7 个对象分别是 Connection、Command、Recordset、Errors、Properties、Parameters 和 Fields 对象；4 个集合分别是 Errors 集合、Properties 集合、Fields 集合和 Parameters 集合,ADO 对象模型如图 12-1 所示。

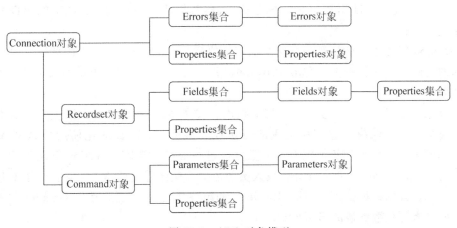

图 12-1　ADO 对象模型

使用 ADO 技术访问数据库中的数据具有以下几个特点：

（1）易于使用。ADO 是高层数据库访问技术，相对于 ODBC 来说，具有面向对象的特点。同时，在 ADO 对象结构中，对象与对象之间的层次结构不是非常明显，这会给编写数据库程序带来更多的便利。例如，在应用程序中如果要使用记录集对象，不一定要先建立连接、会话对象，如果需要就可以直接构造记录集对象。

（2）可以访问多种数据源。和 OLE DB 一样，使应用程序具有很好的通用性和灵活性。

（3）访问数据源效率高。

（4）方便的 Web 应用。ADO 可以以 ActiveX 控件的形式出现，这就大大方便了 Web 应用程序的编写。

（5）技术编程接口丰富。ADO 支持 Visual C++、Visual Basic、VBS、JS 等。

12.2 ADO.NET 数据库访问技术

12.2.1 ADO.NET 技术

ADO.NET 的名称起源于 ADO(ActiveX Data Objects)，是一个 COM 组件库，用于在以往的 Microsoft 技术中访问数据。它提供了平台互用性和可伸缩的数据访问，ADO.NET 增强了对非连接编程模式的支持，并支持 RICH XML。由于传送的数据都是 XML 格式的，因此任何能够读取 XML 格式的应用程序都可以进行数据处理。事实上，接收数据的组件不一定必须是 ADO.NET 组件，它可以是基于一个 Microsoft Visual Studio 的解决方案，也可以是任何运行在其他平台上的任何应用程序。

ADO.NET 是一组用于和数据源进行交互的面向对象类库。通常情况下，数据源是数据库，但它同样也能够是文本文件、Excel 表格或者 XML 文件。

ADO.NET 允许和不同类型的数据源以及数据库进行交互。然而并没有与此相关的一系列类来完成这样的工作。因为不同的数据源采用不同的协议，所以对于不同的数据源必须采用相应的协议。一些老式的数据源使用 ODBC 协议，许多新的数据源使用 OLEDB 协议，并且现在还在不断出现更多的数据源，这些数据源都可以通过.NET 的 ADO.NET 类库来进行连接。

ADO.NET 提供与数据源进行交互的相关的公共方法，但是对于不同的数据源采用一组不同的类库。这些类库称为 Data Providers，并且通常是以与之交互的协议和数据源的类型来命名的。

ADO.NET 是与数据源交互的.NET 技术。有许多的 Data Providers，它将允许与不同的数据源交流——取决于它们所使用的协议或者数据库。然而无论使用什么样的 Data Provider，开发人员将使用相似的对象与数据源进行交互。SqlConnection 对象管理与数据源的连接。SqlCommand 对象允许开发人员与数据源交流并发送命令给它。为了对进行快速的只"向前"读取数据使用 SqlDataReader。如果想使用断开数据，使用 DataSet 并实现能进行读取或者写入数据源的 SqlDataAdapter。

ADO.NET 对象可以分为两大类，一类是与数据库直接连接的联机对象，包括 Command 对象、DataReader 对象、DataAdapter 对象等，通过这些对象可以在应用程序中完成连接数据源及数据维护等相关操作；另一类是与数据源无关的对象，如 DataSet 对象等。ADO. NET 的对象模型如图 12-2 所示。

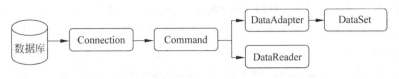

图 12-2　ADO. NET 对象模型

12.2.2　ADO.NET 数据库操作对象

前面已经讲过，ADO. NET 技术是. NET Framework 的重要组成部分，使用 ADO. NET 可以很方便地访问数据库。ADO. NET 是数据库应用程序和数据源沟通的桥梁，主要提供一个面向对象的数据存储结构，用来开发数据库应用程序。

ADO. NET 架构中提供了一些类来实现对数据库进行连接与访问的相关操作。ADO. NET 中的类大概可分为. NET 数据提供者对象和用户对象两种，. NET 数据提供者对象专用于每一种类型的数据源，专用于提供者的用户对象完成在数据源中实际的读取和写入工作。用户对象是将数据读入到内存中后用来访问和操作数据的对象。用户对象以非连接方式使用。在数据库关闭之后也可以使用内存中的数据，而. NET 数据提供者对象中必须是活动的连接。

下面对其中的一些常见类进行简单介绍。

1. SqlConnection 连接类

要访问一个数据源，我们必须先建立一个到数据源的连接。SqlConnection 类的对象表示 SQL Server 数据库的一个打开的连接，对于 C/S 模式的数据库系统而言，它相当于到服务器的网络连接。SqlConnection 与 SqlDataAdapter 和 SqlCommand 一起使用，以便在连接 SQL Server 数据库时提高性能。

这个连接对象中描述了数据库服务器类型、数据库名字、用户名、密码，以及连接数据库所需要的其他参数。SqlCommand 对象通过使用 SqlConnection 对象来知道是在哪个数据库上面执行 SQL 命令。SqlConnection 对象是. NET 数据提供程序用户的起点。在程序中，必须确保先创建和打开 SqlConnection，然后才可以执行 SqlCommand。

建立数据连接的基本步骤如下。

（1）引用命名空间 System. Data. SqlClient。

（2）实例化一个连接类的对象，其构造函数参数为连接字符串。

```
string connectionString = "Data Source = . \\SQLEXPRESS; Initial Catalog = student; Integrated Security = True";
SqlConnection con = new SqlConnection(connectionString);
```

（3）打开连接：con. Open();。

（4）使用完成后，关闭该数据连接：con. Close();。

2．SqlCommand 命令类

连接数据库后就可以开始想要执行的数据库操作，这个是通过 SqlCommand 对象完成的。SqlCommand 对象一般被用来发送 SQL 语句给数据库，通过 SqlConnection 对象知道应该与哪个数据库进行连接。SqlCommand 对象负责生成一个请求，并将其传递到数据源，如果返回结果，则 SqlCommand 对象会负责以 SqlDataReader、标量值或参数的形式来返回结果。

Command 对象的使用方式有两种：命令文本方式和存储过程方式。

（1）命令文本方式下，用 SQL 语句的 Command 设置为：

```
SqlCommand objComm = new SqlCommand();
objComm.CommandText = "SQL 语句";
objComm.CommandType = CommandType.Text ;
objComm. Connection = objConnection;
```

（2）存储过程方式下，用存储过程的 Command 设置为：

```
SqlCommand objComm = new SqlCommand();
objComm.CommandText = "sp_DeleteName";
objComm.CommandType = CommandType. StoredProcedure ;
objComm. Connection = objConnection;
```

3．SqlDataReader 类

根据经验，许多数据库操作要求我们仅仅只是需要读取一组数据。这时候就用到了 data reader 对象。通过 SqlDataReader 对象，我们可以获得从 SqlCommand 对象的 SELECT 语句得到的结果。考虑到性能方面的因素，SqlDataReader 返回的数据流被设计为只读的、单向的，这将意味着我们只能按照一定的顺序从数据流中取出数据。虽然我们在这里也获得了性能上的提升，但是缺点也是明显的，不能够操作取回数据，如果需要操作编辑数据，解决的办法是使用 DataSet。

SqlDataReader 的实现必须提供两项功能：以只进方式访问通过执行 SqlCommand 获取的一个或多个结果集；访问每个行中的列值。

4．SqlDataAdapter 适配器类

SqlDataAdapter 类的对象用于填充 DataSet 和更新 SQL Server 数据库的一组命令和一个数据库连接；通过该类的 Fill 方法，在 DataSet 中添加或刷新行以匹配数据源中的行。

SqlDataAdapter 是 DataSet 与 SQL Server 数据源之间的一个桥梁，用于检索和保存数据。它通过对数据源使用相应的 T-SQL 语句映射 Fill（更改 DataSet 中的数据以匹配数据源中的数据）和 Update（更改数据源中的数据以匹配 DataSet 中的数据）来实现这一桥梁作用。

5．DataSet 数据集类

DataSet 表示数据集，即后台数据库在内存中映射的虚拟数据库，也就是数据在内存中的缓存。DataSet 是 ADO.NET 结构的核心组件，它是从数据源中检索到的数据在内存中的缓存。

12.3 使用 C♯.NET 开发 SQL Server 数据库程序

C/S 模式的应用程序通信方式比较简单,相对于 B/S 模式而言,这种模式的应用程序其开发流程也相对简单。因为 C/S 模式应用程序的优点是能充分发挥客户端 PC 的处理能力,很多工作可以在客户端处理后再提交给服务器,因此客户端响应速度快。C/S 模式的数据库应用程序由以下两个部分组成。

客户端程序:使用 Visual Studio 2010 平台开发前台表示程序。

数据库服务器端:使用 SQL Server 2014 数据库管理系统来管理数据。

12.3.1 项目任务描述

编写一个 WinForm 应用程序,当程序运行时,首先需要用户进行登录;如图 12-3 所示,当用户输入正确的用户名和密码之后(说明:用户名和密码来自于数据库 BBSForum 中 users 表),进入信息添加窗口,填写要提交信息的相关内容后,单击"提交信息"按钮后将信息添加到数据库表 Message 中,并使用消息框给出相应的提示信息,如图 12-4 所示。

图 12-3 用户登录界面

图 12-4 提交信息界面

12.3.2 数据库设计

本案例采用 SQL Server 2014 作为后台数据库,数据库名称为 BBSForum。本数据库包含了两张数据表,分别是用户信息表 Users 和信息表 Message。两张表的列表结构如表 12-1 和表 12-2 以及图 12-5 和图 12-6 所示。

(1)用户信息表 Users

表 12-1 用户信息表 Users 的字段

字 段 名	数 据 类 型	约 束	含 义
ID	int	PK	用户编号
username	Char(10)		用户名
password	Char(10)		用户密码
realname	Char(20)		真实姓名
relationQQ	Char(20)		联系 QQ

（2）信息表 Message

表 12-2　信息表 Message 的字段

字　段　名	数 据 类 型	约束	含　　义
ID	int	主键	信息编号
title	Char(20)		信息标题
［content］	Char(100)		信息内容
msgdate	datetime	默认值	提交时间

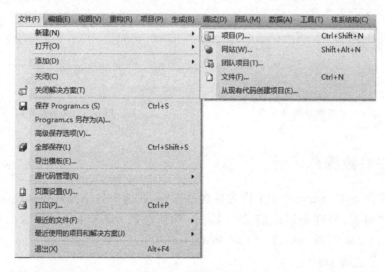

图 12-5　用户信息表 Users 的字段设计　　　　　图 12-6　信息表 Message 的字段设计

12.3.3　前台页面设计

1. 用户登录界面与代码设计

（1）启动 Visual Studio 2010，单击"文件"→"新建"命令，选择"项目"，如图 12-7 所示。

图 12-7　选择新建项目

（2）打开"新建项目"对话框，依次选择 Visual C♯→"Windows 窗体应用程序"命令，并指定解决方案的"名称"和"位置"，如图 12-8 所示。

（3）单击"确定"按钮，进行 Windows 程序设计界面，参照图 12-3 和表 12-3 进行程序的界面设计。

图 12-8　新建 WinForm 项目

表 12-3　用户登录界面控件设计

控件名称	属性名称	属 性 值	功 能 说 明
Label	text	欢迎登录教学反馈系统	显示标题
Label	text	账户	显示标题
TextBox	text	空	接收用户名
Label	text	密码	显示标题
TextBox	passwordChar	*	接收密码
Button	text	登录	
Button	text	重置	

（4）要完成用户登录功能，需要连接数据库，在用户信息表 Users 中查找用户登录信息，要完成数据连接和用户登录，需要用到 ADO.NET 中的一些类和接口，因此首先导入相应的名称空间。

```
using System.Data.SqlClient;
```

（5）通过数据连接，查找到用户登录信息，等待用户信息验证，当验证成功后，将当前登录窗体隐藏，调用信息添加窗体，完成用户登录功能。

"登录"按钮关键代码如下：

```
private void button1_Click(object sender, EventArgs e)
{
    SqlConnection myConnection = new SqlConnection("Data Source = .; Initial Catalog = BBSForum;User ID = sa");
    myConnection.Open();
    InsertMessage insertForm = new InsertMessage();
```

```
    SqlCommand myCmd = new SqlCommand("select * from users where username = @username and
password = @pw", myConnection);
    myCmd.Parameters.Add(new SqlParameter("@username", SqlDbType.NChar, 10));
    myCmd.Parameters.Add(new SqlParameter("@pw", SqlDbType.NChar, 10));
    myCmd.Parameters["@username"].Value = textBox1.Text.Trim().ToString();
    myCmd.Parameters["@pw"].Value = textBox2.Text.Trim().ToString();
    SqlDataReader dr = myCmd.ExecuteReader();
    while(dr.Read())
    {
        this.Hide();
        insertForm.Show();
    }
}
```

"重置"按钮关键代码如下：

```
private void button2_Click(object sender, EventArgs e)
{
    textBox1.Clear();
    textBox2.Clear();
    textBox1.Focus();
}
```

2. 信息添加界面与代码设计

(1) 在 Visual Studio 2010 的界面中，选择菜单栏"项目"→"添加新项"命令，如图 12-9 所示。

图 12-9　选择"添加新项"菜单

(2) 打开"添加新项"对话框，依次选择 Visual C♯→"Windows 窗体"，并指定"名称"，如图 12-10 所示。

(3) 单击"确定"按钮，进行 Windows 程序设计界面，参照图 12-4 和表 12-4 进行程序的界面设计。

图 12-10 "添加新项"对话框

表 12-4 信息添加界面控件设计

控件名称	属性名称	属 性 值	功能说明
Label	text	教学信息反馈系统	显示标题
Label	text	信息标题	显示标题
TextBox	text	空	接收用户名
Label	text	信息内容	显示标题
TextBox	multiline	true	接收密码
Button	text	提交信息	

（4）要完成信息添加功能，需要连接数据库，把用户填写好的信息插入到后台数据库 BBSForum 中的 Message 表中，这其中也必须要用到一些类和接口，因此首先导入相应的名称空间。

```
using System.Data.SqlClient;
```

（5）通过数据连接，把用户要提交的信息插入数据表中，完成用户信息提交功能。
"提交信息"按钮关键代码如下：

```
private void button1_Click(object sender, EventArgs e)
{
    myConnection = new SqlConnection("Data Source = .;Initial Catalog = BBSForum;User ID = sa");
    myConnection.Open();
    string insertCmd = "insert into message(title,content) values(@title,@content)";
    SqlCommand myCommand = new SqlCommand(insertCmd, myConnection);
    myCommand.Parameters.Add(new SqlParameter("@title", SqlDbType.NChar, 20));
    myCommand.Parameters["@title"].Value = textBox1.Text.ToString();
    myCommand.Parameters.Add(new SqlParameter("@content", SqlDbType.NChar, 100));
```

```
myCommand.Parameters["@content"].Value = textBox2.Text.ToString();
try
{
    myCommand.ExecuteNonQuery();
    MessageBox.Show("信息提交成功!");
}
catch (SqlException ex)
{
    MessageBox.Show("信息提交失败!");
}
}
```

3. 运行程序

运行程序,结果如图 12-3 和图 12-4 所示。

12.4　使用 ASP.NET 开发 SQL Server 数据库程序

B/S 模式是 Web 兴起后的一种网络结构模式,Web 浏览器是客户端最主要的应用软件。这种模式统一了客户端,将系统功能实现的核心部分集中到服务器上,简化了系统的开发、维护和使用。B/S 模式下,数据库应用程序开发一般由以下三个部分组成。

表示层(UI):位于最外层(最上层),离用户最近。用于显示数据和接收用户输入的数据,为用户提供一种交互式操作的界面。

业务逻辑层(BLL):针对具体问题的操作,也可以说是对数据层的操作,对数据业务逻辑处理。

数据访问层(DAL):该层所做事务直接操作数据库,针对数据的增添、删除、修改、更新、查找等。

12.4.1　项目任务描述

图书馆的图书管理是院校图书管理的一个重要环节,采用了图书管理类的软件进行图书的管理,这样做可以大幅提高图书馆工作人员的工作效率。鉴于目前这种应用背景,图书管理系统便应运而生,该系统采用 B/S 模式,使用基于.NET 平台的面向对象程序设计思想进行开发。该系统针对目前大多数院校图书馆管理模式设计了有关图书信息管理、读者信息管理、图书借阅管理、系统信息查询等功能模块。

本系统采用以下环境开发:
- 开发工具 Microsoft Visual Studio 2010;
- 数据库环境 SQL Server 2014。

12.4.2　数据库设计

本案例采用 SQL Server 2014 作为后台数据库,数据库名称为 LibrarySystem。本数据库包含了 5 张数据表,分别是图书分类表 BookSortInfo、图书信息表 BookInfo、读者信息表

ReaderInfo、图书借阅表 LendInfo 和用户信息表 UserInfo。

1. 数据表字段、字段类型、约束等设置

图书管理系统数据库 LibrarySystem 中 5 张数据表的结构如表 12-5～表 12-9 所示。

（1）图书分类表 BookSortInfo 如表 12-5 所示。

表 12-5　图书分类表

字　　段	字 段 类 型	是否为空	约束	字 段 说 明
sortID	varchar(4)	Not Null	PK	图书分类编号
sortName	varchar(50)	Not Null		图书分类说明

（2）图书信息表 BookInfo 如表 12-6 所示。

表 12-6　图书信息表

字　　段	字 段 类 型	是否为空	约束	字 段 说 明
bookID	varchar(10)	Not Null	PK	图书编号
bookName	varchar(50)	Not Null		名称
author	varchar(20)	Not Null		作者
publish	varchar(50)	Not Null		出版社
sortID	varchar(4)	Not Null		图书分类编号
price	decimal(18,2)	Not Null		定价
total	int	Not Null		实际数量
lendNum	int	Not Null		借出数量
pubDate	smalldatetime	Not Null		出版日期
regDate	smalldatetime	Not Null		注册日期
summary	text	Null		内容摘要

（3）读者信息表 ReaderInfo 如表 12-7 所示。

表 12-7　读者信息表

字　　段	字 段 类 型	是否为空	约束	字 段 说 明
readerID	varchar(10)	Not Null	PK	读者编号
readerPwd	varchar(30)	Not Null		密码
readerName	varchar(20)	Not Null		姓名
sex	varchar(4)	Null		性别
className	varchar(20)	Null		班级
phone	varchar(20)	Null		联系电话
eMail	varchar(30)	Null		E-Mail
regDate	smalldatetime	Not Null		注册日期

（4）图书借阅表 LendInfo 如表 12-8 所示。

表 12-8   图书借阅表

字　　段	字 段 类 型	是否为空	约束	字 段 说 明
ID	int	Not Null	PK	标识字段,记录自增 1
bookID	varchar(10)	Not Null	FK	图书编号
readerID	varchar(10)	Not Null	FK	读者编号
lendDate	smalldatetime	Not Null		借阅日期
returnDate	smalldatetime	Not Null		应归还日期
actualDate	smalldatetime	Null		实归还日期
returnFlag	bit	Null		归还标识
fine	decimal(18,2)	Null		罚款金额

(5) 管理员用户表 UserInfo 如表 12-9 所示。

表 12-9   用户信息表

字　　段	字 段 类 型	是否为空	约束	字 段 说 明
userName	varchar(30)	Not Null	PK	用户名
userPwd	varchar(30)	Not Null		密码

2．向数据表中添加相应的数据

为了测试需要,在用户信息表中添加如表 12-10 所示的记录,在读者信息表中添加如表 12-11 所示的记录。

表 12-10   用户信息表添加记录

序号	userName	userPwd
1	admin	admin

表 12-11   读者信息表添加记录

序号	readerID	readerPwd	readerName	sex	className	phone	eMail	regDate
1	001	001	Mike					2016-9-1
2	002	002	Jane					2016-9-1

3．设置表之间的依赖关系

(1) 打开 Microsoft SQL Server Management Studio,在"对象资源管理器"中找到所建立的 LibrarySystem 数据库,然后单击其左侧的加号,就可以看到"数据库关系图"设置项。

(2) 在"数据库关系图"设置项上单击右键,在弹出的快捷菜单中选择如图 12-11 所示的"新建数据库关系图"命令。

(3) 打开如图 12-12 所示的"添加表"对话框,选择需要添加的表。在建立的关联中,需要用到 bookSortInfo、bookInfo、readerInfo、lendInfo 这 4 个表。

(4) 依次将这 4 个表添加进来,添加完成后,单击"关闭"按钮,并将添加的表罗列为如图 12-13 所示。

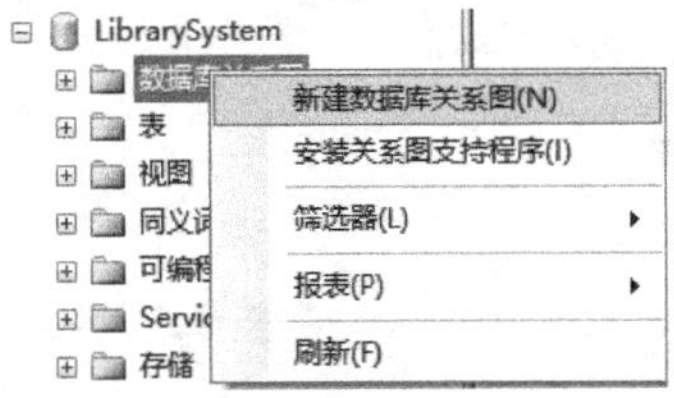

图 12-11　选择"新建数据库关系图"命令

图 12-12　"添加表"对话框

（5）先建立图书分类表与图书信息表之间的关联，然后再建立图书借阅表与图书信息表及读者信息表之间的关联。其中，图书分类表与图书信息表之间的关联是建立在图书分类编号（sortID）字段上的，所以用鼠标左键按住图书分类表中的图书分类编号（sortID）字段旁的🔑，然后拖动至图书信息表的图书分类编号（sortID）字段上，会出现如图 12-14 所示的设置外键关联的"表和列"对话框，依次单击"确定"按钮，即可建立如图 12-15 所示的表间关联。

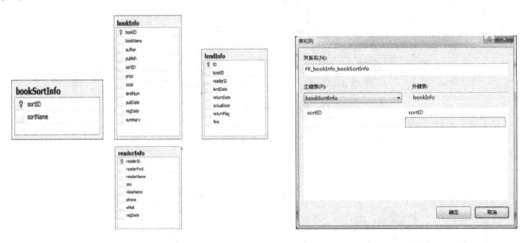

图 12-13　添加表

图 12-14　"表和列"对话框

（6）选择如图 12-15 所示的矩形区域的外键关联，再查看如图 12-16 所示的外键关联"属性"设置对话框，单击"INSERT 和 UPDATE 规范"设置项，将"更新规则"和"删除规则"选项设置为"层叠"。

（7）按照（5）、（6）步所示的操作步骤完成图书借阅表与图书信息表及读者信息表之间的关联，最后单击🖫按钮，以默认名称进行保存。完成关联后的结果如图 12-17 所示。

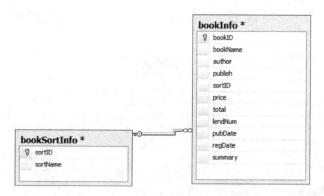

图 12-15　完成关联建立效果图

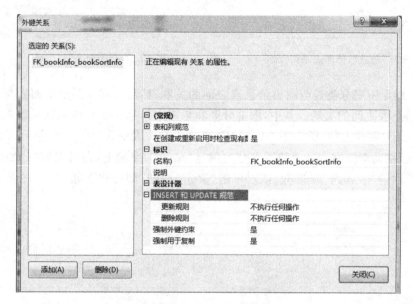

图 12-16　外键关联"属性"设置对话框

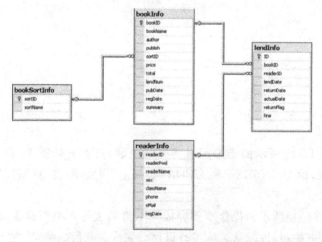

图 12-17　表之间的依赖关系效果图

12.4.3　在 web.config 文件中配置数据连接

为了体现模块化编程和可重性原则，常将数据库连接信息存放于 web.config 文件中。打开该配置文件，将< connectionStrings ></connectionStrings >标记之间的代码替换成如下代码：

```
< connectionStrings >
  < add name = "sqlConn"
      connectionString = "Data Source = . ;Initial Catalog = LibrarySystem;User ID = sa"
      providerName = "System.Data.SqlClient" />
</connectionStrings >
```

12.4.4　图书分类信息添加、修改、删除与查询功能的实现

1. 图书分类管理页的页面设计

（1）在 Visual Studio 2010 右侧的"解决方案资源管理器"窗口中，右键单击项目名称，单击快捷菜单中的"新建文件夹"命令，添加 Ls_book 文件夹。通常网站是由多个模块组成的，而不同的模块文件放置在不同的文件夹内，如图 12-18 所示。

（2）右击文件夹 Ls_book，在弹出的快捷菜单中选择"添加新项"命令，打开"添加新项"对话框，依次选择 Visual C♯→"Web 窗体"，并指定"名称"，如图 12-19 所示，创建名为 sortManage.aspx 的图书分类管理页。

（3）在打开的 sortManage.aspx 窗口右下角，单击"源"选项卡，进入该页面的 HTML 代码设计窗口，如图 12-20 所示。

图 12-18　添加文件夹 Ls_book

图 12-19　创建 Web 窗体

（4）在前台 HTML 源代码设计窗口中，将不同标签之间的代码修改成如下内容：

☐ 设计 ｜ ☐ 拆分 ｜ ☐ 源

图 12-20　设计视图

```html
<body>
    <form id="form1" runat="server" style="width:900px;margin:0 auto;display:block">
    <div id="container">
        <div id="header">图书分类管理</div>
        <div id="content"></div>
    </div>
    </form>
```

（5）向该网页 sortManage.aspx 中添加相应的控件，其中添加了无序列表控件、命令按钮 Button、标签控件 Label、文本控件 textBox 和 Repeater 重复列表控件，代码如下：

```html
<html xmlns="http://www.w3.org/1999/xhtml">
<head runat="server">
    <title>图书分类管理</title>
</head>
<body>
    <form id="form1" runat="server" style="width:900px;margin:0 auto;display:block">
    <div id="container">
        <div id="header">图书分类管理</div>
        <div id="content">
            <ul>
                <li>
                    <asp:Button ID="btnAdd" runat="server" Text="图书分类添加" Width="150px" />
                    <asp:Button ID="btnEdit" runat="server" Text="图书分类修改" Width="150px" />
                    <asp:Button ID="btnDel" runat="server" Text="图书分类删除" Width="150px" />
                    <asp:Button ID="btnQuery" runat="server" Text="图书分类查询" Width="150px" />
                </li>
                <li>
                    <asp:Label ID="Label1" runat="server" Text="分类号" Width="100px"></asp:Label>
                    <asp:TextBox ID="TextBox1" runat="server"></asp:TextBox>
                    <asp:Label ID="Label2" runat="server" Text="类别名称" Width="100px"></asp:Label>
                    <asp:TextBox ID="TextBox2" runat="server"></asp:TextBox>
                </li>
                <li><asp:Repeater ID="Repeater1" runat="server"></asp:Repeater></li>
            </ul>
        </div>
    </div>
    </form>
</body>
</html>
```

（6）在 Styles 文件夹下创建样式表文件 bookSortStyle.css。在"解决方案资源管理器"

窗口中,右击 Styles 文件夹,在弹出的快捷菜单中选择"添加新项"命令,打开"添加新项"对话框,依次选择 Visual C♯→"样式表",并指定"名称",如图 12-21 所示,创建名为 bookSortStyle.css 的样式表文件。

图 12-21 创建样式表文件

(7) 在 bookSortStyle.css 样式表文件中,为网页 sortManage.aspx 文件中的不同层创建不同的样式设置,代码如下:

```
body{
    margin:0px;                          /*设置上、右、下、左外边距是 0px*/
    padding:0px;                         /*设置上、右、下、左内边距是 0px*/
    text-align:center;                   /*设置元素中文本的水平对齐方式是居中*/
    font-size:14px;                      /*设置字体的尺寸 是 14px*/
    overflow:hidden;                     /* "hidden"表示内容会被修剪,并且其余内容是不可见的*/
}
#container{
    margin:15px auto;        /*上、下外边距 15px,左、右外边距"auto"表示浏览器计算外边距*/
    padding:0px;
    border:solid 1px Silver;  /*设置所有的边框线形是"solid",宽度是 1px,颜色是"Silver"*/
    width:900px;                         /*设置元素的宽度是 900px*/
    text-align:center;
}
#header{
    margin:0px;
    padding:0px;
    border-bottom:solid 2px Blue;/*设置下边框线形是"solid",宽度是 2px,颜色是"Blue"*/
    width:900px;
    height:90px;                         /*设置元素的高度是 90px*/
    line-height:90px; /*设置行间的距离(行高)是 90px,与"height"一致可以设置垂直居中*/
    font-size:32px;
```

```
    font-weight:bold;                    /*设置文本的粗细,"bold"表示粗体字符*/
}
#content{
    margin:0px;
    padding:0px;
    width:900px;
    height:400px;
}
#content ul{
    margin:10px 30px;
    padding:0px;
}
#content li {
    margin:0px;
    padding:5px 0px 5px 15px;            /*设置上、下内边距 5px,右内边距 0px,左内边距 15px*/
    list-style-type:none;                /*设置列表项标记的类型,"none"表示无标记*/
}
```

（8）将样式表文件 bookSortStyle.css 应用到网页文件 sortManage.aspx 中来,在网页文件的 HTML 源代码窗口的< head ></head >之间添加如下代码行：

```
<head runat="server">
    <title>图书分类管理</title>
    <link rel="Stylesheet" type="text/css" href="../Styles/bookSortStyle.css" />
</head>
```

（9）完成设置后,图书分类管理页面如图 12-22 所示。

图 12-22　sortManage.aspx 网页界面

2. 图书分类管理页的后台代码设计

接下来完成图书分类管理的各项功能,即代码设计。在编写各个按钮的功能代码之前,首先要导入以下三个名称空间：

```
using System.Data.SqlClient;
using System.Configuration;
using System.Data;
```

（1）实现“图书分类添加”按钮的功能,其代码设计如下：

```
if (TextBox1.Text.Trim() != "" && TextBox2.Text.Trim() != "")
```

```
{
    string connStr = ConfigurationManager.ConnectionStrings["sqlConn"].ConnectionString;
    SqlConnection conn = new SqlConnection(connStr);
    conn.Open();
    string sql = "insert into bookSortInfo values(@sortid,@sortname)";
    SqlCommand cmd = new SqlCommand(sql, conn);
    cmd.Parameters.Add(new SqlParameter("@sortid", SqlDbType.Char, 4));
    cmd.Parameters["@sortid"].Value = TextBox1.Text.Trim();
    cmd.Parameters.Add(new SqlParameter("@sortname", SqlDbType.Char, 50));
    cmd.Parameters["@sortname"].Value = TextBox2.Text.Trim();
    int fetch = cmd.ExecuteNonQuery();
    if (fetch >= 1)
    {
        Response.Write("<script language = javascript>alert('添加成功!');</script>");
    }else{
        Response.Write("<script language = javascript>alert('添加失败!');</script>");
    }
}
```

（2）实现"图书分类修改"按钮的功能，其代码设计如下：

```
if (TextBox1.Text.Trim() != "" && TextBox2.Text.Trim() != "")
{
    string connStr = ConfigurationManager.ConnectionStrings["sqlConn"].ConnectionString;
    SqlConnection conn = new SqlConnection(connStr);
    conn.Open();
    string sql = "update bookSortInfo set sortname = @sortname where sortid = @sortid";
    SqlCommand cmd = new SqlCommand(sql, conn);
    cmd.Parameters.Add(new SqlParameter("@sortid", SqlDbType.Char, 4));
    cmd.Parameters["@sortid"].Value = TextBox1.Text.Trim();
    cmd.Parameters.Add(new SqlParameter("@sortname", SqlDbType.Char, 50));
    cmd.Parameters["@sortname"].Value = TextBox2.Text.Trim();
    int fetch = cmd.ExecuteNonQuery();
    if (fetch >= 1)
    {
        Response.Write("<script language = javascript>alert('更新成功!');</script>");
    }else{
        Response.Write("<script language = javascript>alert('更新失败!');</script>");
    }
}
```

（3）实现"图书分类删除"按钮的功能，其代码设计如下：

```
if (TextBox1.Text.Trim() != "")
{
    string connStr = ConfigurationManager.ConnectionStrings["sqlConn"].ConnectionString;
    SqlConnection conn = new SqlConnection(connStr);
    conn.Open();
    string sql = "delete from bookSortInfo where sortid = @sortid";
    SqlCommand cmd = new SqlCommand(sql, conn);
    cmd.Parameters.Add(new SqlParameter("@sortid", SqlDbType.Char, 4));
    cmd.Parameters["@sortid"].Value = TextBox1.Text.Trim();
```

```
        int fetch = cmd.ExecuteNonQuery();
        if (fetch >= 1)
        {
            Response.Write("<script language = javascript>alert('删除成功!');</script>");
            TextBox1.Text = "";
            TextBox2.Text = "";
        }else{
            Response.Write("<script language = javascript>alert('删除失败!');</script>");
        }
    }
```

（4）实现"图书分类查询"按钮的功能，其代码设计如下：

首先设置界面上 Repeater 控件的外观，在 sortManage. aspx 页面的 HTML 源代码窗口内，在<asp:Repeater>与</asp:Repeater>标签之间添加如下 HTML 代码：

```
<asp:Repeater ID = "Repeater1" runat = "server">
    <HeaderTemplate>
        <table border = "1" cellspacing = "0" cellpadding = "2px" style = "text - align:center;
width:100 %">
        <tr style = "background - color:Silver">
        <td>图书分类编号</td>
        <td>图书分类说明</td>
        </tr>
        </HeaderTemplate>
        <ItemTemplate>
        <tr style = "background - color:Aqua"; align = "left">
        <td style = "width:40 %"><% # Eval("sortID") %></td>
        <td style = "width:60 %"><% # Eval("sortName") %></td>
        </tr>
        </ItemTemplate>
        <FooterTemplate>
        </table>
        </FooterTemplate>
    </asp:Repeater>
```

设置完成后，Repeater 控件的外观显示如图 12-23 所示。

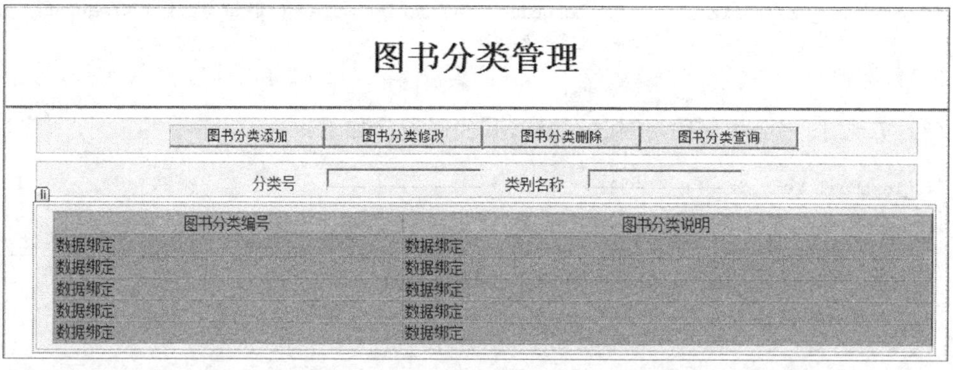

图 12-23　设置外观属性后的 Repeater 控件

然后设计其后台代码,完成将数据库表 bookSortInfo 中的数据显示在 Repeater 控件内,实现图书分类信息查询功能。"图书分类查询"按钮的后台代码如下:

```
string connStr = ConfigurationManager.ConnectionStrings["sqlConn"].ConnectionString;
    SqlConnection conn = new SqlConnection(connStr);         //创建连接对象 conn
    string strSQL = "SELECT sortID,sortName FROM bookSortInfo";
    SqlDataAdapter dapter = new SqlDataAdapter(strSQL, conn);
    DataSet ds = new DataSet();  //建立 DataSet 对象 ds
    dapter.Fill(ds, "dtName");   //将 dapter 查询结果填充到 ds 内表名为"dtName"的表中
    Repeater1.DataSource = ds.Tables["dtName"];
    Repeater1.DataBind();
```

3. 运行程序,查看结果

将该页面设置为起始页,然后执行程序,查看结果。通过测试数据,可以实现图书类别的添加、修改、删除和查询功能,执行结果如图 12-24 所示。

图 12-24　图书类别管理执行结果图

12.4.5　用户登录与图书管理模块功能的实现

1. 用户登录模块功能的实现

(1) 在 Visual Studio 2010 右侧的"解决方案资源管理器"窗口中,右击项目名称,在弹出的快捷菜单中选择"添加新项"命令,打开"添加新项"对话框,依次选择 Visual C♯→"Web 窗体",并指定"名称",创建名为 login. aspx 的用户登录页面。

(2) 如图 12-25 所示,给用户登录页面添加相应的控件,HTML 代码如下:

```
<body>
    <form id = "form1" runat = "server" style = "width:500px;margin:0 auto;display:block">
    <div id = "container">
    <div id = "header">   用户登录</div>
    <div id = "content">
    <ul>
        <li>用户名:
        <asp:TextBox ID = "txtName" runat = "server" Width = "150px"></asp:TextBox>
```

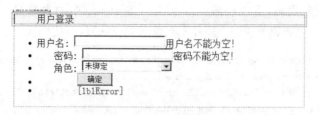

图 12-25　用户登录页面

```
            < asp: RequiredFieldValidator ID = " valrName" runat = " server" ControlToValidate =
"txtName" ErrorMessage = "用户名不能为空!"></asp:RequiredFieldValidator >
        </li>
        < li style = "padding - left:30px;">密码:
        < asp: TextBox ID = "txtPwd" runat = " server" TextMode = "Password" Width = "150px">
</asp:TextBox >
            < asp: RequiredFieldValidator ID = " valrPwd" runat = " server" ControlToValidate =
"txtPwd" ErrorMessage = "密码不能为空!"></asp:RequiredFieldValidator >
        </li>
                    < li style = "padding - left:30px;">角色:
                        < asp:DropDownList ID = "ddlRole" runat = " server" Width = "155px">
                        </asp:DropDownList >
                    </li>
                     < li style = "padding - left:70px;">< asp: Button ID = "btnOk" runat =
"server" Text = "确定" Width = "60px" OnClick = "btnOk_Click" /></li>
                        < li style = " padding - left:70px;">< asp: Label ID = "lblError" runat =
"server" ForeColor = "Red"></asp:Label ></li>
                </ul>
            </div>
        </div>
    </form >
</body >
```

（3）在 Styles 文件夹下创建样式表文件 loginStyle. css。在"解决方案资源管理器"窗口中,右击 Styles 文件夹,在弹出的快捷菜单中选择"添加新项"命令,打开"添加新项"对话框,依次选择 Visual C♯→"样式表",并指定"名称",创建名为 loginStyle. css 的样式表文件。

（4）在 loginStyle. css 样式表文件中,为网页 login. aspx 文件中的不同层创建不同的样式设置,代码如下:

```
body{
    margin:0px;
    padding:0px;
    text - align:center;
    font - size:14px;
    overflow:hidden;
}
#container{
    margin:180px auto;
    padding:0px;
    width:500px;
    height:250px;
```

```
    background - color:Silver;            /* 设置背景色 */
    text - align:left;                    /* 设置元素中文本的水平对齐方式是居左 */
}
# header{
    margin:0px;
    padding:0px;
    border - bottom:solid 2px Blue;
    width:175px;
    height:50px;
    line - height:50px;
    font - size:20px;
    font - weight:bold;
}
# content{
    margin:30px 80px;
    padding:0px;
    width:430px;
}
# content li {
    padding:5px 0px 5px 15px;
    list - style - type:none;
    font - weight: bold;
}
```

（5）将样式表文件 loginStyle. css 应用到网页文件 login. aspx 中来,在网页文件的 HTML 源代码窗口的< head ></head >之间添加如下代码行:

```
< head runat = "server">
    <title>图书管理系统</title>
    < link rel = "stylesheet" type = "text/css" href = "Styles/loginStyle.css"/>
</head >
```

（6）完成设置后,图书分类管理页面如图 12-26 所示。

图 12-26　应用样式后的用户登录页面

（7）实现用户登录页面功能,首先导入名称空间,然后完成用户登录功能,其后台代码设计如下:

```
using System. Data;
using System. Data. SqlClient;
```

```
using System.Configuration;

private void SetDDL()
{
    ddlRole.Items.Add("读者");
    ddlRole.Items.Add("管理员");
    ddlRole.SelectedIndex = 0;
}
protected void Page_Load(object sender, EventArgs e)
{
    if (!IsPostBack)
        SetDDL();                        //调用 SetDDL 方法,加载下拉列表项
}
protected void btnOk_Click(object sender, EventArgs e)
{
    string connStr = ConfigurationManager.ConnectionStrings["sqlConn"].ConnectionString;
    SqlConnection conn = new SqlConnection(connStr);
    conn.Open();
    string strSQL = "";
    string fileName = "";
    string userName = txtName.Text.Trim();
    if (ddlRole.SelectedIndex == 0)
    {
        strSQL = "SELECT readerID,readerPwd FROM readerInfo WHERE readerName = @username and
readerPwd = @userpwd";
        fileName = "manageReader.aspx"; //登录成功后,跳转至读者主页
    }
    else if (ddlRole.SelectedIndex == 1)
    {
        strSQL = "SELECT userName,userPwd FROM UserInfo WHERE userName = @username and
userPwd = @userPwd";
        fileName = "manageAdmin.aspx";  //登录成功后,跳转至管理员主页
    }
    SqlCommand cmd = new SqlCommand(strSQL, conn);
    cmd.Parameters.Add(new SqlParameter("@username", SqlDbType.NChar, 30));
    cmd.Parameters["@username"].Value = txtName.Text.Trim().ToString();
    cmd.Parameters.Add(new SqlParameter("@userpwd", SqlDbType.NChar, 30));
    cmd.Parameters["@userpwd"].Value = txtPwd.Text.Trim().ToString();
    SqlDataReader dr = cmd.ExecuteReader();
    while (dr.Read())
    {
        Session["userName"] = userName;
        Response.Redirect(fileName);
    }
}
```

2. 添加图书信息模块功能的实现

(1) 创建"添加图书信息页"。在"解决方案资源管理器"ls_book 文件夹中,创建 bookAdd.aspx 网页。

（2）使用 HTML 代码方式向 bookAdd. aspx 页面上添加控件，如图 12-27 所示，前面
HTML 代码如下所示。

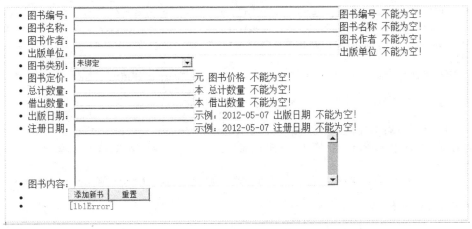

图 12-27　图书添加页面

前台 HTML 代码如下：

```
<body>
    <form id = "form1" runat = "server" style = "width:800px;margin:0 auto;display:block">
<div id = "content">
<ul>
<li>图书编号: <asp:TextBox ID = "txtBookID" runat = "server" Width = "450px"></asp:TextBox>
<asp:RequiredFieldValidator ID = "valrBookID" runat = "server" ControlToValidate = "txtBookID"
ErrorMessage = "图书编号 不能为空!"></asp:RequiredFieldValidator>
</li>
<li>图书名称: <asp:TextBox ID = "txtBookName" runat = "server" Width = "450px"></asp:
TextBox>
<asp:RequiredFieldValidator ID = "valrBookName" runat = "server" ControlToValidate =
"txtBookName" ErrorMessage = "图书名称 不能为空!"></asp:RequiredFieldValidator>
</li>
<li>图书作者: <asp:TextBox ID = "txtAuthor" runat = "server" Width = "450px"></asp:TextBox>
<asp:RequiredFieldValidator ID = "valrAuthor" runat = "server" ControlToValidate = "txtAuthor"
ErrorMessage = "图书作者 不能为空!"></asp:RequiredFieldValidator>
</li>
<li>出版单位: <asp:TextBox ID = "txtPublish" runat = "server" Width = "450px"></asp:TextBox>
<asp:RequiredFieldValidator ID = "valrPublish" runat = "server" ControlToValidate =
"txtPublish" ErrorMessage = "出版单位 不能为空!"></asp:RequiredFieldValidator>
</li>
<li>图书类别: <asp:DropDownList ID = "ddlSortID" runat = "server" Width = "205px">
</asp:DropDownList>
</li>
<li>图书定价: <asp:TextBox ID = "txtPrice" runat = "server" Width = "200px"></asp:TextBox> 元
<asp:RequiredFieldValidator ID = "valrPrice" runat = "server" ControlToValidate = "txtPrice"
ErrorMessage = "图书价格 不能为空!"></asp:RequiredFieldValidator>
</li>
<li>总计数量: <asp:TextBox ID = "txtTotal" runat = "server" Width = "200px"></asp:TextBox> 本
```

```
< asp:RequiredFieldValidator ID = "valrTotal" runat = "server" ControlToValidate = "txtTotal"
ErrorMessage = "总计数量 不能为空!"></asp:RequiredFieldValidator>
</li>
<li>借出数量: <asp:TextBox ID = "txtLendNum" runat = "server" Width = "200px"></asp:TextBox> 本
< asp: RequiredFieldValidator ID = " valrLendNum" runat = " server" ControlToValidate =
"txtLendNum" ErrorMessage = "借出数量 不能为空!"></asp:RequiredFieldValidator>
</li>
<li>出版日期: <asp:TextBox ID = "txtPubDate" runat = "server" Width = "200px"></asp:TextBox>
```

示例：2012-05-07

```
< asp: RequiredFieldValidator ID = " valrPubDate" runat = " server" ControlToValidate =
"txtPubDate" ErrorMessage = "出版日期 不能为空!"></asp:RequiredFieldValidator>
</li>
<li>注册日期: <asp:TextBox ID = "txtRegDate" runat = "server" Width = "200px"></asp:TextBox>
```

示例：2012-05-07

```
< asp: RequiredFieldValidator ID = " valrRegDate" runat = " server" ControlToValidate =
"txtRegDate" ErrorMessage = "注册日期 不能为空!"></asp:RequiredFieldValidator>
</li>
<li>图书内容: <asp:TextBox ID = "txtSummary" runat = "server" Height = "85px" TextMode =
"MultiLine" Width = "450px"></asp:TextBox>
            </li>
            <li style = "padding - left:70px;">
                <asp:Button ID = "btnSubmit" runat = "server" Text = "添加新书" OnClick =
"btnSubmit_Click" Width = "70px" />
                <asp:Button ID = "btnReset" runat = "server" Text = "重置" OnClick =
"btnReset_Click" Width = "70px" />
            </li>
            <li style = "padding - left:70px;"><asp:Label ID = "lblError" runat =
"server" ForeColor = "Red"></asp:Label>
            </li>
        </ul>
      </div>
   </form>
</body>
```

（3）在 loginStyle.css 样式表文件中，为网页 login.aspx 文件中的不同层创建不同的样
式设置，代码如下：

```
body{
    margin:0px;
    padding:0px;
    text - align:center;
    font - size:14px;
    overflow:hidden;
}
#content{
    margin:10px 130px;              /* 设置上、下外边距是 10px * ,设置左、右外边距是 130px * /
    padding:0px;
    width:750px;
```

```
        text-align:left;
    }
    #content ul{
        margin:0px;
        padding:0px;
    }
    #content li{
        margin:0px;
        padding:5px 0px 5px 0px;
        list-style-type:none;
    }
```

（4）将样式表文件 loginStyle.css 应用到网页文件 bookAdd.aspx 中来，在网页文件的
HTML 源代码窗口的< head ></head >之间添加如下代码行：

```
<head runat = "server">
    <title>添加图书信息</title>
    <link rel = "stylesheet" type = "text/css" href = "../Styles/singleStyle.css"/>
</head>
```

（5）完成设置后，图书分类管理页面如图 12-28 所示。

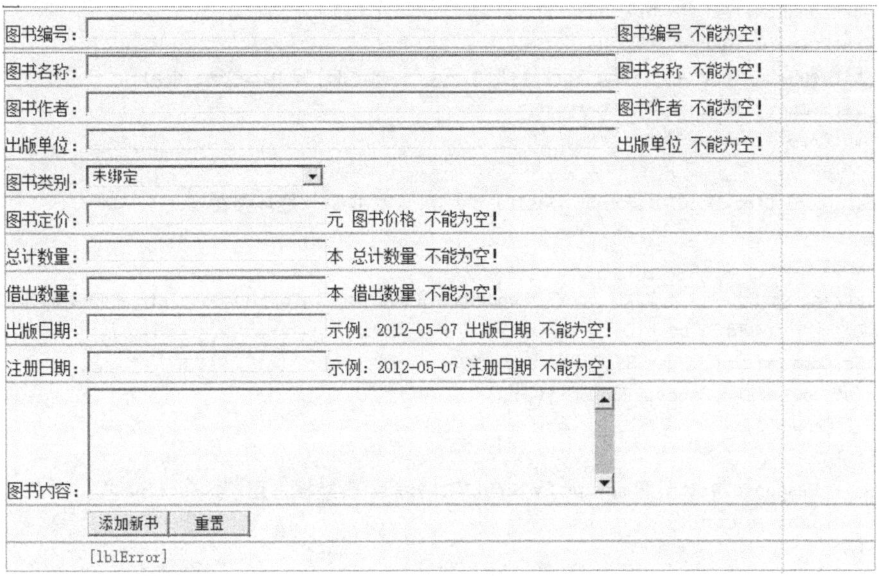

图 12-28　应用样式后的图书添加页面

（6）实现图书添加页面功能，首先导入名称空间，然后完成图书添加功能，其后台代码
设计如下：

导入相应的名称空间：

```
using System.Data;
using System.Data.SqlClient;
using System.Configuration;
```

完成图书添加功能：

```
    SqlConnection conn;                        //定义连接类对象

    private void SetDDL()                      //设置"图书类别"下拉列表框各数据项
    {
        string strSQL = "SELECT sortID,sortName FROM bookSortInfo ORDER BY sortID";
        SqlCommand cmd = new SqlCommand(strSQL, conn);
        SqlDataReader dr = cmd.ExecuteReader();
        while(dr.Read())
        {
            ddlSortID.Items.Add(dr["sortID"].ToString());
        }
    }
    private void SetInit()                     //设置界面各控件初始值
    {
        txtBookID.Text = "";
        txtBookName.Text = "";
        txtAuthor.Text = "";
        txtPublish.Text = "";
        ddlSortID.SelectedIndex = 0;
        txtPrice.Text = "";
        txtTotal.Text = "10";
        txtLendNum.Text = "0";
        txtPubDate.Text = "";
        txtRegDate.Text = string.Format("{0:yyyy-MM-dd}", DateTime.Now);
        txtSummary.Text = "";
        lblError.Text = "";
    }
    private bool CheckBookID(string bookID)    //判断图书编号是否存在
    {
        bool flag = false;
        string strSQL = "SELECT bookID,bookName FROM bookInfo,bookSortInfo WHERE bookID = '" +
bookID + "' ORDER BY bookID";
        SqlCommand cmd = new SqlCommand(strSQL, conn);
        int row = cmd.ExecuteNonQuery();
        if (row > 0)
        {
            Response.Write("<script>alert('图书编号 已经被占用!')</script>");
            flag = true;
        }
        return flag;
    }
    protected void Page_Load(object sender, EventArgs e)
    {
        string connStr = ConfigurationManager.ConnectionStrings["sqlConn"].ConnectionString;
        conn = new SqlConnection(connStr);
        conn.Open();
        if (!IsPostBack)
        {
            SetDDL();                          //调用 SetDDL 方法,加载下拉列表项
            SetInit();                         //调用 SetInit 方法,设置界面各控件初始值
        }
```

```
}
protected void btnReset_Click(object sender, EventArgs e)
{
    SetInit();
}
protected void btnSubmit_Click(object sender, EventArgs e)
{
    string bookID = txtBookID.Text.Trim();  //获取"图书编号"
    if (CheckBookID(bookID))                 //调用 CheckBookID 方法,判断图书编号是否存在
        return;
    string bookName = txtBookName.Text.Trim();  //获取"图书名称"
    string author = txtAuthor.Text.Trim();      //获取"图书作者"
    string publish = txtPublish.Text.Trim();    //获取"出版单位"
    string sortID = ddlSortID.SelectedItem.Value.ToString();
    decimal price = 0;
    int total = 10;
    int lendNum = 0;
    price = Convert.ToDecimal(txtPrice.Text.Trim());
    total = Convert.ToInt32(txtTotal.Text.Trim());
    lendNum = Convert.ToInt32(txtLendNum.Text.Trim());
    string pubDate = txtPubDate.Text.Trim();    //获取"出版日期"
    string regDate = txtRegDate.Text.Trim();    //获取"注册日期"
    string summary = txtSummary.Text.Trim();    //获取"图书内容"
    DateTime dtPubDate = Convert.ToDateTime(pubDate);
    DateTime dtRegDate = Convert.ToDateTime(regDate);
    if (DateTime.Compare(dtRegDate, dtPubDate) < 0)
    {
        Response.Write("<script>alert('注册日期 应大于 出版日期!')</script>");
        return;
    }
    string strSQL = "INSERT INTO bookInfo(bookID,bookName,author,publish,sortID,price,
total,lendNum,pubDate,regDate,summary) VALUES ('" + bookID + "','" + bookName + "','" +
author + "','" + publish + "','" + sortID + "'," + price + "," + total + "," + lendNum + ",
'" + pubDate + "','" + regDate + "', '" + summary + "')";
    SqlCommand cmd = new SqlCommand(strSQL, conn);
    int row = cmd.ExecuteNonQuery();
    if (row > 0)
    {
        Response.Write("<script>alert('添加成功!')</script>");
    }
    else
    {
        Response.Write("<script>alert('添加失败!')</scipt>");
    }
}
```

(7) 运行程序,测试图书添加效果。

3. 图书信息管理页功能的实现

（1）创建"添加图书信息页"。在"解决方案资源管理器"ls_book 文件夹中，创建 bookManage.aspx 网页。

（2）使用 HTML 代码方式向 bookManage.aspx 页面上添加控件，如图 12-29 所示，前面 HTML 代码如下所示。

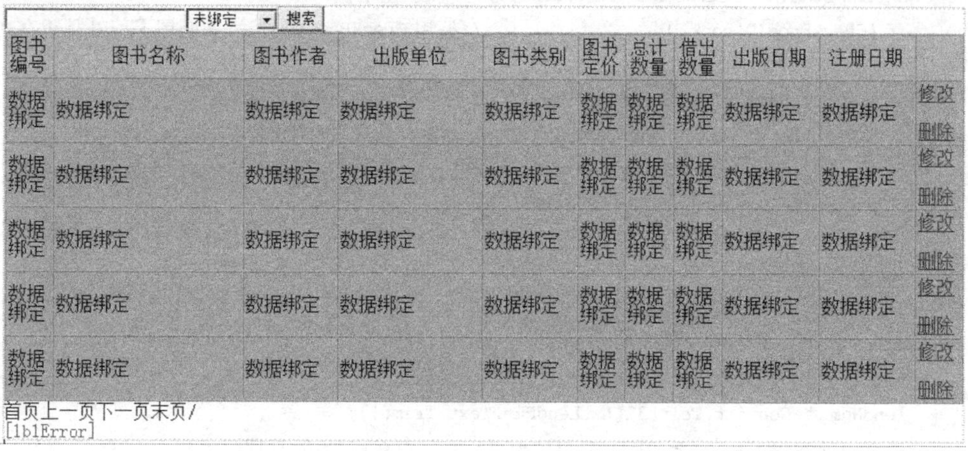

图 12-29　图书信息管理页面

HTML 代码如下：

```html
<body>
<form id = "form1" runat = "server" style = "width:830px;margin:0 auto;display:block">
<div id = "container">
<div id = "header">
<asp:TextBox ID = "txtSearch" runat = "server" Width = "150px"></asp:TextBox>
<asp:DropDownList ID = "ddlSearchKey" runat = "server" Width = "80px"></asp:DropDownList>
<asp:Button ID = "btnSearch" runat = "server" Text = "搜索" OnClick = "btnSearch_Click"/>
</div>
<div id = "content">
<asp:Repeater ID = "Repeater1" runat = "server">
<HeaderTemplate>
<table border = "1" cellspacing = "0" cellpadding = "2px" style = "text - align:center; width:
100 % ">
                                <tr style = "background - color:Silver">
                                    <td>图书编号</td>
                                    <td>图书名称</td>
                                    <td>图书作者</td>
                                    <td>出版单位</td>
                                    <td>图书类别</td>
                                    <td>图书定价</td>
                                    <td>总计数量</td>
                                    <td>借出数量</td>
                                    <td>出版日期</td>
                                    <td>注册日期</td>
```

```
                        <td></td>
                    </tr>
                </HeaderTemplate>
                <ItemTemplate>
                    <tr style="background-color:Aqua"; align="left">
                        <td style="width:5%"><%#Eval("bookID")%></td>
                        <td style="width:20%"><%#Eval("bookName")%></td>
                        <td style="width:10%"><%#Eval("author")%></td>
                        <td style="width:15%"><%#Eval("publish")%></td>
                        <td style="width:10%"><%#Eval("sortName")%></td>
                        <td style="width:5%"><%#Eval("price")%></td>
                        <td style="width:5%"><%#Eval("total")%></td>
                        <td style="width:5%"><%#Eval("lendNum")%></td>
                        <td style="width:10%"><%#Eval("pubDate")%></td>
                        <td style="width:10%"><%#Eval("regDate")%></td>
                        <td style="width:5%">
<a href="bookEdit.aspx?bookID=<%#Eval("bookID") %>">修改</a></br>
<a href="bookDel.aspx?bookID=<%#Eval("bookID") %>">删除</a>
                        </td>
                    </tr>
                </ItemTemplate>
                <FooterTemplate>
                    </table>
                </FooterTemplate>
            </asp:Repeater>
        </div>
        <div id="page">
            <asp:HyperLink ID="hlnkFirst" runat="server">首页</asp:HyperLink>
            <asp:HyperLink ID="hlnkPre" runat="server">上一页</asp:HyperLink>
            <asp:HyperLink ID="hlnkNext" runat="server">下一页</asp:HyperLink>
            <asp:HyperLink ID="hlnkLast" runat="server">末页</asp:HyperLink>
            <asp:Label ID="lblPage" runat="server" Text="/"></asp:Label>
        </div>
        <div id="footer">
            <asp:Label ID="lblError" runat="server" ForeColor="Red"></asp:Label>
        </div>
    </div>
</form>
</body>
```

（3）在 listStyle.css 样式表文件中，为网页 bookManage.aspx 文件中的不同层创建不同的样式设置，代码如下：

```
body {
    margin:0px;
    padding:0px;
    text-align:center;
    font-size:14px;
    overflow:hidden;
}
#container{
```

```
        margin:0px;
        padding:0px;
        width:830px;
        text‐align:left;
    }
    #header{
        margin:0px;
        padding:0px;
        width:830px;
        height:50px;
        line‐height:50px;
    }
    #content{
        margin:0px;
        padding:0px;
        width:830px;
    }
    #page{
        margin:0px;
        padding:0px;
        width:830px;
        height:50px;
        line‐height:50px;
        text‐align:right;
    }
    #footer{
        margin:0px;
        padding:0px;
        width:830px;
        height:50px;
        line‐height:50px;
    }
```

（4）将样式表文件 listStyle.css 应用到网页文件 bookManage.aspx 中来，在网页文件的 HTML 源代码窗口的< head ></head >之间添加如下代码行：

```
< head runat = "server">
    <title>管理图书信息</title>
    < link rel = "stylesheet" type = "text/css" href = "../Styles/listStyle.css"/>
</head >
```

（5）完成设置后，图书分类管理页面如图 12-30 所示。

（6）实现图书信息管理页面功能，首先导入名称空间，然后完成图书显示功能，其后台代码设计如下：

```
using System.Data;
using System.Data.SqlClient;
using System.Configuration;

SqlConnection conn;
```

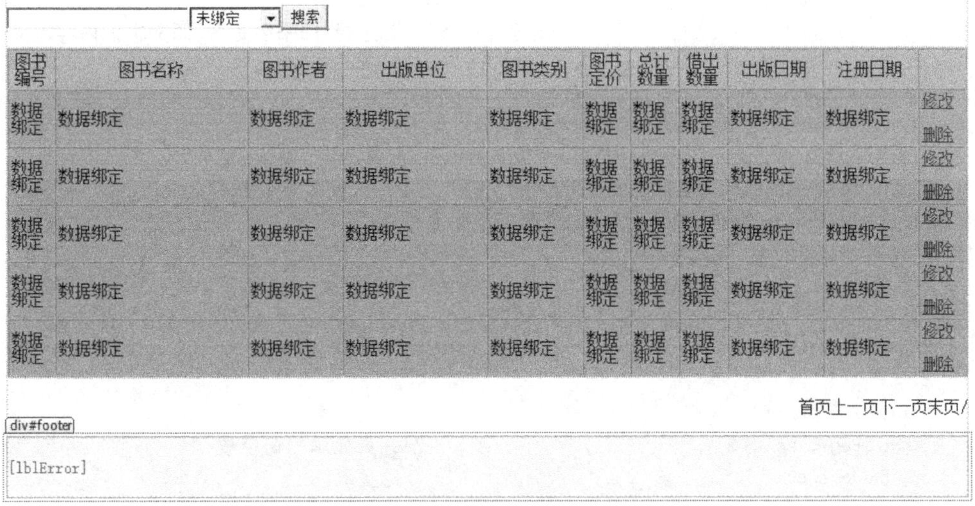

图 12-30　应用样式后的图书信息管理页面

```csharp
protected void Page_Load(object sender, EventArgs e)
{
    string connStr = ConfigurationManager.ConnectionStrings["sqlConn"].ConnectionString;
    conn = new SqlConnection(connStr);
    conn.Open();
    if (!IsPostBack)
    {
        SetDDL();
        PageList();                              //调用 PageList 方法,显示分页后图书信息
    }
}
protected void btnSearch_Click(object sender, EventArgs e)
{
    PageList();                                  //调用 PageList 方法,显示分页后图书信息
}
private void SetDDL()                             //设置"查询类别"下拉列表框各数据项及显示项
{
    ddlSearchKey.Items.Add("图书编号");
    ddlSearchKey.Items.Add("图书名称");
    ddlSearchKey.SelectedIndex = 0;
}
private DataTable GetData()                       //按照查询条件设置,查询结果为 DataTable 对象类型
{
    DataTable dt = null;
    //设置查询 SQL 语句,由于 SQL 语句较长,采用字符串拼接处理
    string strSQL = "SELECT bookInfo.bookID,bookName,author,publish,sortName,price";
    strSQL += ",total,lendNum,convert(varchar(10),pubDate,120) as pubDate";
    strSQL += ",convert(varchar(10),regDate,120) as regDate";
    strSQL += " FROM bookInfo,bookSortInfo";
    strSQL += " WHERE bookInfo.sortID = bookSortInfo.sortID";
    if (txtSearch.Text.Trim().Length != 0){
        if (ddlSearchKey.SelectedIndex == 0)
```

```
                    strSQL += " AND bookID = '" + txtSearch.Text + "'";
            else                         //设置查询条件,若选择"图书名称"按照文本框内容模糊查询
                    strSQL += " AND bookName LIKE '%" + txtSearch.Text + "%'";
        }
        strSQL += " ORDER BY bookID DESC";          //降序排列
        SqlDataAdapter dataAdapter = new SqlDataAdapter(strSQL, conn);
        DataSet dataSet = new DataSet();
        dataAdapter.Fill(dataSet, "bookInfo");
        dt = dataSet.Tables["bookInfo"];
        return dt;
    }
    private void PageList()                         //设置"查询结果"分页,并显示在 Repeater1 控件内
    {
        int iRowCount;                              //总记录数
        int iPageSize = 5;                          //一页显示的记录数
        int iPageCount;                             //总页码
        int iPageIndex;                             //当前页码
        string strPage = Request.QueryString["page"];               //获取网页传递参数"page"
        if (strPage == null)
            iPageIndex = 1;
        else{
            iPageIndex = Convert.ToInt32(strPage);
            if (iPageIndex < 1)
                iPageIndex = 1;
        }
        DataTable dt = GetData();                   //求总记录数
        iRowCount = dt.Rows.Count;                  //查询结果行数
        if (iRowCount == 0){
            Repeater1.DataSource = null;
            Repeater1.DataBind();
            SetHyperLink(false);                    //分页导航不显示
            lblPage.Text = "第 0 页/共 0 页";
        }
        else{
            if (iRowCount % iPageSize == 0)
                iPageCount = iRowCount / iPageSize;
            else
                iPageCount = iRowCount / iPageSize + 1;
            if (iPageIndex > iPageCount)
                iPageIndex = iPageCount;
            PagedDataSource pds = new PagedDataSource();            //实例化分页对象 pds
            pds.DataSource = dt.DefaultView;        //设置分页对象 dt
            pds.AllowPaging = true;                 //设置允许分页
            pds.PageSize = iPageSize;               //设置每页显示记录数
            pds.CurrentPageIndex = iPageIndex - 1;  //设置当前页码
            //分页对象作为数据源绑定到 Repeater1 控件,显示分页后查询结果
            Repeater1.DataSource = pds;
            Repeater1.DataBind();
            lblPage.Text = "第 " + iPageIndex.ToString() + "/" + iPageCount.ToString() + " 页";
            if (iPageIndex != 1)                    //设置分页导航,以参数"page"传递要显示的页码
            {
```

```
        hlnkFirst.NavigateUrl = Request.FilePath + "?page = 1";
        hlnkPre.NavigateUrl = Request.FilePath + "?page = " + (iPageIndex - 1);
        }
        if (iPageIndex != iPageCount){
        hlnkNext.NavigateUrl = Request.FilePath + "?page = " + (iPageIndex + 1);
        hlnkLast.NavigateUrl = Request.FilePath + "?page = " + iPageCount;
        }
        //若显示记录数小于每页记录数,不显示分页导航,否则显示分页导航
        if (iRowCount <= iPageSize)
            SetHyperLink(false);
        else
            SetHyperLink(true);
    }
}
private void SetHyperLink(bool flag)            //设置分页导航 HyperLink 控件是否可见
{
    hlnkFirst.Visible = flag;
    hlnkPre.Visible = flag;
    hlnkNext.Visible = flag;
    hlnkLast.Visible = flag;
}
```

（7）运行程序,检验结果。当查询条件为图书编号时,根据 TextBox 文本框内输入内容精确查询;当查询条件为图书名称时,根据 TextBox 文本框内输入内容模糊查询。运行结果如图 12-31 和图 12-32 所示。

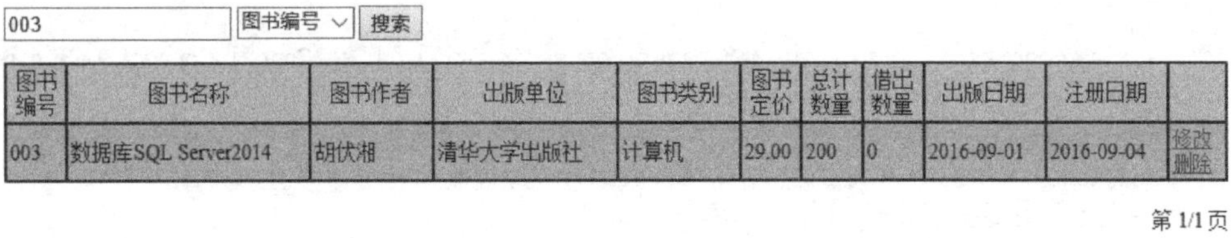

图书编号	图书名称	图书作者	出版单位	图书类别	图书定价	总计数量	借出数量	出版日期	注册日期	
003	数据库SQL Server2014	胡伏湘	清华大学出版社	计算机	29.00	200	0	2016-09-01	2016-09-04	修改 删除

第1/1页

图 12-31　以"图书编号"精确查询

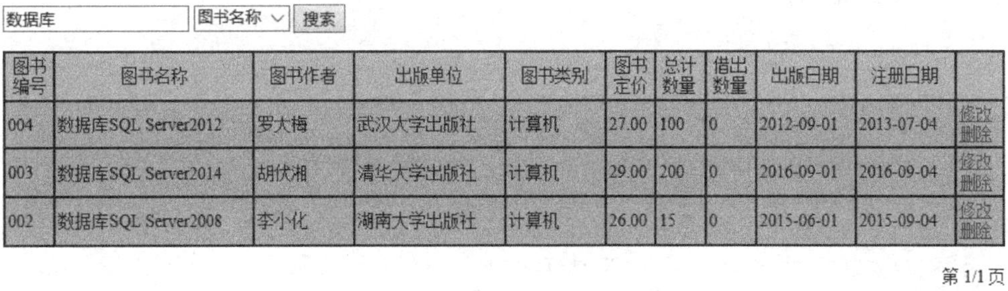

图书编号	图书名称	图书作者	出版单位	图书类别	图书定价	总计数量	借出数量	出版日期	注册日期	
004	数据库SQL Server2012	罗大梅	武汉大学出版社	计算机	27.00	100	0	2012-09-01	2013-07-04	修改 删除
003	数据库SQL Server2014	胡伏湘	清华大学出版社	计算机	29.00	200	0	2016-09-01	2016-09-04	修改 删除
002	数据库SQL Server2008	李小化	湖南大学出版社	计算机	26.00	15	0	2015-06-01	2015-09-04	修改 删除

第1/1页

图 12-32　以"图书名称"模糊查询

4. 图书信息修改功能的实现

在"管理图书信息页"中,单击某条记录的链接"修改"时,网页跳转至修改图书信息页,并将当前要修改记录的各项数值显示在修改图书信息页界面各控件上;填写修改信息,当

全部项内容及格式校验正确后,单击"修改"按钮,将弹出"修改成功"对话框;单击"重置"按钮,页面将恢复初始页面。

(1) 创建"修改图书信息页",在"解决方案资源管理器"ls_book 文件夹中,创建 bookEdit.aspx 的网页。

(2) 向修改图书信息页面上添加相应的控件,该网页页面与"图书信息添加"页面相同,只是需要把标题栏显示的文件、命令按钮显示的文字进行如下修改,请参考 bookAdd.aspx 页面文件。

```
<title>修改图书信息</title>
<asp:Button ID = "btnSubmit" runat = "server" Text = "修改" OnClick = "btnSubmit_Click" Width = "70px" />
```

(3) 创建并应用"修改图书信息"页面的外部样式表,该样式表内容与前面"图书信息添加"页面运用的样式表完全相同,请参考 singlePage.css 文件内容。

(4) 实现"图书信息修改"页面功能代码:

```
using System.Data;
using System.Data.SqlClient;
using System.Configuration;

private string bookIDKey = "";
SqlConnection conn;

protected void Page_Load(object sender, EventArgs e)
{
    string connStr = ConfigurationManager.ConnectionStrings["sqlConn"].ConnectionString;
    conn = new SqlConnection(connStr);
    conn.Open();
    bookIDKey = Request.QueryString["bookID"];   //接收网页传递参数"bookID"值
    if (!IsPostBack)
    {
        SetDDL();
        GetData();
    }
}
protected void btnSubmit_Click(object sender, EventArgs e)
{
    string bookID = txtBookID.Text.Trim();        //获取"图书编号"
    string bookName = txtBookName.Text.Trim();    //获取"图书名称"
    string author = txtAuthor.Text.Trim();        //获取"图书作者"
    string publish = txtPublish.Text.Trim();      ///获取"出版单位"
    string sortID = ddlSortID.SelectedItem.Value.ToString();
    decimal price = 0;
    int total = 10;
    int lendNum = 0;
    price = Convert.ToDecimal(txtPrice.Text.Trim());
    total = Convert.ToInt32(txtTotal.Text.Trim());
    lendNum = Convert.ToInt32(txtLendNum.Text.Trim());
    string pubDate = txtPubDate.Text.Trim();      //获取"出版日期"
```

```
        string regDate = txtRegDate.Text.Trim();     //获取"注册日期"
        string summary = txtSummary.Text.Trim();      //获取"图书内容"
        DateTime dtPubDate = Convert.ToDateTime(pubDate);
        DateTime dtRegDate = Convert.ToDateTime(regDate);
        if (DateTime.Compare(dtRegDate, dtPubDate) < 0)
        {
            Response.Write("<script>alert('注册日期 应大于 出版日期!')</script>");
            return;
        }
        string strSQL = "UPDATE bookInfo SET";
        strSQL += " bookID = '" + bookID + "',bookName = '" + bookName + "'";
        strSQL += ",author = '" + author + "',publish = '" + publish + "'";
        strSQL += ",sortID = '" + sortID + "',price = " + price;
        strSQL += ",total = " + total + ",lendNum = " + lendNum;
        strSQL += ",pubDate = '" + pubDate + "',regDate = '" + regDate + "'";
        strSQL += ",summary = '" + summary + "'";
        strSQL += " WHERE bookID = '" + bookIDKey + "'";

    SqlCommand cmd = new SqlCommand(strSQL, conn);
    int rows = cmd.ExecuteNonQuery();
    if (rows > 0)
        Response.Write("<script>alert('修改成功!')</script>");
    else
        Response.Write("<script>alert('修改失败!')</scipt>");
}
protected void btnReset_Click(object sender, EventArgs e)
{
    GetData();
}
private void SetDDL()                            //设置"图书类别"下拉列表框各数据项
{
    string strSQL = "SELECT sortID,sortName FROM bookSortInfo ORDER BY sortID";
    SqlCommand cmd = new SqlCommand(strSQL, conn);
    SqlDataReader dr = cmd.ExecuteReader();
    while (dr.Read())
    {
        ddlSortID.Items.Add(dr["sortID"].ToString());
    }
    conn.Close();
}
private void GetData()                   //根据bookIDKey值,获取相关记录各数据项信息,并显示
{
    string strSQL = "SELECT bookID,bookName,author,publish,sortID,price,total";
    strSQL += ",lendNum,convert(varchar(10),pubDate,120) as pubDate";
    strSQL += ",convert(varchar(10),regDate,120) as regDate,summary";
    strSQL += " FROM bookInfo";
    strSQL += " WHERE bookID = '" + bookIDKey + "'";
    strSQL += " ORDER BY bookID";
    SqlDataAdapter dataAdapter = new SqlDataAdapter(strSQL, conn);          // ******
    DataSet dataSet = new DataSet();
    dataAdapter.Fill(dataSet, "bookInfo");
```

```
        DataTable dt = dataSet.Tables["bookInfo"];
        if (dt.Rows.Count > 0)
        {
            txtBookID.Text = dt.Rows[0]["bookID"].ToString();
            txtBookName.Text = dt.Rows[0]["bookName"].ToString();
            txtAuthor.Text = dt.Rows[0]["author"].ToString();
            txtPublish.Text = dt.Rows[0]["publish"].ToString();
            ddlSortID.SelectedValue = dt.Rows[0]["sortID"].ToString();
            txtPrice.Text = dt.Rows[0]["price"].ToString();
            txtTotal.Text = dt.Rows[0]["total"].ToString();
            txtLendNum.Text = dt.Rows[0]["lendNum"].ToString();
            txtPubDate.Text = dt.Rows[0]["pubDate"].ToString();
            txtRegDate.Text = dt.Rows[0]["regDate"].ToString();
            txtSummary.Text = dt.Rows[0]["summary"].ToString();
        }
    }
```

（5）运行程序,检验修改图书信息的功能。

5. 图书信息删除功能的实现

（1）创建"删除图书信息页",在"解决方案资源管理器"ls_book 文件夹中,创建 bookDel.aspx 网页,该页面的界面 HTML 代码如下,该页面无需外部样式表,只需要一个 Label 控件,用来显示程序执行过程中的异常信息。

```
<body>
    <form id="form1" runat="server">
        <div>
            <asp:Label ID="lblError" runat="server" ForeColor="Red"></asp:Label>
        </div>
    </form>
</body>
```

（2）实现"图书信息删除"页面功能的代码设计:

```
using System.Data;
using System.Data.SqlClient;
using System.Configuration;

protected void Page_Load(object sender, EventArgs e)
{
    string connStr = ConfigurationManager.ConnectionStrings["sqlConn"].ConnectionString;
    SqlConnection conn = new SqlConnection(connStr);
    conn.Open();
    string bookID = Request.QueryString["bookID"];
    string strSQL = "DELETE FROM bookInfo WHERE bookID = '" + bookID + "'";
    SqlCommand cmd = new SqlCommand(strSQL, conn);
    int rows = cmd.ExecuteNonQuery();
    if (rows > 0)
        Response.Write("<script>alert('删除成功!')</script>");
    else
```

```
        Response.Write("<script>alert('删除失败!')</script>");
    Response.Write("<script>location.assign('bookManage.aspx')</script>");
}
```

（3）运行程序，查看执行图书删除的功能。

6. 图书借阅功能的实现

创建图书借阅页，当输入的读者编号及图书编号在相应表中存在，显示如图 12-33 所示；当所借图书可借数量大于零时，单击"借阅"按钮，弹出"借阅成功"对话框，然后跳转至图书归还管理页。同时，当结束读者编号输入时，将自动显示读者姓名；当结束图书编号输入时，将自动显示图书名称、出版单位等；默认借阅数量为 1，最大为 2，即同一本书每位读者只能借阅 2 本；借阅日期为系统当前日期；归还日期为借阅日期 30 天后。

（1）在右侧的"解决方案资源管理器"窗口内，右击项目名称 E:\LibrarySystem\ ，新建一个文件夹，命名为 ls_booklend，用于存放图书借阅和归还相关的页面。

（2）在该文件夹下，创建图书借阅页面 bookLend.aspx 的网页。

（3）使用 HTML 代码方式向 bookLend.aspx 页面上添加控件，如图 12-33 所示，前面 HTML 代码如下所示：

图 12-33　图书借阅页

```
<body>
<form id="form1" runat="server" style="width:800px;margin:0 auto;display:block">
<div id="content">
<ul>
<li>读者编号: <asp:TextBox ID="txtReaderID" runat="server" AutoPostBack="True"
OnTextChanged="txtReaderID_TextChanged" Width="150px"></asp:TextBox> 
<asp:RequiredFieldValidator ID="valrReadID" runat="server" ControlToValidate=
"txtReaderID" ErrorMessage="读者编号 不能为空!"></asp:RequiredFieldValidator>
</li>
<li>读者姓名: <asp:Label ID="lblReaderName" runat="server" ForeColor="Blue" Width=
"155px" Height="20px"></asp:Label>
```

```
</li>
<li>图书编号: < asp: TextBox ID = " txtBookID" runat = " server" AutoPostBack = " True"
OnTextChanged = "txtBookID_TextChanged" Width = "150px"></asp:TextBox >  
<asp:RequiredFieldValidator ID = "valrBookID" runat = "server" ControlToValidate = "txtBookID"
ErrorMessage = "图书编号 不能为空!"></asp:RequiredFieldValidator >
</li>
<li>图书名称: < asp: Label ID = "lblBookName" runat = "server" ForeColor = "Blue" Width =
"450px" Height = "20px"></asp:Label >
</li>
<li>出版单位:<asp:Label ID = "lblPublish" runat = "server" ForeColor = "Blue" Width = "450px"
Height = "20px"></asp:Label >
</li>
<li>借出数量:<asp:Label ID = "lblLendNum" runat = "server" ForeColor = "Blue" Width = "155px"
Height = "20px"></asp:Label > 本
</li>
<li>可借数量: < asp:Label ID = "lblRemainNum" runat = "server" ForeColor = "Blue" Width =
"155px" Height = "20px"></asp:Label > 本
</li>
<li>借阅数量: < asp:DropDownList ID = "ddlRemainNum" runat = "server" Width = "155px">
</asp:DropDownList > 本
</li>
<li>借阅日期: < asp:Label ID = "lblLendDate" runat = "server" Height = "22px" Width = "155px">
</asp:Label >
</li>
<li>应还日期: < asp:TextBox ID = "txtReturnDate" runat = "server" Width = "150px"></asp:
TextBox >
示例: 2012 - 05 - 07
< asp: RequiredFieldValidator ID = " valrReturnDate" runat = " server" ControlToValidate =
"txtReturnDate" ErrorMessage = "应归日期 不能为空!"></asp:RequiredFieldValidator >
</li>
<li style = " padding - left:70px;">< asp: Button ID = "btnSubmit" runat = "server" OnClick =
"btnSubmit_Click" Text = "借阅" Width = "75px" />
<asp:Button ID = "btnReset" runat = "server" OnClick = "btnReset_Click" Text = "重置" Width =
"75px"/>
</li>
<li style = " padding - left:70px;">< asp:Label ID = "lblError" runat = "server" ForeColor =
"Red"></asp:Label >
</li>
</ul >
</div >
</form >
</body >
```

(4) 创建"图书借阅"页面的外部样式表,其内容与"添加图书信息"页面的样式表文件相同,请参考 singleStyle. css 文件内容,并将它链接到 bookLend. aspx 页面,代码如下:

```
< head runat = "server">
    <title>图书借阅</title>
    < link rel = "stylesheet" type = "text/css" href = "../Styles/singleStyle.css"/>
</head>
```

（5）实现图书借阅的功能。借阅图书成功后，把借阅信息添加到 lendInfo 数据表中，同时在 bookInfo 数据表中修改借阅字段。后台代码设计如下：

```
SqlConnection conn;
protected void Page_Load(object sender, EventArgs e)
{
    string connStr = ConfigurationManager.ConnectionStrings["sqlConn"].ConnectionString;
    conn = new SqlConnection(connStr);
    conn.Open();
    if (!IsPostBack)
    {
        SetDDL();
        SetInit();
    }
}
protected void txtReaderID_TextChanged(object sender, EventArgs e)
{
    string readerName = GetReaderName(txtReaderID.Text.Trim());
    if (readerName.Length != 0)
        lblReaderName.Text = readerName;
    else
        Response.Write("<script>alert('读者编号 不在!')</scipt>");
}
protected void txtBookID_TextChanged(object sender, EventArgs e)
{
    DataRow dr = GetBookInfo(txtBookID.Text.Trim());
    if (dr != null)
    {
        lblBookName.Text = dr["bookName"].ToString();
        lblPublish.Text = dr["publish"].ToString();
        lblLendNum.Text = dr["lendNum"].ToString();
        string total = dr["total"].ToString();
        string lendNum = dr["lendNum"].ToString();
        if (total.Length != 0 && lendNum.Length != 0)
        {
            //"可借数量" = "总计数量" - "借出数量"
            int remainNum = Convert.ToInt32(total) - Convert.ToInt32(lendNum);
            lblRemainNum.Text = remainNum.ToString();
        }
    }
    else
        Response.Write("<script>alert('图书编号 不存在!')</scipt>");
}
protected void btnSubmit_Click(object sender, EventArgs e)
{
    string readerID = txtReaderID.Text.Trim();              //获取"读者编号"
    string bookID = txtBookID.Text.Trim();                  //获取"图书编号"
    string needLendNum = ddlRemainNum.SelectedItem.Text;    //获取"借阅数量"
    string lendNum = lblLendNum.Text;                       //获取"借出数量"
    string remainNum = lblRemainNum.Text;                   //获取"可借数量"
```

```
        string lendDate = lblLendDate.Text.Trim();              //获取"借阅日期"
        string returnDate = txtReturnDate.Text.Trim();          //获取"应还日期"
        //定义整型变量如下,分别存放"借出数量","可借数量","借阅数量"
        int iLendNum, ineedLendNum, iRemainNum;
        iLendNum = Convert.ToInt32(lendNum);
        iRemainNum = Convert.ToInt32(remainNum);
        ineedLendNum = Convert.ToInt32(needLendNum);
        if (ineedLendNum <= iRemainNum)                         //判断借阅数量应小于可借数量
        {
            //①设置将借阅信息添加至"借阅信息"表的添加 SQL 语句
            string strInsertLend = "INSERT INTO LendInfo";
            strInsertLend += "(bookID,readerID,lendDate,returnDate,returnFlag)";
            strInsertLend += " VALUES('" + bookID + "','" + readerID + "','" + lendDate + "','" +
returnDate + "','False')";
            int rowInsertLend = 0;
            SqlCommand cmd = new SqlCommand(strInsertLend, conn);
            for (int i = 1; i <= ineedLendNum; i++)
            {
                rowInsertLend = rowInsertLend + cmd.ExecuteNonQuery();          // ****
            }
            //②设置更改"图书信息"表相关图书借出数量的修改 SQL 语句
            iLendNum = iLendNum + ineedLendNum;            //借出数量=原借出数量+新借阅数量
            string strUpdateBook = "UPDATE bookInfo";
            strUpdateBook += " SET lendNum = " + iLendNum;
            strUpdateBook += " WHERE bookID = '" + bookID + "'";
            SqlCommand cmd1 = new SqlCommand(strUpdateBook, conn);              // *******
            int rowUpdateBook = cmd1.ExecuteNonQuery();        // ******
            if (rowInsertLend > 0 && rowUpdateBook > 0)
            {
                Response.Write("<script>alert('成功借阅 " + rowInsertLend + " 本书!')</script>");
                Response.Write("<script>location.assign('bookReturnManage.aspx')</script>");
            }
            else
                Response.Write("<script>alert('借阅失败!')</scipt>");
        }
        else
            Response.Write("<script>alert('借阅数量不能 大于 可借数量')</script>");
    }
    protected void btnReset_Click(object sender, EventArgs e)
    {
        SetInit();
    }
    private void SetDDL()                              //设置"借阅数量"下拉列表框各数据项及显示项
    {
        ddlRemainNum.Items.Add("1");
        ddlRemainNum.Items.Add("2");
        ddlRemainNum.SelectedIndex = 0;
    }
    private void SetInit()                                      //设置界面各控件初始值
    {
        txtReaderID.Text = "";
```

```
    txtBookID.Text = "";
    lblReaderName.Text = "";
    lblBookName.Text = "";
    lblPublish.Text = "";
    lblLendNum.Text = "";
    lblRemainNum.Text = "";
    ddlRemainNum.SelectedIndex = 0;
    //设置"借阅日期",通过获取当前系统日期,并按指定格式显示
    lblLendDate.Text = string.Format("{0:yyyy-MM-dd}", DateTime.Now);
    //设置"应还日期"为"借阅日期"开始30天后
    txtReturnDate.Text = string.Format("{0:yyyy-MM-dd}", DateTime.Now.AddDays(30));
}
//根据 readerID 值,查询读者信息表,返回读者姓名
private string GetReaderName(string readerID)
{
    string readerName = "";                   //定义存放读者姓名的字符串变量"readerName"
    string strSQL = "SELECT readerID,readerName";
    strSQL += " FROM ReaderInfo";
    strSQL += " WHERE readerID = '" + readerID + "'";
    strSQL += " ORDER BY readerID";

    SqlDataAdapter dataAdapter = new SqlDataAdapter(strSQL, conn);
    DataSet dataSet = new DataSet();
    dataAdapter.Fill(dataSet, "readerInfo");
    DataTable dt = dataSet.Tables["readerInfo"];

    if (dt.Rows.Count > 0)
        readerName = dt.Rows[0]["readerName"].ToString();
    else
        Response.Write("<script>alert('读者编号 不存在!')</script>");
        return readerName;                    //返回读者姓名
}
//根据 bookID 值,查询图书信息表,以 DataRow 类型返回相关图书信息
private DataRow GetBookInfo(string bookID)
{
    DataRow bookInfo = null;                   //定义存放图书信息的"DataRow"类型
    string strSQL = "SELECT bookID,bookName,publish,total,lendNum";
    strSQL += " FROM bookInfo";
    strSQL += " WHERE bookID = '" + bookID + "'";
    strSQL += " ORDER BY bookID";

    SqlDataAdapter dataAdapter = new SqlDataAdapter(strSQL, conn);
    DataSet dataSet = new DataSet();
    dataAdapter.Fill(dataSet, "bookInfo");
    DataTable dt = dataSet.Tables["bookInfo"];

    if (dt.Rows.Count > 0)
        bookInfo = dt.Rows[0];
    else
        Response.Write("<script>alert('图书编号 不存在!')</script>");
    return bookInfo;                           //返回图书信息
}
```

（6）运行程序，查看图书借阅的功能。

7. 图书归还功能的实现

创建图书归还管理页，当首次加载该页时，显示"图书借阅"表的所有记录信息，且以每页 5 条，分页显示，效果如图 12-34 所示；当设置查询条件后，如查询图书编号为 0001 的记录信息，显示效果如图 12-35 所示。当查询条件为图书编号时，根据 TextBox 文本框内输入内容精确查询；查询条件为图书名称时，根据 TextBox 文本框内输入内容模糊查询；当查询条件为读者编号时，根据 TextBox 文本框内输入内容精确查询；查询条件为读者姓名时，根据 TextBox 文本框内输入内容模糊查询。

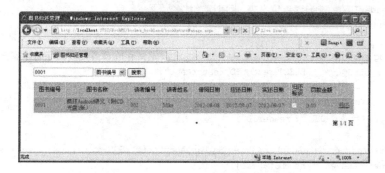

图 12-34　设置查询条件时图书归还管理页

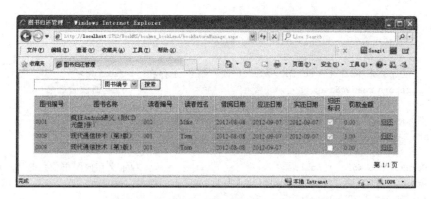

图 12-35　处理完成后图书归还管理页

（1）在文件夹 ls_booklend 下，创建图书归还管理页面 bookReturnManage.aspx 的网页。

（2）使用 HTML 代码方式向 bookReturnManage.aspx 页面上添加控件，如图 12-34 所示，前面 HTML 代码如下所示：

```
<body>
    <form id = "form1" runat = "server" style = "width:830px;margin:0 auto;display:block">
    <div id = "container">
    <div id = "header">
    <asp:TextBox ID = "txtSearch" runat = "server" Width = "150px"></asp:TextBox>
    <asp:DropDownList ID = "ddlSearchKey" runat = "server" Width = "80px"></asp:DropDownList>
```

```
<asp:Button ID = "btnSearch" runat = "server" Text = "搜索" OnClick = "btnSearch_Click"/>
  </div>
  <div id = "content">
  <asp:Repeater ID = "Repeater1" runat = "server">
                <HeaderTemplate>
                    <table border = "1" cellspacing = "0" cellpadding = "2px" style =
"text-align:center; width:100%">
                        <tr style = "background-color:Silver">
                            <td>图书编号</td>
                            <td>图书名称</td>
                            <td>读者编号</td>
                            <td>读者姓名</td>
                            <td>借阅日期</td>
                            <td>应还日期</td>
                            <td>实还日期</td>
                            <td>归还标识</td>
                            <td>罚款金额</td>
                            <td></td>
                        </tr>
                </HeaderTemplate>
                <ItemTemplate>
                <tr style = "background-color:Aqua"; align = "left">
                    <td style = "width:10%"><% # Eval("bookID") %></td>
                    <td style = "width:20%"><% # Eval("bookName") %></td>
                    <td style = "width:10%"><% # Eval("readerID") %></td>
                    <td style = "width:10%"><% # Eval("readerName") %></td>
                    <td style = "width:10%"><% # Eval("lendDate") %></td>
                    <td style = "width:10%"><% # Eval("returnDate") %></td>
                    <td style = "width:10%"><% # Eval("actualDate") %></td>
                    <td style = "width: 5%">
                        <asp:CheckBox ID = "chkReturnFlag" runat = "server" Enabled =
"false" Checked = '<% # Eval("returnFlag") %>'/>
                        </td>
                        <td style = "width:10%"><% # Eval("fine") %></td>
                        <td style = "width: 5%">
                        <a href = "bookReturn.aspx?IDKey = <% # Eval("ID") %>
&bookID = <% # Eval("bookID") %>&returnDate = <% # Eval("returnDate") %>">归还</a>
                        </td>
                    </tr>
                </ItemTemplate>
                <FooterTemplate>
                    </table>
                </FooterTemplate>
            </asp:Repeater>
        </div>
        <div id = "page">
            <asp:HyperLink ID = "hlnkFirst" runat = "server">首页</asp:HyperLink>
            <asp:HyperLink ID = "hlnkPre" runat = "server">上一页</asp:HyperLink>
            <asp:HyperLink ID = "hlnkNext" runat = "server">下一页</asp:HyperLink>
            <asp:HyperLink ID = "hlnkLast" runat = "server">末页</asp:HyperLink>
            <asp:Label ID = "lblPage" runat = "server" Text = "/"></asp:Label>
```

```
          </div>
          < div id = "footer">
              < asp:Label ID = "lblError" runat = "server" ForeColor = "Red"></asp:Label >
          </div >
      </div >
   </form >
</body >
```

（3）创建"图书归还管理"页面的外部样式表，其内容与"图书信息管理"页面的样式表文件相同，请参考 listStyle.css 文件内容，并将它链接到 bookReturnManage.aspx 页面，代码如下：

```
< head runat = "server">
    <title>图书归还</title >
    < link rel = "stylesheet" type = "text/css" href = "../Styles/listStyle.css"/>
</head >
```

（4）实现图书归还管理页面的功能。后台代码设计如下：

```
SqlConnection conn;

protected void Page_Load(object sender, EventArgs e)
{
    string connStr = ConfigurationManager.ConnectionStrings["sqlConn"].ConnectionString;
    conn = new SqlConnection(connStr);
    conn.Open();
    if (!IsPostBack)
    {
        SetDDL();
        PageList();
    }
}
protected void btnSearch_Click(object sender, EventArgs e)
{
    PageList();                        //调用 PageList 方法,显示分页后借阅图书信息
}
private void SetDDL()                   //设置"查询类别"下拉列表框各数据项及显示项
{
    ddlSearchKey.Items.Add("图书编号");
    ddlSearchKey.Items.Add("图书名称");
    ddlSearchKey.Items.Add("读者编号");
    ddlSearchKey.Items.Add("读者姓名");
    ddlSearchKey.SelectedIndex = 0;
}
private DataTable GetData()             //按照查询条件设置,查询结果为 DataTable 对象
{
    DataTable dt = null;
    string strSQL = "SELECT ID,lendInfo.bookID,bookName";
    strSQL += ",lendInfo.readerID,readerName";
    strSQL += ",convert(varchar(10),lendDate,120) as lendDate";
    strSQL += ",convert(varchar(10),returnDate,120) as returnDate";
```

```
strSQL += ",convert(varchar(10),actualDate,120) as actualDate,returnFlag,fine";
strSQL += " FROM bookInfo,readerInfo,lendInfo";
strSQL += " WHERE bookInfo.bookID = lendInfo.bookID";
strSQL += " AND readerInfo.readerID = lendInfo.readerID";
if (txtSearch.Text.Trim().Length != 0)
{
    if (ddlSearchKey.SelectedIndex == 0)
    {
        strSQL += " AND lendInfo.bookID = '" + txtSearch.Text + "'";
        strSQL += " ORDER BY ID DESC,bookID ASC";
    }
    else if (ddlSearchKey.SelectedIndex == 1)
    {
        strSQL += " AND bookName LIKE '%" + txtSearch.Text + "%'";
        strSQL += " ORDER BY ID DESC,bookID ASC";
    }
    else if (ddlSearchKey.SelectedIndex == 2)
    {
        strSQL += " AND lendInfo.readerID = '" + txtSearch.Text + "'";
        strSQL += " ORDER BY ID DESC,readerID ASC";
    }
    else if (ddlSearchKey.SelectedIndex == 3)
    {
        strSQL += " AND readerName LIKE '%" + txtSearch.Text + "%'";
        strSQL += " ORDER BY ID DESC,readerID ASC";
    }
}
else
    strSQL += " ORDER BY ID DESC";
SqlDataAdapter dataAdapter = new SqlDataAdapter(strSQL, conn);
DataSet dataSet = new DataSet();
dataAdapter.Fill(dataSet, "bookInfo");
dt = dataSet.Tables["bookInfo"];
return dt;
}
//设置"查询结果"分页,并显示在 Repeater1 控件内
private void PageList()
{
    int iRowCount;                    //总记录数
    int iPageSize = 5;                //一页显示的记录数
    int iPageCount;                   //总页码
    int iPageIndex;                   //当前页码
    string strPage = Request.QueryString["page"];
    if (strPage == null)
        iPageIndex = 1;
    else
    {
        iPageIndex = Convert.ToInt32(strPage);
        if (iPageIndex < 1)
            iPageIndex = 1;
    }
```

```
        DataTable dt = GetData();              //求总记录数
        iRowCount = dt.Rows.Count;             //查询结果行数
        if (iRowCount == 0)
        {
            Repeater1.DataSource = null;
            Repeater1.DataBind();
            SetHyperLink(false);               //分页导航不显示
            lblPage.Text = "第 0 页/共 0 页";
        }
        else
        {
            if (iRowCount % iPageSize == 0)
                iPageCount = iRowCount / iPageSize;
            else
                iPageCount = iRowCount / iPageSize + 1;
            if (iPageIndex > iPageCount)
                iPageIndex = iPageCount;
            PagedDataSource pds = new PagedDataSource();
            pds.DataSource = dt.DefaultView;   //设置分页对象 dt
            pds.AllowPaging = true;            //设置允许分页
            pds.PageSize = iPageSize;          //设置每页显示记录数
            pds.CurrentPageIndex = iPageIndex - 1;                    //设置当前页码
            //分页对象作为数据源绑定到 Repeater1 控件,显示分页后查询结果
            Repeater1.DataSource = pds;
            Repeater1.DataBind();
            lblPage.Text = "第" + iPageIndex.ToString() + "/" + iPageCount.ToString() + "页";
            if (iPageIndex != 1)                        //以网页传递参数" page"传递将要显示的页码
            {
                hlnkFirst.NavigateUrl = Request.FilePath + "?page = 1";
                hlnkPre.NavigateUrl = Request.FilePath + "?page = " + (iPageIndex - 1);
            }
            if (iPageIndex != iPageCount)
            {
                hlnkNext.NavigateUrl = Request.FilePath + "?page = " + (iPageIndex + 1);
                hlnkLast.NavigateUrl = Request.FilePath + "?page = " + iPageCount;
            }
            if (iRowCount <= iPageSize)
                SetHyperLink(false);
            else
                SetHyperLink(true);
        }
    }
    private void SetHyperLink(bool flag)
    {
        hlnkFirst.Visible = flag;
        hlnkPre.Visible = flag;
        hlnkNext.Visible = flag;
        hlnkLast.Visible = flag;
    }
```

（4）运行程序,检验结果,如图 12-36 所示。

001　　　　　　　　读者编号 ∨ 搜索

图书编号	图书名称	读者编号	读者姓名	借阅日期	应还日期	实还日期	归还标识	罚款金额
002	数据库SQL Server2008	001	Mike	2016-09-05	2016-10-05		□	归还

第1/1页

图 12-36　图书归还管理页

8. 图书归还管理页面的实现

（1）在文件夹 ls_booklend 下，创建图书归还管理页面 bookReturn. aspx 的网页。

（2）在 bookReturn. aspx 的网页上创建一个 ID 值为 lblError 的 Label 控件，用来显示程序执行过程中出现的异常信息，请参考删除图书信息页 bookDel. aspx 的页面 HTML 代码。

（3）图书归还过程与图书借阅表、图书信息表关系：

每还一本图书，都要执行①、②过程，①、②过程属于一个事务，要么都执行，要么都不执行，若只执行其中一个过程，就将导致数据不一致情况发生，有兴趣的读者可以将①、②过程做成事务再来执行。以下"图书归还处理页"功能代码不包含此功能。

① 更改图书借阅表内相关记录的实还日期字段、归还标识字段、罚款金额字段。

② 更改图书信息表的相关图书"借出数量"字段的值为原借出数量－1。

（4）"图书归还处理页"功能代码如下："图书归还处理页"执行完成后，将跳转至 bookReturnManage. aspx 页即"图书归还管理页"。

```
SqlConnection conn;

protected void Page_Load(object sender, EventArgs e)
{
    string connStr = ConfigurationManager.ConnectionStrings["sqlConn"].ConnectionString;
    conn = new SqlConnection(connStr);
    conn.Open();

    int IDKey = Convert.ToInt32(Request.QueryString["IDKey"]);
    string bookID = Request.QueryString["bookID"];
    string returnDate = Request.QueryString["returnDate"];
    TimeSpan dayTimeSpan = DateTime.Now.Subtract(Convert.ToDateTime(returnDate));
    int day = dayTimeSpan.Days;               //实还日期与应还日期间隔天数
    double fine = 0.0;                        //定义存放罚款金额变量
    if (day >= 0)
        fine = day * 0.1;                     //每超过1天,罚金0.1元
    //①根据 IDKey 值,设置更改"借阅信息"表的实还日期等的修改 SQL 语句
    string strUpdateLend = "UPDATE lendInfo";
    strUpdateLend += " SET actualDate = '" + DateTime.Now.ToShortDateString() + "'";
    //strUpdateLend += " SET actualDate = '" + "2012 - 09 - 07" + "'";
    strUpdateLend += ",returnFlag = 'True'";
    strUpdateLend += ",fine = " + fine;
    strUpdateLend += " WHERE ID = " + IDKey;
    SqlCommand cmd1 = new SqlCommand(strUpdateLend, conn);
    int rowUpdateLend = cmd1.ExecuteNonQuery();
```

```
// int rowUpdateLend = DBServer.ExecuteNonQuery(strUpdateLend);
string strUpdateBook = "UPDATE bookInfo SET lendNum = lendNum - 1";
strUpdateBook += " WHERE bookID = '" + bookID + "'";
SqlCommand cmd2 = new SqlCommand(strUpdateBook, conn);
int rowUpdateBook = cmd2.ExecuteNonQuery();
if (rowUpdateBook > 0 && rowUpdateLend > 0)
{
    //若 2 条修改 SQL 语句影响行数>0
    Response.Write("<script>alert('归还成功!')</script>"); Response.Write("<script>
location.assign('bookReturnManage.aspx')</script>");
    }
    else
        Response.Write("<script>alert('归还失败!')</scipt>");
}
```

（5）运行程序，归还成功后，在相应的归还书籍的"归还标识"字段上打钩，如图 12-37 所示。

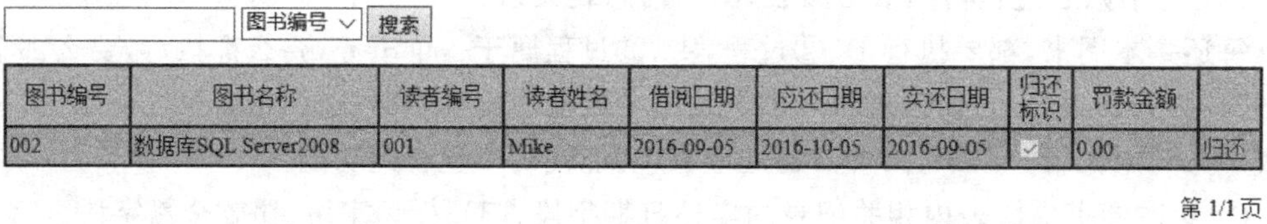

图书编号	图书名称	读者编号	读者姓名	借阅日期	应还日期	实还日期	归还标识	罚款金额	
002	数据库SQL Server2008	001	Mike	2016-09-05	2016-10-05	2016-09-05	✓	0.00	归还

第 1/1 页

图 12-37   图书归还管理页

9. 管理员功能的实现

创建管理员主页。当以管理员身份登录时，若用户名及密码输入正确，将跳转至管理员主页；管理员主页初始页面如图 12-38 所示，当单击左侧导航链接时，如单击链接"添加图书"，在管理员主页右侧将显示"添加图书信息页"。

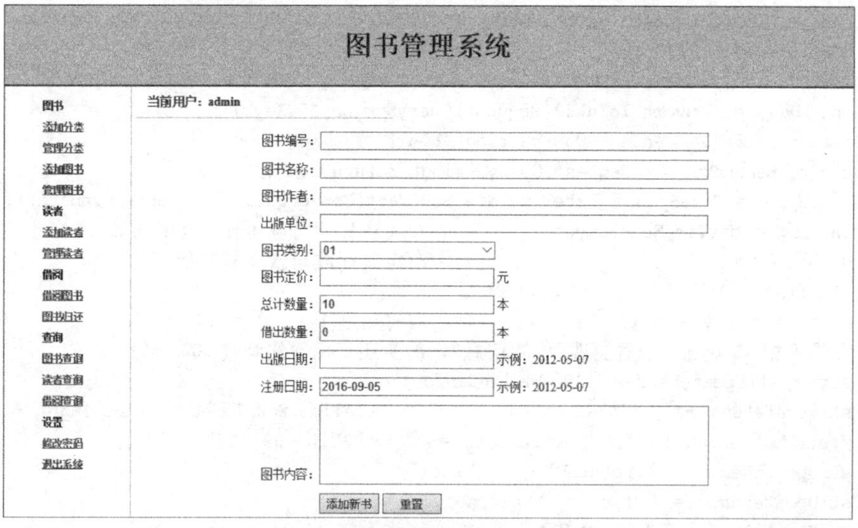

图 12-38   管理员登录后的管理窗口

（1）在本项目的根目录下创建一个新的 Web 窗体作为管理员登录窗体，命名为 manageAdmin.aspx，使用 HTML 代码方式设计管理员登录窗体的外观，HTML 代码如下：

```html
<html xmlns = "http://www.w3.org/1999/xhtml">
<head runat = "server">
    <title>图书管理系统</title>
    <link rel = "stylesheet" type = "text/css" href = "Styles/indexStyle.css"/>
</head>
<body>
   <form id = "form1" runat = "server" style = "width:1000px;margin:0 auto;display:block;">
        <div id = "container">
        <div id = "header">图书管理系统</div>
        <div id = "left">
        <ul>
        <li>图书</li>
        <li><a href = "#">添加分类</a></li>
        <li><a href = "#">管理分类</a></li>
        <li><a href = "ls_book/bookAdd.aspx" target = "right">添加图书</a></li>
        <li><a href = "ls_book/bookManage.aspx" target = "right">管理图书</a></li>
        <li>读者</li>
        <li><a href = "#">添加读者</a></li>
        <li><a href = "#">管理读者</a></li>
        <li>借阅</li>
         <li><a href = "ls_bookLend/bookLend.aspx" target = "right">借阅图书</a></li>
         <li><a href = "ls_bookLend/bookReturnManage.aspx" target = "right">图书归还</a></li>
        <li>查询</li>
        <li><a href = "#">图书查询</a></li>
        <li><a href = "#">读者查询</a></li>
        <li><a href = "#">借阅查询</a></li>
        <li>设置</li>
        <li><a href = "#">修改密码</a></li>
        <li><a href = "login.aspx">退出系统</a></li>
        </ul>
        </div>
        <div id = "content">
        <div id = "userName">当前用户：<asp:Label ID = "lblUserName" runat = "server"></asp:Label></div>
            <iframe name = "right" id = "right" frameborder = "0" width = "830px" height = "500px" scrolling = "no"></iframe>
        </div>
        <div id = "footer">XX 学院 图书馆</div>
        </div>
    </form>
</body>
</html>
```

（2）样式表文件 indexStyle.css 的内容如下：

```css
body{
    margin:0px;
```

```
        padding:0px;
        text - align:center;
        font - size:12px;
        overflow:hidden;
    }
    # container{
        margin:15px auto;
        padding:0px;
        border:solid 1px Silver;
        width:1000px;
        text - align:center;
    }
    # header{
        margin:0px;
        padding:0px;
        border - bottom:solid 2px Blue;
        width:1000px;
        height:90px;
        line - height:90px;
        background - color:Silver;
        font - size:32px;
        font - weight:bold;
    }
    # left{
        margin:0px;
        padding:0px;
        border - right:solid 1px Silver;
        width:150px;
        height:550px;
        font - weight:bold;
        float:left;                          /* 定义元素浮动方向 向左浮动 */
    }
    # left ul{
        margin:10px 30px;
        padding:0px;
        text - align:left;
    }
    # left li {
        margin:0px;
        padding:5px 0px 5px 15px;
        list - style - type:none;
        font - weight: bold;
    }
    # userName{
        margin:0px;
        padding:0px 15px;
        border - bottom:solid 1px Silver;
        width:275px;
        height:35px;
        line - height:35px;
        text - align:left;
```

```
        font-size:14px;
        font-weight:bold;
        color:Blue;
    }
    #content{
        margin-left:155px;
        margin-right:0px;
        margin-top:0px;
        padding:0px;
        width:840px;
        height:555px;
    }
    #footer{
        margin:0px;
        padding:0px;
        width:1000px;
        height:40px;
        line-height:40px;
        background-color:Silver;
        clear:both;                      /*在左右两侧均不允许浮动元素*/
    }
```

（3）实现管理员身份管理的后台代码如下：

```
protected void Page_Load(object sender, EventArgs e)
{
    string userName = Convert.ToString(Session["userName"]);
    if (userName.Length == 0)              //Session["userName"]值为空,重定向至登录页
        Response.Redirect("login.aspx");
    else                              //Session["userName"]值不为空,在 Label 标签内显示登录用户名
        lblUserName.Text = userName;
}
```

（4）为了防止用户不经过登录页面而直接对系统的各项功能进行操作，在前面各个页面的功能代码中"页面加载"事件开始位置添加代码段，实现用户必须先经过登录后才能进行相应系统操作：

```
string userName = Convert.ToString(Session["userName"]);
if (userName.Length == 0){
    //Session["userName"]值为空,重定向至登录页
    Response.Redirect("../login.aspx");
}
```

（5）实现管理员主页中的"退出系统"功能。当已登录用户单击如图 12-38 所示左侧导航中"设置"→"退出系统"超链接时，当前用户退出系统，返回至系统登录页面。在"解决方案资源管理器"中，右击"F:\librarySystem\"项目，创建名为 logout.aspx 的网页，用以处理用户的退出，logout.aspx 功能代码如下：

```
protected void Page_Load(object sender, EventArgs e)
{
    Session["userName"] = null;
```

```
Session.Abandon();                    //Abandon 方法,不管会话超不超时,结束会话
Response.Write("< script > top.window.location = 'login.aspx'</ script >");
}
```

至此,图书管理系统的整个功能已经全部实现了。

12.5　技能训练 16：用 VS＋SQL Server 开发图书管理系统

12.5.1　训练目的

(1) 使用 ADO.NET 技术实现对数据库数据的查询。
(2) 使用 ADO.NET 技术实现对数据库数据的添加。
(3) 使用 ADO.NET 技术实现对数据库数据的修改。
(4) 使用 ADO.NET 技术实现对数据库数据的删除。

12.5.2　训练时间

4 课时。

12.5.3　训练内容

修改图书管理系统项目,完成后打包下课前提交给老师。
(1) 完善管理员模块,实现管理员用户密码的修改功能。
(2) 完善管理员模块,参考"图书信息的添加、修改、删除"模块功能,实现"读者信息"的添加、修改与删除功能。
(3) 完善管理员模块,参考"图书信息管理"模块及"图书归还管理"模块来实现"图书"、"读者"和"借阅"的查询功能。
(4) 参考管理员模块,实现读者用户模块的功能。

12.5.4　思考题

(1) 项目中多处用到了一些类来实现数据连接,造成了代码冗余,结合所学知识请想出一个更好的办法来解决这个问题。
(2) 项目中的界面设计多采用 HTML 代码的方式来设计,请思考如何使用 VS 2010 工具箱中的控件来实现。

习题 12

一、填空题

1. 一般来说,一个简单的数据库应用系统由(　　　)和(　　　)两个部分组成。
2. 要访问数据库中的数据,需要创建连接类的实例对象,一般使用它的(　　　)方法来

打开连接,(　　)方法来关闭连接。

3. 在三层架构的系统中,(　　　　)可以实现数据库数据的存取及应用程序的商业逻辑运算功能。

4. 在 SqlConnection 对象中可以使用(　　　)属性来获取或设置打开 SQL 数据库的连接字符串。

5. 在操作数据库时有查询、更新和删除等操作,在 ADO.NET 中一般使用(　　　)对象来完成。

二、选择题

1. 在 ADO.NET 中,用来与数据源建立连接的对象是(　　　)。

    A. Connection 对象　　　　　　　　B. Command 对象

    C. DataAdapter 对象　　　　　　　　D. DataSet 对象

2. 关于 B/S 模式的描述,错误的是(　　　)。

    A. B/S 模式建立在 Internet 之上

    B. B/S 模式是属于胖客户端型

    C. B/S 模式一般采用多重结构,要求构件相对独立的功能

    D. B/S 模式一般面向相对固定的用户群,对信息安全的控制能力很强

3. 下面关于 ADO.NET 技术中 DataSet 对象的描述错误的是(　　　)。

    A. DataSet 表示数据在内存中的缓存

    B. DataSet 是 ADO.NET 结构中的主要组件

    C. DataSet 是从数据源中检索到的数据在内存中的缓存

    D. 对 DataSet 操作就是对数据库的操作

4. 在 VC#.NET 中,可以标识不同对象的属性是(　　　)。

    A. Text　　　　　　B. Name　　　　　　C. Title　　　　　　D. Index

5. 加载窗体时触发的事件是(　　　)。

    A. Click　　　　　　B. Load　　　　　　C. GotFocus　　　　　　D. DoubleClick

三、简答题

1. 请简述 B/S 模式与 C/S 模式分别有哪些特点。

2. 请简述 ADO.NET 技术中常见的类及其功能。

3. 请归纳出使用 ADO.NET 技术实现对数据库数据访问的步骤。

各章参考答案

第 1 章

一、填空题

1. 网状模型、层次模型、关系模型、非结构化模型
2. 关系
3. 结构化查询语言
4. 微软、甲骨文
5. 数据库、表、记录、字段

二、选择题

ACBBC

三、简答题（略）

第 2 章

一、填空题

1. 主数据库文件、辅助数据文件、日志文件、mdf、ndf、ldf
2. Windows 身份验证、混合验证模式、Windows 身份验证
3. 主数据库文件、日志文件
4. 逻辑名、物理文件名、初始大小、最大大小、增长速度
5. MB、GB、MB、百分数
6. 新建查询
7. 执行上面的代码、执行
8. 系统存储过程、存储过程

二、选择题

BABAD CAAAD

三、简答与操作题（略）

第 3 章

一、填空题

1. char、nchar、varchar、nvarchar、nchar、nvarchar、2
2. bit、tinyint、smallint、int、bigint、bit

3．money、smallmoney、数值型、货币符号

4．image

5．4、2、6

6．整数型、1

7．check、unique、default、primary key、foreign key

8．前 100 行、执行

9．drop table、drop database、delete

10．主题、升

二、选择题

BCADB BCDAD

三、简答与操作题(略)

第 4 章

一、填空题

1．between、and、and

2．<>、!=

3．sex is null

4．成立(真)

5．刘％

6．like、not like

7．a. name、b. name

8．升序、降序、升序

9．完全连接、内连接、内连接

10．聚合函数、GROUP BY

二、选择题

BDAAD ADAAA

三、简答与操作题(略)

第 5 章

一、填空题

1．虚拟

2．Create view、drop view

3．数据库、相等

4．SELECT

5．sp_helptext

6．增加记录、修改记录、删除记录

二、选择题

DACBA

三、简答与操作题(略)

第 6 章

一、填空题

1. 1、多

2. 聚集

3. 表、低

4. CREATE CLUSTERED INDEX、CREATE NONCLUSTERED INDEX

5. sp_helpindex、DROP INDEX

6. 升序、降序

7. DBCC REINDEX

二、选择题

CADAD

三、简答与操作题(略)

第 7 章

一、填空题

1. SP_、系统

2. 输入、输出

3. 1、EXECUTE、EXEC

4. 相等、兼容、一致

5. sp_helptext、drop

6. 数据库、相同

7. 用户自定义存储过程、扩展存储过程

二、选择题

BACBDD

三、简答与操作题(略)

第 8 章

一、填空题

1. 表、系统

2. INSTEAD OF、AFTER

3. INSERT、UPDATE、DELETE

4. 完整性约束、约束

5. sp_helptrigger、DROP TRIGGER

6. DISABLE TRIGGER、ENABLE TRIGGER

7. INSERTED、DELETED

二、选择题

ADBADA

三、简答与操作题(略)

第 9 章

一、填空题

1. @@、@

2. @@rowcount、DECLARE

3. 10、星街 12

4. 4 个空格、4

5. -、IF

6. ISNULL、NULLIF

7. 主机名、用户名

8. 242.600、125

9. 顺序结果、选择结构、循环结构

10. 循环控制变量、死循环

二、选择题

BBAAC CA

三、简答与操作题(略)

第 10 章

一、填空题

1. 还原、正常运行

2. 完整备份、事务日志备份、差异备份,文件和文件组

3. bak、备份集

4. DISK、URL

5. 备份设备、数据库服务器

6. BACKUP、RESTORE

7. SP_DROPDEVICE

8. 简单恢复、完整恢复、大容量日志恢复、完整恢复

9. 检查数据完整性

10. 多

二、选择题

CCBBB DDB

三、简答与操作题(略)

第 11 章

一、填空题

1. 操作系统级、SQL Server 级、数据库级

2. 登录账号、标准 SQL Server 登录、Windows 登录

3. 授权

4. 请求

5. 架构、用户、架构

6. sa、所有

7. ALTER LOGIN、sp_helplogins

8. 用户、Guest

9. 相同权限、多

10. 服务器、整个服务器、固定服务器角色、用户自定义数据库角色、应用程序角色

11. 系统、sysadmin

12. GRANT、REVOKE、DENY

二、选择题

AABCA　DDABB

三、简答与操作题(略)

第　12　章

一、填空题

1. 客户端、服务器端

2. open()、close()

3. 业务逻辑层

4. ConnectionString

5. Command

二、选择题

ABDBB

三、简答题(略)

参 考 文 献

[1] 郑阿奇.SQL Server实用教程(第4版)(SQL Server 2014版).北京：电子工业出版社,2015.

[2] [美]Adam Jorgensen,Bradley Ball,Steven Wort,Ross LoForte,Brian Knight著.SQL Server 2014管理最佳实践(第3版).宋沄剑,高继伟译.北京：清华大学出版社,2015.

[3] 郎振红.SQL Server工作任务案例教程.北京：清华大学出版社,2015.

[4] 孙丽娜,杨云,姜庆玲,等.SQL Server 2008数据库项目教程.北京：清华大学出版社,2015.

[5] 崔巍.数据库应用开发与管理.北京：清华大学出版社,2015.

[6] 徐人凤,曾建华.SQL Server 2008数据库及应用(第4版).北京：高等教育出版社,2014 .

[7] 祝红涛.SQL Server 2008从基础到应用.北京：清华大学出版社,2014.

[8] 吴伶琳.SQL Server数据库技术及应用(第二版)(2008版).大连：大连理工大学出版社,2014.

[9] 梁爽.SQL Server 2008数据库应用技术.北京：清华大学出版社,2013.

[10] 刘志成,宁云智,刘钊.SQL Server实例教程(2008版).北京：电子工业出版社,2012.

[11] 陈承欢.SQL Server 2008数据库设计与管理.北京：高等教育出版社,2012.

[12] Mike Hotek著.SQL Server 2008从入门到精通.潘玉琪译.北京：清华大学出版社,2011.

图书资源支持

感谢您一直以来对清华版图书的支持和爱护。为了配合本书的使用，本书提供配套的素材，有需求的用户请到清华大学出版社主页（http://www.tup.com.cn）上查询和下载，也可以拨打电话或发送电子邮件咨询。

如果您在使用本书的过程中遇到了什么问题，或者有相关图书出版计划，也请您发邮件告诉我们，以便我们更好地为您服务。

我们的联系方式：

地　　址：北京海淀区双清路学研大厦 A 座 707

邮　　编：100084

电　　话：010－62770175－4604

资源下载：http://www.tup.com.cn

电子邮件：weijj@tup.tsinghua.edu.cn

QQ：883604（请写明您的单位和姓名）

扫一扫
资源下载、样书申请
新书推荐、技术交流

用微信扫一扫右边的二维码，即可关注清华大学出版社公众号"书圈"。